U0831070

SHUIDIAN JIANSHE GONGCHENG XIANGMU DANG'AN SHIYONG SHOUCE

水电建设工程项目档案 实用手册

王显静　主编

中国电力出版社
CHINA ELECTRIC POWER PRESS

内 容 提 要

本书共分为十四章，主要内容为：项目档案管理，项目文件的形成与积累，项目档案分类与档号编制，项目文件的整理与组卷，竣工图的编制与审核，设备仪器文件的收集与整理，项目文件的编目与移交，档案的保管和库房管理，电子文件、声像材料、实物材料、文书文件的收集与整编，会计档案的归档与保管，水电建设工程达标投产考核等。

本书依据国家档案管理的有关规范、规定，结合项目档案工作实际，总结了档案管理与实际操作技术经验，其提出的方案具有独特的见解和较强的实用性。本书可供水电建设工程、水利工程及其他基建工程档案工作者参考借鉴。

图书在版编目（CIP）数据

水电建设工程项目档案实用手册/王显静主编．—北京：中国电力出版社，2011.4（2016.8 重印）
ISBN 978-7-5123-1469-6

Ⅰ.①水… Ⅱ.①王… Ⅲ.①水力发电工程-项目管理：档案管理-手册 Ⅳ.①TV7-62

中国版本图书馆 CIP 数据核字（2011）第 033833 号

中国电力出版社出版、发行
（北京市东城区北京站西街 19 号 100005 http://www.cepp.sgcc.com.cn）
航远印刷有限公司印刷
各地新华书店经售
*
2011 年 4 月第一版 2016 年 8 月北京第二次印刷
850 毫米×1168 毫米 32 开本 16.375 印张 389 千字
印数 3001—4000 册 定价 **50.00** 元

《水电建设工程项目档案实用手册》

编 委 会

主 任 张志强

副主任 冯顺田

委 员 田景武 莫 非 万 军

詹 飞 李晨阳 蒋承华

审 核 丁永生 李之勇 冯顺田

主 编 王显静

序 言

《水电建设工程项目档案实用手册》一书，经过编者几年的艰辛努力，终于出版了。这对我国的水电建设档案事业是一件好事。

国家“十五”计划提出了实施“西部大开发”的经济战略部署，开发西部的电力资源，以资源启动战略带动西部地区的经济发展。“西电东送”工程作为“西部大开发”重点建设项目之一，是开发贵州、云南、广西、四川等西部省区的电力资源，输送到电力紧缺的广东、上海、江苏等地区，以水电为主，水火并举。“西电东送”工程为西部省区把资源优势转化为经济优势提供了新的历史机遇。

随着国家重点项目建设的实施，我国“西电东送”的北、中、南三个通道已初具雏形，“西电东送”初步显示出其优越性，在较大范围内实现了资源优化配置，扩大和优化了电网结构，在进行“西电东送”重点项目建设的同时，《水电建设工程项目档案实用手册》应运而生。本书的编撰成功，是全体编委会成员智慧和汗水的结晶，尤其是编者几年来在水电建设工程项目档案工作实践中努力工作和经验总结的成果。本书提出的方案具有新时期档案管理的新思路和创新观念，在档案管理与档案整编技术方面具有独特的见解和较强的实用性，本书主要面向水电工程、水利工程档案工作者，对其他行业的档案工作人员也有很好的指导和参考借鉴作用。

国家电力“十二五”发展规划，再次提出优先开发水电的方针，因此，我国水电建设会有更大更快的发展，《水电建设工程项目档案实用手册》一书的出版，将对国内水电建设工程项目档案建设事业作出有益的贡献。

2010年12月

前　言

我国是世界上水能资源极为丰富的国家，充分开发利用水能资源是我国重大经济战略目标之一。国家“十五”计划重点建设项目的实施，标志着我国西部大开发和“西电东送”工程建设已拉开大序幕。这批水电建设骨干工程是国家重点建设项目，项目档案是水电建设工程的重要组成部分，是工程建设的重要财富，是水电建设者劳动和智慧的结晶，是工程竣工验收、项目稽查和审计的重要依据，是维护资产和权益的凭证，是运行管理、维修改造的保障，同时也是工程达标投产、创优质工程的重要考核内容。

1991 年能源部印发的《电力工业企业档案分类规则》中制定的《水电企业档案分类表（6～9 大类）》已历时 20 年，分类表中的类目设置涵盖不了现代水电建设项目管理模式下形成的档案材料内容。几年来，通过对《科学技术档案案卷构成的一般要求》(GB/T 11822—2008)、《国家重大建设项目文件归档要求与档案整理规范》（DA/T 28—2002)、《电子文件归档与管理规范》（GB/T 18894—2002)、《照片档案管理规范》（GB/T 11821—2002）等规范和业务书籍的深入学习、研究，并应用于档案整编的具体操作与业务指导工作，为做好项目档案工作，总结经验，特编撰了《水电建设工程项目档案实用手册》一书，并力使其应时问世，旨在进一步提高水电工程档案管理水平，少走弯路，确保项目档案完整、系统、准确及整编操作的规范。

本书结合工程项目档案整编工作实际，全面、系统地阐述了项目档案工作从基础管理到项目文件的形成、积累、收集、整理、分类与档号编制、档案编目等操作技术。在实施纸质档案、电子档案、照片档案、实物档案的整编过程中，对出现的问题进行反复推敲和实践探索，通过实践—理论研究—再实践，形成了一些新的思路，提出了可行的操作方法，并应用实际工作中，切实有效地解决了档案整编工作的实际问题。

本书是在依据国家档案管理的有关规范、规定，结合项目档案工作实际，总结档案管理与实际操作技术经验的基础上形成的，其提出的方案具有独特的见解和较强的实用性。在西部大开发战略实施10年之际，国家“十二五”规划再次提出，“西部大开发”是我国经济建设的重要战略任务，我国水电建设任重道远，项目档案管理和整编技术水平有待进一步提高。本书提出的方案可供今后水电建设工程、水利工程及其他基建工程档案工作者参考借鉴。

本书在编著过程中，力求做到依据准确、内容全面、简明实用，但由于编者水平有限，难免有疏漏及不妥之处，敬请读者批评指正。

编　者

2010年12月

目　录

第一章 项目档案管理

第一节 管理原则和措施

一、管理原则

基本建设工程项目档案应贯彻“集中统一管理”的原则，确保工程档案的完整、系统、准确与安全，为工程建设和电站管理提供有效的利用。

集中统一管理本单位的全部档案，这是《档案法》赋予每个单位档案部门的职责。除此之外，其他任何部门或个人，均不能长期保存其在工作中形成的各门类、各载体形式的档案材料。所谓全部档案，是指一个单位（包括各种类型的机关、团体、企业、事业单位）在各项工作活动中形成的文书（含党政工团）、科技、会计、审计、监察等不同载体的各种档案材料。统一体现五个方面：“统一机构、统一管理、统一人员、统一制度、统一领导”。基建工程项目档案是科技档案的重要组成部分，所以必须将其纳入集中统一管理范畴。工程参建单位、建设管理单位职能部门或人员应积极配合，移交其产生或经办的项目文件材料，按相关要求进行系统整理，并在规定期限内，向建设管理单位档案部门移交。

二、管理要求

项目法人应将项目档案工作纳入项目建设计划和管理程序，与项目建设实行同步管理，因此，从项目立项时就应提出项目档案管理和归档要求，档案工作要注重过程管理，贯彻档案工作与工程建设同步开始、同步进行、同步检查、同步验收。把档案工作纳入工程建设的目标管理、纳入工作计划、纳入工程管理保证体系、纳入有关管理人员的职责范围，并有相应的检查、考核措施。

三、管理组织

1. 建设管理单位档案组织

建设管理单位应明确档案分管领导、设立档案部门，组建由建设管理单位档案分管领导、各技术部门、档案部门、参建各方组成的档案管理组织。档案部门应承担建设单位和参建单位档案集中统一管理的双重职能。

2. 参建单位档案组织

建设工程各参建单位要建立各自的档案管理组织，明确档案工作分管领导，统一协调工程、质量、材料、设备等部门的档案工作，负责工程档案完整、及时地移交建设管理单位。

四、管理措施

国家重点建设项目具有工作计划性强、管理科学、组织严密、程序规范的管理特点，因此要求项目档案工作也必须规范、科学，只有这样才能将档案工作纳入工程建设的科学管理之中，使档案工作与工程建设同步发展。

1. 档案工作纳入项目法人负责制，建立领导责任制

（1）档案工作纳入项目法人负责制。

项目法人负责制是指项目法人对项目的筹划、筹资、设计、建设实施、经营管理、归还贷款以及资产的增值和保值等全过程负责，并承担投资风险。因此，项目法人处于建设项目管理的中心地位，是建设项目管理的最高决策者。

项目法人是项目建设的责任主体，对项目建设的工程质量、工程进度、资金管理和生产安全负总责，并对项目主管单位负责。加强工程档案管理，进一步明确项目法人对工程档案工作应负的责任：负责工程项目档案的管理，包括对各参建单

位形成档案资料的收集、整理、归档工作进行监督、检查。此责任是项目法人在建设阶段的主要职责之一。档案工作纳入项目法人制，就是将档案工作纳入项目建设管理程序，与建设项目实行同步管理。

(2) 建立档案工作领导责任制。

建立和加强领导责任制，就是要求项目建设领导要重视档案工作，增强档案意识，为档案人员提供必要的工作条件，确保档案工作的正常开展。档案工作离不开领导的支持和业务部门、参建单位的通力合作，否则，就成为无源之本，无水之木。

2. 档案工作与工程建设进程同步管理

(1) 档案工作与工程建设进程同步管理的意义。

“档案工作与工程建设进程同步管理”是国家档案局和有关行政管理部门在相关管理文件中明确提出的要求，是确保工程档案完整、系统、准确和日后有效提供利用的具体措施。项目法人应将项目档案工作纳入项目建设计划和管理程序，与项目建设实行同步管理。

“同步管理”，就是要求档案工作与工程项目立项同步，与施工进度同步，与竣工验收同步，目的就是要在工程建设的全过程完成工程资料的收集、整理工作。工程建设过程不同阶段会产生大量的原始资料，如合同、协议、施工方案与施工记录、事故处理与质检材料等，这些原始资料之间的内在联系，只有当事人在当时才是最清楚的，及时收集整理比较容易。随着工程建设进程的深入，产生的文件材料越积越多，如果工程建设各阶段不能及时完成应归档文件的收集整理，对工程档案的完整、系统、准确性必将产生不利的影响。若到竣工阶段再进行文件材料的收集整理，会带来意想不到的困难，如由于时间过长、管理体制变化，或工程技术人员的工作变动等，必然会造成一些意想不到的后果。如不同阶段的文件材料可能混杂在一起，应归档的文件材料不全（可能散存于个人手中或者发生丢失）、竣工图编制不准确（如未按设计变更进行修改）等，这些问题在当时是很容易弥补或避免的。残缺不全或不成系统的档案资料不仅给整理工作带来困难，而且对日后的档案利用留下严重隐患，因此参建各方，尤其是建设管理单位应对此予以足够的重视，实行档案工作与工程建设进程同步管理。

（2）档案工作与工程建设进程同步管理的实施。

档案工作与工程建设进程同步管理，目的是确保整体工程完工时工程档案也随之完成归档。实施同步管理的关键是工程建设单位领导的重视及有关业务部门的密切配合。有了这个前提条件就可以建立健全并落实档案工作的各项规章制度，同时将档案工作有效地纳入“四同步”管理轨道，并认真执行“五参加”制度，这对促进档案工作与工程建设进程的同步管理具有重要意义。

3. 档案工作实行“三纳入”、“四同步”、“五参加”管理

“三纳入”、“四同步”、“五参加”管理是国家为加强科技档案工作早就明确规定的。“三纳入”、“四同步”、“五参加”管理，其根本目的就是要加强档案的收集工作，把握住各个关键环节，确保科技档案能够完整、准确、系统地收集到档案部门，便于日后为工程各项工作提供服务。具体要求是：

（1）“三纳入”。

1）将项目文件材料的形成、积累、整理和归档工作纳入工程建设工作计划和各项管理程序；

2）将档案工作纳入工程建设生产、技术管理各个环节；

3）将档案工作纳入工程领导的议事日程和职责范围。

（2）“四同步”。

1）在签订合同的同时提出工程档案（包括竣工图）的整理质量、移交份数和归档要求设置的相应条款；

2）在下达工程计划任务的同时提出文件材料的归档要求；

3）在检查工程计划进度与施工质量的同时检查工程档案文件材料的形成、收集、整理情况；

4）在工程竣工验收和评审、鉴定工程建设成果的同时验收工程档案的完整、系统、准确情况。

（3）“五参加”。

1）档案人员参加有关科研课题与设计项目（布置工作）、基建项目、生产、设备仪器定型等方面的有关会议；

2）参加项目工程创优、科研成果鉴定验收、工程项目评奖等活动；

3）参加基建项目工程新产品的定型投产过程；

4）参加基建项目工程的竣工验收；

5）参加设备、重要仪器的开箱验收工作。

4. 档案工作纳入合同管理制，依法管理档案

合同是一切项目管理的基础，因此要求合同的条文内容要全面，把有关档案的归档工作纳入到合同中，充分发挥合同的法律作用。在签订合同时，对档案的形成要求、移交范围、质量标准、整编要求、移交套数、移交期限和档案载体（含电子版）等要有明确的要求。

5. 档案工作纳入工程技术管理

为确保工程建设项目档案的质量，建设管理单位技术部门要对工程资料的完整、系统、准确情况进行审查，工程技术部门须配合档案部门，认真履行监督、检查和指导职责，共同抓好工程档案工作，工程技术管理是保证工程档案质量的关键。

6. 档案工作纳入工程监理制

工程档案的整理质量，是衡量工程各项工作质量的重要内容，因此监理工程师对此应予以足够的重视。承包商在按档案管理相关要求进行档案编制和审查后，监理工程师应对项目文

件形成质量和竣工档案的完整、系统、准确性进行审核把关，并在审核后履行签字手续，充分发挥监理的控制手段作用。

7. 档案工作纳入工程验收程序

工程档案验收不合格不能进行建设项目的整体验收。工程档案资料是随着工程的进程不断形成和产生的，它客观、自然地记录了某项活动的过程与结果，这些档案资料与工程建设的关系十分密切，因而成为工程建设不可缺少的重要组成部分。档案资料的整理，也就成为工程建设过程中一个必要的环节，工程档案达不到要求不能算完成施工任务，没有完成施工任务的工程，当然不能进行工程验收，包括单位工程验收、阶段验收和竣工验收均不能进行。但是，如果工程档案资料基本齐全，只是有少量整理工作没有达到规定要求时，可以不影响工程验收，但要作为遗留问题写入验收结论，并应明确由有关责任单位，在规定期限内尽快按要求完成整理工作。

8. 档案工作纳入合同工程结算和质量保证金程序

为保证工程档案的完整、系统、准确和及时、规范，建设管理单位应建立档案归档结算费用支付体系，在工程款项结算审核程序中，设立档案部门签署意见，财务部门须在见到档案部门的签字后方可办理与参建单位的资金结算和费用支付。对不按要求移交档案的合同工程，视为合同违约，并按相关规定及合同条款予以处罚。

工程质量保证金对工程档案具有同样的质保作用。因为工程档案的整理质量是衡量工程建设各阶段，包括勘察、设计、施工、监理等工作质量的重要内容。如果档案整理不合格，说明工程某一方面的工作质量存在问题，质量存在问题，其质量保证金不能返还。

五、参建各方共同努力才能做好项目档案工作

项目文件贯穿于工程建设的全过程，因此，做好基建工程

项目档案工作不仅仅是档案人员的事情，严格地说，完整、系统、准确的档案，是参建各方共同努力的结果。因为工程管理者、技术人员和施工人员对工程项目最了解，大量的档案产生于他们手中，同时，他们也是今后档案利用的主体，档案人员应深入现场及时指导和宣传档案工作的重要性，使他们自觉地注意手中形成的档案是否完整、系统、准确，档案人员还应加强与工程技术人员的联系，积极提供有效服务，通力合作，共同做好档案工作。

第二节 科技档案与项目档案

一、档案的定义及其作用

档案是人类在社会实践活动中直接形成的、作为历史记录保存起来以备查考的文字、图表、声像及其他方式和载体的文件。档案的原始性是档案最宝贵的特性。

档案的主要作用是行政管理的查考凭证、生产建设的参考依据、政治的必要工具、科学研究的可靠资料、宣传教育的生动素材，档案是维护国家、集体、个人合法权益的法律信证等。档案的作用有十多方面，但是最基本、最重要的作用是档案的凭证作用和查考作用，这是档案的基本价值。

档案的凭证作用是档案不同于一般历史记录的基本特点，它是由档案的形成规律和自身特点所决定的。首先，档案是由当事人直接使用的文件转化而来的，并非事后编造的；其次，从档案的载体形式看，文件上往往保留在其形成过程中产生的历史标记，例如有些文件材料正文是当事人的亲笔手稿，不少文件上留有领导及责任人的亲笔签署或批示。

档案具有查考作用，被称为“未掺水的史料”，具有原始性和可靠性，这是区别于其他文件、资料的主要特征。档案是生产活动和工作不可缺少的参考资料。

档案的价值根据其实现的时间不同，分为现实价值和长远价值、现行价值的历史价值。

二、科技文件与科技档案

1. 科技文件定义

科技文件是指记录和反映生产、科学研究、基本建设、设备及其管理活动的文字、图表、声像等不同形式技术文件。科学技术文件材料根据文件和载体的不同分为科技文字材料、科技图样材料、目录和表格材料、科技声像材料（照片、影片、录音、录像）、科技电子文件。

2. 科技档案定义

科技档案是指在自然科学、生产技术、基本建设等活动中形成的应归档保存的图纸、图表、文字材料、计算材料、照片、影片、录音带等科技文件材料。简单地说，科技档案是记述和反映基本建设、生产技术和自然科学研究等各项活动，具有保存价值，并且按照一定的归档制度作为真实历史记录集中保管起来的科学技术文件材料。

3. 科技档案的特点

（1）专业性特点。科技文件是各项技术活动的真实记录。

（2）形式多样性特点。科技档案种类的多元性和类型的多样性，是科技档案的又一明显特点。各类档案中，以科学技术档案的种类最为繁多、类型最为复杂，呈现出多样化的特点。

（3）通用性特点。一套科技文件材料所反映的客观实体，如一项水利工程、水电工程、一座建筑等，具有重复使用的特点。

（4）成套性特点。科技档案的成套性特点是由科技、生产活动的特点决定的。任何科技、生产活动都是以一个独立的项目或某一特有的现象为对象进行的，例如一个工程项目的设计和施工，围绕一个工程项目形成了一系列相关的科技文件，记载和反映了该项目的全过程和成果，构成了该项目全部活动的文件整体。因此，成套性是衡量科技文件材料质量的重要标准。

(5) 现实性特点。指它具有较强的现实使用性。其他文件材料归档以后，基本完成了现行功能，多半是用来进行历史查考；科技档案则不同，归档后的科技文件材料，不仅没有退出现行使用过程，相反，正是它们发挥现行效用的活跃时期，而且将在较长的时期内发挥现行效用。如在设计单位，归档保存的底图是进行现行设计不可短缺的现行依据。

4. 科技档案作用和种类

科技档案是科技管理工作的依据，是生产建设活动的凭据，是科技研究的必备条件，是科技交流的重要工具。科技档案主要有基本建设档案、工业生产技术档案、农业科学技术档案、设备仪器档案、科学技术研究档案、专门技术档案。

三、项目档案

1. 项目档案的定义

项目档案是指各种水工建筑物、构筑物、地上地下管线等基本建设工程形成的科学技术档案。具体到一个项目来说，是指在整个建设项目从酝酿、决策、立项、设计、施工到工程建成投产交付使用全过程中形成的、应归档保存的文字材料、图纸、图表、计算、预决算、声像等全部文件材料。包括工程准备阶段文件、施工文件、监理文件、竣工文件和竣工验收文件。

2. 项目档案的特点

项目档案的特点是以工程项目成套，是有机联系的整体。重点建设项目不同于一般的建设项目，它的建设周期长，投资大、要求高。工程档案种类多、数量大，主要特点是：

(1) 成套性特点。这是项目档案最突出的特点。项目档案形成于整个项目建设的全过程，它反映了建设项目的从提出、调研、可行性评估、审批、计划、勘察、设计、招（投）标、施工、质检、监理、竣工、投产等专业领域的全部内容，项目档案记载了项目建设活动的全过程和成果，这些专业之间既有所不同，又相互联系，构成了一个建设项目完整的成套性整体。

（2）专业性特点。项目档案是专业技术活动的真实记录，包括工程勘察、设计、建筑施工、地质、水文、测绘气象、地震、设备及管道安装、科研等，是专业技术人员智慧和劳动的结晶。

（3）现实性特点。项目档案具有较强的现实使用价值，项目档案在用于工程项目第一次实现使用价值后，还会为二次、三次、若干次的提供利用，因此它具有长期的现实使用价值。

（4）动态性特点。这是项目档案的一个比较明显的特点，决定了档案工作的难度。从项目的提出、设计到施工、验收，档案一直处于活跃的状态，直至验收以后，才能相对稳定。

3. 项目档案的作用

（1）项目档案是工程建设者智慧和汗水的结晶。项目档案是工程建设者劳动成果和历史功绩的真实记录，它在某种程度上可以起到为工程建设者树碑立传的作用。

（2）项目档案具有凭证和依据作用。档案的凭证作用是档案不同于一般历史记录的基本特点，是由档案的形成规律和自身特点所决定的。

（3）项目档案的查考和利用价值。项目档案具有原始性和可靠性，它对工程的建设、管理、维护、改造具有不可替代的查考和利用价值。对于一个新建工程来说，可以借鉴和利用与之相关的规划设计档案和设计资料作为参考是加快工作进程的途径之一。例如：要在某一大江流域上新建一个枢纽工程，这条流域过去规划中的水文报告、实测纵横断面图等历史资料都是可以利用的，如果这个工程没有任何可以利用的资料的话，可借鉴和参考别的类似的已建成工程的先进技术、优秀的成果，以拓宽思路，使设计更加合理完善。

（4）项目档案在工程建设和管理中的主要作用。

1）工程正常情况下的养护工作必须根据工程档案对工程的设计、施工、监理、竣工验收等方面的详细记录。

2）随着工程运行年限的增加，水工建筑物的老化与病害问题也随之增加，须依据工程档案对病害情况进行详细调查、分析，然后根据具体情况决定对其采取修补或加固的方法与措施。

3）当水工建筑物遭受突然破坏，造成险情，危及建筑物安全时，必须立即进行抢修；其后，还需根据情况对其进行加固处理或改建、扩建，这时工程的原设计、施工档案是加固处理、改建、扩建工程的重要决策和设计的依据，是查找、分析事故原因的重要法律依据。

4）对于新建工程，利用与之相关的工程规划设计档案作为参考是加快工作进程的途径之一，借鉴和参考其他类似的已建成工程先进的、优秀的技术成果，以拓宽思路，使自己的设计趋于更加合理完善。

第三节　项目档案工作内容与建立

一、项目档案工作任务

项目档案工作的基本任务是按照一定的原则和要求，完整地保存和科学地管理项目档案，进一步做好档案利用工作。只有完整、系统、准确的档案，才能满足工程建设管理对档案利用的要求；实现档案管理现代化是社会发展的必然趋势，引进计算机技术对档案进行自动化管理，并积极主动开发档案信息资源，使档案管理由传统的纸质文件转向现代的电子信息化管理，更好地为档案利用工作，为水电工程建设和投产后生产运行、维护和管理服务。

二、项目档案工作特点

1. 责任重

从项目档案的价值和作用方面，项目档案为建设管理、竣工验收、生产运行、维修改造服务，肩负着现实和历史的双重责任；从工作方面，项目档案是工程建设管理的重要组成部分和必不可少的环节。

2. 难度大

一是收集难：项目法人与参建各方之间的接口关系多，人员变动大，文件材料来源多不易控制；时间紧，伴随项目建设周期，各阶段都有相应的任务，档案工作必须及时跟进同步管理，不能脱节。二是整理难：形成的档案门类多、载体复杂、数量大、参建单位水平不一。

3. 要求高

项目档案是工程竣工验收、项目稽查、审计、评价的重要依据，是维护资产和权益的凭证，是运行管理、维修改造的保障，是领导决策的依据，因此要求完整、系统、准确。

三、档案工作基本要求

（1）熟知基建工程项目档案工作的有关法规、标准和规范。

（2）建立健全基建工程项目档案工作的管理办法和规章制度。

（3）采取措施，加强前端管理和过程控制。

（4）严把验收关，认真做好档案的预验收工作，这是保证档案质量的重要步骤。

四、档案工作基本原则

项目档案实行“集中统一管理”，集中统一管理工程项目档案是维护其完整、准确、系统、安全保管和有效利用的基本原则。集中统一管理，不仅有利于改善档案的保管与保护条件，最大限度地延长档案寿命、避免档案资料受自然或人为的破坏，同时还可以有效防止档案资料的散失，确保档案资料的完整与安全。坚持集中统一管理，还可以有效保证档案材料内容的安全，因为档案部门有借阅制度的约束，可以减少或防止失密、泄密事件的发生。

五、项目档案工作依据

项目档案工作主要依据法规文件：《档案法》、《档案法实施办法》、《基本建设项目档案资料管理暂行规定》(国档发〔1988〕4 号)、《国家重点建设项目档案管理登记办法》(档发〔1997〕15 号)、《科学技术档案案卷构成的一般要求》(GB/T 11822—2008),《国家重大建设项目文件归档要求与档案整理规范》(DA/T 28—2002),《电子文件归档与管理规范》(GB/T 18894—2002)、《照片档案管理规范》(GB/T 11821—2002)、《重大建设项目档案验收办法》(档发〔2006〕2 号)、《企业档案工作规范》(DA/T 42—2009)等。

六、项目档案工作内容

档案工作的基本内容包括收集、整理、鉴定、保管、检索、利用、编研、统计等八个方面，也称为档案管理的八个环节。“收集、整理、鉴定、保管”统称为项目档案工作的基础业务，其目的是维护项目档案的完整、准确、系统、安全，为档案的开发利用创造条件；“利用”是档案工作的根本目的，它依赖于基础业务工作，并检验其工作质量；“统计”工作是一种监督手段，对其他各环节工作进行信息反馈。

(1) 档案的收集。将项目建设过程中产生的档案资料集中到档案部门。

(2) 档案的整理。指建立项目档案实体的管理秩序，实施对档案实体进行有序化、条理化的过程，档案整理是档案管理工作的核心部分。

（3）档案的鉴定。档案的鉴定是对档案的价值即有用性进行鉴别判定，主要是对其原始价值和情报价值的鉴定。通过对档案内容、形式等各种特征的分析，确定档案材料的不同保管期限，并将超过保管期限的档案进行剔除销毁。

（4）档案的保管。档案保管是通过档案库房的建设，采取各种防治措施，以维护档案的完整和安全。档案保管一是指保持档案的存放秩序；二是指保护档案实体不受损害，尽量延长档案实体的自然寿命，保证档案管理工作能够正常运行。

（5）档案的检索。档案检索是运用一系列专门方法将档案的信息内容进行加工处理，编制各种各样的检索工具或检索目录，并运用这些检索工具为档案人员查找所需要的档案。

（6）档案的统计。是对档案和档案管理情况进行登记、记录、分析、研究，以做到心中有数，为科学管理、决策提供准确的信息支持。

（7）档案的编研。档案编研是以收藏的档案为基础并结合社会需求，研究档案信息内容，编辑出版档案文献，参与编修史志等，档案编研是一项研究性很强的工作，它对主动开发档案信息资源、为社会服务具有特殊意义。

（8）档案的利用。档案工作目的是维护档案的完整与安全，便于社会各方的利用。档案的利用是指通过各种各样的方式将档案直接或间接地提供给利用者，一是满足社会对档案的需求；二是体现档案的价值。档案利用服务是档案管理的根本目的。

七、档案工作基本性质

档案工作基本性质是科学管理型、信息服务性和机密性。

1. 科学管理性

档案工作是实现工程建设科学管理的技术基础工作，是工程建设科学组织和管理不可缺少的保障性工作。档案工作不仅是一项专业性管理工作，还是工程建设不可缺少的重要环节。要管理好一个单位的科学技术档案，不仅需要传统的历史学、文献学知识，更需要现代科学技术知识，如管理学、信息学、计算机技术等。

2. 信息服务性

档案工作是一项信息服务性工作。通过档案信息资源管理和提供档案材料为各项业务部门工作服务，是档案工作区别于其他服务性工作的特点之一；通过档案信息资源服务，一个企业管理效率的提高和技术的进步可以得到有效推动。

3. 机密性

任何单位的档案工作都有一定的保密要求，为了维护国家的利益和单位的法定权益，许多档案在一定时间和范围内需要保密。但是，档案的机密性不是一成不变的，它随着时间的推移而发生变化，档案中的不少内容是在一定的时间和空间内具有机密性，要正确处理档案的机密性和服务性的关系。

八、项目档案工作的建立

1. 建立档案工作的意义

档案工作是项目建设的重要组成部分，建立与加强档案工作是工程建设管理的需要，档案工作达不到规定要求的建设项目不能进行竣工验收。本着对历史记录、为后人负责的原则，传承工程技术文化，服务社会、造福人类，要建立并加强档案管理工作，将项目建设的全过程真实、完整地记录并保存下来，为日后的查考利用提供可靠翔实的文件材料。如果不建立档案工作，档案就处于无人管理状态，这对工程的建设和管理都是十分不利的，其结果会影响工程的建设、管理与验收工作。

2. 建立档案工作的内容及步骤

(1) 建立档案工作的内容。

工程资料贯穿于工程建设程序的各个阶段，它是随着项目的建设环环相扣、段段相连、步步延伸、逐渐形成的，项目档案一旦形成，它的完整性、准确性、系统性就已客观存在了，要保持这种客观性，就应从项目的提出、论证开始，对档案工作进行通盘考虑和统筹规划，从工程建设伊始，就要进行文件材料的收集和积累工作，遵循工程建设和档案形成的规律，坚持档案工作与工程建设同步进行。

(2) 建立档案工作的步骤。

1) 认真落实领导责任制。领导重视档案工作是管好用好档案的关健，领导应加以重视和关注，使其在制度上、装备上、人员配备上得到支持和保证，使档案工作能真正发挥其职能和作用。

2) 制定档案管理工作制度。根据国家有关档案管理工作的相关规定，统一项目档案管理业务标准和规范。

3) 制定档案管理规章制度。使档案工作纳入工程建设管理之中，把项目档案的形成、积累、整理工作形成制度，并与个人的经济利益挂钩。

4) 档案部门要认真履行职责，加强对项目文件材料的形成、收集、整理、编目等工作进行监督、协调、指导和检查。

第四节　项目档案工作保障体系

一、档案工作的组织保障

1. 项目档案管理组织网络

重点建设项目具有规模大、周期长、点多线长，并且施工队伍流动性强的特点，这就给工程资料的收集和归档带来一定的困难，因此建立档案管理组织网络是很必要的。建立由项目法人负责，各参建单位组成的档案管理组织网络，明确相关的责任人，并有管理网络和落实相关人员责任制的文件或依据。按照建设项目布网建点设置参建各方档案工作责任人和档案人员，以点接线，以线联网。

2. 落实档案工作责任人

组建由建设单位档案分管领导、工程技术部门、档案部门、参建单位组成的档案管理组织，同时明确其档案工作职责。档案分管领导的职责是加强领导，保障档案工作的正常开展，工程专业技术人员和管理人员是归档工作的直接责任人，档案人员是档案工作的实施者，档案人员的基本职责是依法建章立制，确定参建各方的归档范围和归档时间，集中统一管理项目档案，定期接收工程档案，并对参建单位进行业务监督、检查、指导。勘察设计、施工、监理单位应明确本单位相关部门和人员的归档责任，切实做好职责范围内工程档案的收集、整理、验收、审核和移交工作。

二、档案工作的制度保障

1. 建章立制的意义

档案工作的依法管理，既是重点建设项目管理工作的重要内容，也是协调档案工作与其他工作关系的依据，更是做好档案工作的重要保障。一个重点建设项目，会有诸多的行业和系统的参建队伍，各自都习惯按照本行业的规定整理档案和编制竣工图，各方移交的档案标准不一，分类方法不同，造成不能统一管理、排列不清。建立档案管理制度才能统揽全局，确保项目档案的规范、科学，统一业务标准，使档案工作纳入工程建设的科学管理中，因此，档案工作必须建章立制，明确规定各责任单位的职责与任务，并与个人的经济利益挂钩，以确保项目档案的完整、系统、准确及安全保管和有效利用。

2. 项目档案工作建章立制

项目档案制度包括项目档案工作管理制度和规章制度两大类。

(1) 项目档案工作管理制度。

项目档案工作管理制度主要有：项目档案分类方案与档号编制标准、项目档案管理细则、立卷归档制度、档案保管制度、档案利用制度等。

1) 分类方案与档号编制标准，是档案整理的首要环节，用以确定项目文件的分类与档号结构。

2) 项目档案管理细则，以明确项目文件的形成、收集、整理、移交办法，以及档案装具要求等。

3) 立卷归档制度。明确项目档案的归档范围和保管期限、归档时间、档案整理要求等措施。

4) 档案保管制度。明确各类档案的保管条件，特殊载体档案归档保管制度，项目档案归档接收检查制度，档案库房管理制度和档案库房管理员职责。

5) 档案利用制度。明确各类档案利用方式、方法，规定查（借）阅档案权限和审批手续，提出接待查（借）阅档案的要求。

6) 档案保密制度。明确档案形成者、档案管理者、档案利用者应承担的档案保密制度。

7) 电子档案管理制度。对项目档案各信息系统中形成的电子文件提出归档整理、管理和利用制度。

8) 档案管理系统操作制度。应明确档案管理系统的操作人员范围、档案管理系统操作人员的职责、档案管理系统软件及硬件的操作要求。

(2) 档案工作规章制度。

1）明确归档责任制。制定项目档案归档责任制，包括档案工作领导责任制，业务部门档案工作责任制，档案专、兼职人员岗位责任制，参建单位归档责任制等。

2）建立工程项目档案责任追究制度。明确规定水电建设项目各参建单位的档案工作职责与任务，制定对违反档案管理制度的单位或部门，提出责任追究和处罚措施。

三、档案工作的经费保障

项目法人应落实档案工作所需经费，保障档案工作的正常开展，档案业务工作所需经费应列入工程总概算或年度预算中的管理房屋建设工程项目类和生产准备费中。

四、档案工作的设备设施保障

应建立符合工程项目档案安全保管条件的专用档案库房，办公与库房的设施及档案装具能满足工作需要。大中型工程均应建立与工作任务相适应的、符合规范要求的专用档案库房，配备必要的档案装具和设备；其他建设项目，也应有满足档案工作需要的库房、装具和设备。项目法人应按照国家信息化建设的有关要求，充分利用新技术，开展工程档案数字化工作，建立档案数据库，大力开发档案信息资源，提高档案管理水平，为工程建设与管理服务。

第五节 参建各方档案管理职责

一、通用职责

（1）各参建单位填写工程资料的内容及格式应以施工及验收规范、工程合同、设计文件等为依据。

（2）工程资料应随工程进度及时收集、整理，并按专业归类，认真书写，字迹清楚，项目齐全、准确、真实，无未了事项。表格应采用统一格式，特殊要求需增加的表格应统一归类。

(3) 工程资料进行分级管理，各参建单位技术负责人对本单位工程档案资料从形成到移交的全过程管理工作负全责，各相关单位档案管理员负责相应的工程资料的收集、整理工作。

(4) 对工程资料进行涂改、伪造、随意抽撤或损毁、丢失等，应按有关规定予以处罚，情节严重的，应依法追究法律责任。

二、建设管理单位档案管理职责

(1) 建设单位在工程招标、投标及与勘察、设计、监理、施工等单位签订协议、合同时，应设立档案移交的有关条款，对档案移交套数、质量、时间、费用等提出明确要求及违约责任。

(2) 实行统一组织和管理职能。负责项目档案工作的组织、协调、指导、监督和检查；负责对各参建单位移交的竣工档案进行检查、验收，并汇总统一编目，编制档案检索工具。

(3) 负责工程前期文件、工程管理文件、设备文件、阶段验收文件、生产准备（包括企业技术规范）及试生产文件、机组交接验收文件的材料收集、整理与归档。

(4) 按照国家有关建设项目档案管理的规定和办法，负责项目档案工作的建章立制。负责按《国家重点建设项目档案管理登记办法》(档发〔1997〕15 号）规定，做好登记工作。

(5) 单位工程验收时，技术部门应协同档案部门对工程竣工档案的归档率、完整率、准确率进行检查，发现问题及时处理。

(6) 负责工程建设过程中施工设计图及部分施工文件、设备图纸的统一登记、分发工作。负责接收和管理工程全部档案，并运用档案现代化管理手段进行汇总，具备检索、借阅条件。

（7）负责同上级档案部门及建设管理单位各职能部门的工作联系，负责协调与当地档案管理有关的工作。

（8）建立符合要求的档案库房，集中统一保管工程档案，为工程档案的安全保管和提供利用配备必要的装具和设备。

（9）配备与工程规模相适应的档案人员，并经档案专业培训，取得档案上岗资格证书，为档案人员提高业务素质创造条件，更好地为工程建设提供有效服务。

（10）负责按《重大建设项目档案验收办法》（档发〔2006〕2号）规定，组织申报建设项目档案验收工作。

三、设计单位档案管理职责

建设项目勘察、设计单位在项目档案管理中主要责任是：

（1）将项目文件的管理列入项目计划、各承办机构和有关部门职责范围，按照项目所属关系，将项目档案纳入工程质量行政领导人的责任制，并制定相应的检查、考核措施。

（2）负责收集、积累工程各阶段的勘察、设计文件、全部设计修改通知单和设计说明书总结，并按项目或专业对文件材料进行系统整理后向建设管理单位移交归档。

（3）按照合同、协议的规定，向建设单位提交经系统整理的设计文件（含相应电子文件），确保其完整、准确、系统。

（4）对工程建设变更文件进行最终审核，保证其完整、准确。

四、监理单位档案管理职责

1. 监理单位档案工作责任

根据《工程建设监理规定》第十四条“工程建设监理程序”规定，工程建设监理应“参与工程竣工验收，签署建设监理意见”，并在“建设监理任务完成后，向项目法人提交工程建设监理档案”。规定表明工程建设监理的基本程序包含对文件形成的监督责任和整理、移交监理档案的责任。具体包括：

（1）负责工程监理业务范围内形成的各项监理事项（工程

质量、工期、安全、投资等）全部监理文件材料的收集、整理工作。总监理工程师应对监理项目部文件材料的归档负总责，并指定专人具体实施。监理资料应在各阶段监理工作结束后及时整理，确保监理文件真实完整、分类有序。

（2）负责施工设计图纸和设计文件的审查；督促检查工程建设中文件材料的形成、收集、整理、立卷归档和检查工程文件材料的完整、准确情况，负责竣工文件和竣工图的审核并签署意见。

2. 监理工作及文件材料内容

建设监理是指对项目建设参与者的行为所进行的监控、督导和评价，以及采取相应的管理措施，保证建设行为的合法性、科学性、合理性和经济性。建设监理的主要职责是“四控制、两管理、一协调”。“四控制”是指安全控制、质量控制、进度控制、投资控制。“两管理”是指合同管理、信息管理。“一协调”中指组织协调。监理文件材料分为：综合管理类、组织协调类、质量控制类、安全控制类、进度控制类、造价控制类、综合记录报告类和验收总结类。

五、施工单位档案管理职责

（1）将项目文件的管理列入工程计划和有关部门的职责范围，落实档案工作领导责任制，并制定相应的检查、考核措施。

（2）负责收集、积累、整理项目施工中形成的文件，包括现场使用的译文、安装记录及安装调试过程形成的非标准竣工图、设计变更、使用维护（试运行）中形成的文件、工程事故处理文件等。并对项目竣工图和竣工文件进行编制、归档。

（3）对施工文件、施工图及设备技术文件的准确性和更改情况进行核实，并按要求进行相应修改。

（4）项目竣工验收后（包括单项工程及分期建设的工程）6个月内，向建设单位档案部门移交经整理的竣工档案。

（5）工程实行总承包的，总承包单位负责收集、汇总各分包单位的工程档案，各分包单位应将本单位文件材料收集、整理、立卷后移交总承包单位。建设工程由几个单位承包的，各承包单位负责整理其承包项目的文件材料，并及时向建设单位移交。

（6）施工单位归档文件应包括的内容：

1）土建、金属结构、机电安装等施工的技术管理类文件（含技术文件及测量记录）。

2）土建、金属结构、机电安装等施工的质量管理类文件（含质量文件、安全文件、环境保护及材质检测和统计分析）。

3）土建、金属结构、机电安装等施工的质量验收评定类文件（含隐蔽工程施工记录）。

4）机电设备试验记录：机组试运行记录（含水轮机、发电机、主变压器、升压设备、辅机、全厂公用设备、电气一次及二次设备等，联机试验记录和72h试运行记录）。

5）工程总结、竣工报告、工程技术和工程安全生产总结。

6）施工单位若受甲方委托签署设备材料购置合同时，应设立专门条款，明确移交档案材料（如产品说明书、质量合格证、试验报告、设备图纸等）的内容、数量、质量等要求。

7）负责竣工图的整理归档（含相应电子版）。竣工图应完整、准确、清晰、规范、修改到位，真实反映工程施工结果。

8）反映工程施工、安装过程的声像材料。

六、设备制造厂家归档职责

（1）设备供货单位应负责设备出厂资料和设备安装调试资料的收集、整理、立卷，并按时向建设管理单位档案部门移交。

（2）设备装箱前，设备供货单位应编制设备及备品备件移交清单，并在设备开箱验收前移交建设单位档案部门。设备装箱时，供货单位应提供设备装箱单、产品质量证明书、合格证、使用说明书、试验报告、检测报告、商检记录、特殊产品准销证等文件材料及设备图纸。

（3）提供设备主要材料的材质报告（如钢材、焊接材料，包括座环、蜗壳、导叶、顶盖、底环、转轮、主轴、机架、转子中心体、转子轮臂、定子机座、定子铁片等）。

（4）提供主要设备的出厂检验文件及试验检测报告（如发电机、变压器、GIS、高压电缆）。

（5）提供主要设备部件工厂组装文件（如闸门拼装、启闭机组装试验、水轮机导水机构组装、转轮组装焊接等）。

（6）提供主要部件焊接质量检查报告（如座环、顶盖、底环、转轮、机架、转子中心体、转子轮臂等）。

（7）负责配合施工单位完成机电设备安装后竣工图的编制。

七、调试单位归档职责

（1）调试单位（包括由施工单位承担调试工作的）负责所承担项目的调试方案、措施、调试报告和调试过程中的设备缺陷处理记录、质量等级评定、继电保护整定单、设计变更文件、调试工作总结等文件的编制、收集、整理、立卷，并经监理审核合格后移交建设管理单位档案部门。

（2）提供分系统调试和整套试运阶段的调试评定表和签证单，提供机组整套启动试运行及系统调试期间形成的文件材料，并在每台机组投产后3个月内向建设单位档案部门移交。

（3）移交经机组启动验收委员会审批的机组启动试验大纲或机组启动试运行程序，机组启动验收委员会及试运行指挥部各次会议纪要，机组72h试运行或30d试运行专题报告，每台机组启动试验完成后，提供机组启动试验总结报告。

八、生产运行单位归档职责

（1）负责收集生产准备文件、项目器材文件、企业技术标准文件包括现场运行规程、操作及事故处理规程、管理制度、管理标准与措施等。

（2）提供机组整套启动及试运行期间文件材料，包括试运行报告、设备缺陷及事故处理记录、分析、结论，试运行工作总结。

（3）提供设备命名、主系统启动及倒送厂用电方案。

第六节 项目档案管理登记

一、国家重大建设项目档案管理登记

1. 项目档案管理登记的意义

《国家重点建设项目档案管理登记办法》（档发〔1997〕15号）的制定，是加强重点建设项目档案管理的重要措施，是实现国家重点建设项目档案管理规范化、标准化的重要步骤，是保证建设项目档案完整、准确、系统的手段。既可督促项目建设单位重视项目档案工作，做到项目档案工作与项目建设同步进行，也能进一步保证项目主管部门档案机构或地方档案行政管理部门重视对项目档案工作和监督、指导，做好国家重点建设项目档案工作。

2. 项目档案管理登记制度的出台

1997年8月19日，国家档案局、国家计委以档发字〔1997〕15号文件，发布了《国家重点建设项目档案管理登记办法》，要求认真组织实施国家重点建设项目档案管理登记工作。

二、国家重大建设项目档案管理登记组织

（1）国家档案局每年转发国家计委发布的国家重点建设项目名单，并统一部署对国家重点建设项目档案的登记工作。

（2）凡新建、在建、收尾和试生产的国家重点建设项目，按隶属关系组织登记。属于国务院行业主管部门的，由项目主

管部门的档案机构负责填写“国家重点建设项目档案管理登记表”，同时抄送项目所在地省级档案行政管理部门，便于相互配合，监督指导；属于地方的，由项目所在地省级档案行政管理部门负责组织填写“国家重点建设项目档案管理登记表”。

三、项目档案登记工作的要求

（1）项目主管部门档案机构应与地方档案行政管理部门互通情况，互相合作。

（2）项目主管部门档案机构和省级档案行政管理部门对于新建项目，应及时组织和监督建设单位做好档案管理登记，每年填写表一（见表 1-1）后报送。

（3）要认真做好项目档案的预验收工作。国务院各行政主管部门档案机构主动与项目建设部门加强联系，根据项目计划工期和进度，及时对登记的项目提出档案验收要求，并会同或委托项目所在地省级档案行政管理部门组织预验收。属于地方的项目，省级档案行政管理部门应根据工作的要求，及时对登记的项目组织预验收。

四、项目档案管理登记表的填写

国家重大建设项目档案管理登记表有三类，分别如下：

1. 登记表一

登记表一称为“项目及项目档案和资料情况动态表”，主要内容包括：项目名称、建设单位及项目法人、地址、上级主管部门，批准概算总投资、计划工期、主要单位工程名称、现已完成的单项工程，主要设计单位、主要施工单位、主要设备安装单位、主要监理单位，档案资料管理部门名称、联系地址、电话，项目建档时间、专职档案人员数量、库房面积/档案工作其他用房面积、设施设备，现有档案资料和资料数量、图纸张数，对项目档案日常监督、指导的上级单位、填表单位。登记表一应由行业主管部门或项目所在地省级档案行政管理部门组织项目建设单位填写；此表于项目开工后 6 个月内报国家档案局经济科技档案业务指导司。对于未进行竣工验收的国家重点建设项目，应每年填写登记表一，以便及时了解项目及项目档案工作的进展和变化情况。格式如表 1-1 所示。

2. 登记表二

登记表二称为“项目档案预验收表”，主要内容包括：项目名称、项目档案总数、图纸张数、档案移交单位、库房面积/档案工作其他用房、项目预验收日期、预验收组织单位、预验收组成员单位、预验收结论。登记表二应由预验收组织单位负责填写，此表于项目预验收后 1 个月内报国家档案局经济科技档案业务指导司。格式如表 1-2 所示。

3. 登记表三

登记表三称为“项目档案正式验收情况表”，主要内容包括：项目名称、项目档案总数、图纸张数、档案移交单位、项目竣工投产日期、项目正式验收日期、档案正式验收组织单位、验收组成员单位、验收结论。登记表三应由档案验收组织单位负责填写，此表于项目正式竣工验收后 1 个月内报国家档案局经济科技档案业务指导司。格式如表 1-3 所示。

4. 预验收结论、验收结论内容

在登记表二、三中，预验收结论、验收结论的主要内容包括对下列情况的评价：项目档案工作管理体制；档案管理制度；项目档案资料概况、项目文件、资料的形成、积累、整理与归档工作情况；竣工图的编制情况及质量；存在问题及整改措施。

5. 重点建设项目档案管理登记工作的汇总

国家档案局于每年 12 月底汇总国家重点建设项目档案管理登记情况，并及时向全国公布。对未按规定进行登记的单位予以通报，并限时登记。

表 1-1　国家重点建设项目档案管理登记表

（项目及项目档案和资料情况动态表）

编号：

项目名称			
建设单位或项目法人		邮编	
地址			
上级主管部门			
批准概算总投资	万元	计划工期	年　月～　年　月
主要单位工程名称			
现已完成的单位或单项工程			
主要设计单位			
主要施工单位			
主要设备安装单位			
主要监理单位			
项 目 档 案 和 资 料 管 理 情 况			
档案资料管理部门名称		隶属部门	
联系地址、电话		负责人	
项目建档时间			
专职档案人员数量			
库房面积/档案工作其他用房面积			
设施设备			
现有档案和资料数量（正本）	卷（册）		
图纸张数			
对项目档案日常监督、指导的上级单位			
填表单位	（盖章） 年　月　日		

注　此表于项目开工后6个月内报国家档案局经济科技档案业务指导司。对于未验收的国家重点建设项目，每年填写此表一次。

表 1-2　　　国家重点建设项目档案管理登记表

（项目档案预验收情况表）

编号：

<table>
<tr><td colspan="2">项目名称</td><td colspan="4"></td></tr>
<tr><td colspan="2">项目档案总数（正本）</td><td colspan="2">卷（册）</td><td>图纸张数</td><td></td></tr>
<tr><td colspan="2">档案移交单位</td><td colspan="4"></td></tr>
<tr><td colspan="3">库房面积/档案工作其他用房面积</td><td colspan="3"></td></tr>
<tr><td colspan="2">项目预验收日期</td><td colspan="4"></td></tr>
<tr><td rowspan="3">项目档案预验收</td><td>组织单位</td><td colspan="4"></td></tr>
<tr><td>预验收组
成员及单位</td><td colspan="4"></td></tr>
<tr><td>预验收结论</td><td colspan="4">预验收负责人（盖章）
年　月　日</td></tr>
</table>

注　此表于项目预验收后 1 个月内报国家档案局经济科技档案业务指导司。

表 1-3　　国家重点建设项目档案管理登记表

（项目档案正式验收情况表）

编号：

<table>
<tr><td colspan="2">项目名称</td><td colspan="3"></td></tr>
<tr><td colspan="2">项目档案总数（正本）</td><td>卷（册）</td><td>图纸张数</td><td></td></tr>
<tr><td colspan="2">档案移交单位</td><td colspan="3"></td></tr>
<tr><td colspan="2">项目竣工投产日期</td><td colspan="3"></td></tr>
<tr><td colspan="2">项目正式验收日期</td><td colspan="3"></td></tr>
<tr><td rowspan="3">项目档案正式验收</td><td>组织单位</td><td colspan="3"></td></tr>
<tr><td>预验收组
成员及单位</td><td colspan="3"></td></tr>
<tr><td>验收结论</td><td colspan="3">验收负责人（盖章）
年　月　日</td></tr>
</table>

注　此表于项目正式竣工验收后 1 个月内报国家档案局经济科技档案业务指导司。

第七节 基建工程及项目档案术语

一、水力发电站及基建工程术语

（1）水力发电站：将水流落差蕴蓄的能量转变成电能的各种建筑物和设备的综合建筑体，其建筑物有引水系统、发电厂房系统、尾水系统等。

（2）水工建筑物：是指能够承受水的作用的各种水电工程建筑物。水电工程建筑物按功能主要分为挡水建筑物、取水建筑物、泄水建筑物、输水建筑物、整治建筑物、水电站建筑物、通航建筑物、过鱼建筑物、过木建筑物。按建筑物的重要程度分为主要建筑物和次要建筑物或永久建筑物和临时建筑物。

（3）水工建筑物级别和工程规模：对各种水工建筑物在工程中发挥的作用大小所确定的级别，称之为水工建筑物级别；库容、坝高、装机容量等特性指标所反映的工程大小称之为工程规模。

（4）建设工程项目：是指经批准按照一个总体设计进行施工，在经济上实行统一核算，行政上具有独立组织形式，实行统一管理的工程基本建设单位。它由一个或若干个具有内在联系的工程组成。

（5）单项工程：指建设项目中具有独立设计文件、可独立组织施工，建成后可以独立发挥生产能力或效益的工程。

（6）单位工程及其划分原则：是指具有独立的设计文件，竣工后可以独立发挥生产能力或效益的工程，单位工程是构成建设项目的组成部分。单位工程通常由若干个分部工程组成，是若干分部工程完成后才能运行或发挥一种功能的工程。枢纽工程，一般以每座独立的建筑物为一个单位工程，也可将一个建筑物具有独立施工条件的一部分划为一个单位工程。

（7）分部工程及其划分原则：分部工程是组成单位工程的各个结构部位、具有相对独立施工条件或作用的工程，是在一个建筑物内能组合发挥一种功能的建筑安装工程。枢纽工程的土建部分，按设计的主要组成部分划分其分部工程；金属结构、启闭机及机电设备安装工程，按有关单元工程质量评定标准化划分其分部工程。渠道工程依据设计及施工部署划分。

（8）单元工程及其划分原则：是指组成分部工程、由一个或几个工种施工完成的最小综合体，是质量考核和合同支付审核的基本单元。单元工程可依据设计结构、施工部署或质量考核要求进行划分为层、块、区、段等来确定。

（9）工程竣工验收：是指工程竣工、试生产后，由有关主管部门组织的对工程的进行全面考核、检查和验收。工程项目的竣工验收是施工全过程的最后一道程序，也是工程项目管理的最后一项工作。它是建设投资成果转入生产或使用的标志，也是全面考核投资效益、检验设计和施工质量的重要环节。

（10）单位工程验收、阶段验收、竣工验收：依据国家经济贸易委员会印发的《水电工程验收管理暂行规定》（国经贸电力〔1999〕72 号）、《水电站基本建设工程验收规程》(DL/T 5123—2000)(国家经贸电国〔2000〕1048 号发布，2001 年 1 月 1 日实施)、《水利水电工程施工质量检验与评定规程》(SL 176—2007 替代 SL 176—1996)等有关规定、规程执行。水电项目主体工程竣工验收分为：分部分项工程验收、单位工程验收、阶段验收、竣工验收四个阶段。

二、工程项目文件

1. 项目文件

项目文件是指建设项目的从提出、立项、审批、招投标、勘察、设计、施工、监理、生产准备到及竣工验收全过程中形成的经过鉴定、整理并归档的项目文件。包括建设项目全过程形成的文字、图表、声像等形式的全部文件。内容包括项目准备阶段文件、工程管理文件、施工文件、监理文件、合同文件、生产技术准备、设备文件、财务文件、竣工图、竣工验收文件等。

2. 工程准备阶段文件

工程准备阶段文件指工程开工前在立项、谈判、审批、征地、勘察、设计、招投标等工程准备阶段形成的文件。

3. 施工文件、监理文件与竣工图

施工文件是指施工过程中形成的反映工程施工、安装过程的文件。监理文件是监理单位在工程设计、施工等监理过程中形成的文件，是监理单位对项目工程质量、进度、安全和建设资金使用进行控制以及合同管理、信息管理、工程协调过程中形成的文件。竣工图是指工程竣工验收后，真实反映建设工程项目施工结果的图样。

4. 竣工文件与竣工验收文件

竣工文件是指工程项目竣工时形成的反映工程施工（包括建筑、安装及调试、监理）过程和工程真实面貌的文件，主要由施工文件、竣工图文件和监理文件组成。竣工验收文件是指工程项目竣工验收活动以及竣工后试运行中形成的文件。

三、项目档案术语

1. 工程项目档案

工程项目档案是指从建设工程（项目）从立项、审批、招投标、勘察设计、施工、监理、生产准备到竣工投产（使用）全过程直接形成的，以纸质、胶片、磁盘、光盘等各种载体形式存在的、具有保存价值的历史记录。它反映了该项目从设计勘察到施工、竣工全过程的真实面貌，简称工程档案。

2. 项目档案的完整、系统、准确

档案人员衡量工程档案是否达到完整、系统、准确的要求，是依据项目文件归档范围，结合工程建设实际进行判定。

“完整”是指归档的文件材料能真实记述和反映建设项目的提出、调研、可行性研究、评估、决策、计划、勘察、设计、施工、设备安装、调试以及竣工验收的全过程。“完整”就是要求工程档案材料不缺项，所有应归档文件材料的类项必须齐全。如工程建设不同阶段的档案材料要齐全，每个阶段产生的各类档案材料也要齐全。

“系统”是指所有应归档的文件材料，按其形成规律，保持其相互之间的有机联系，分类科学，组卷合理。“系统”就是要求所有应归文件材料不缺页，将相关联的文件材料尽量放在一起，特别要注意工程项目文件材料的成套性。

“准确”是指归档的文件材料能真实记述和准确反映工程建设过程及竣工时的实际情况，文字、数字、图形的内容都要准确，特别是竣工图要能准确反映工程建设的实际状况。

3. 项目档案整理、立卷与编目

档案整理是指项目文件按照一定原则对档案实体进行系统分类、组合、排列、编号和编目，使之有序化的过程。立卷是指若干文件按形成规律和有机联系组成案卷的过程。编目是指按照一定的规则进行档案著录将条目信息组织成目录的过程。

4. 归档与移交

归档是指文件形成单位完成其工作任务，并将形成的文件整理立卷后，按规定移交档案管理机构。移交是指项目竣工验收后，建设单位根据合同、协议和规定向生产（使用）单位、项目主管部门及有关档案管理部门提交有关工程档案。

5. 档案检索与检索工具

档案检索是存储和查找档案信息的过程。检索工具是用于存储、查找和报道档案信息的系统化文字描述工具，是目录、索引等的统称。常用的检索工具有案卷目录、全引目录、档案索引等。

6. 档案利用与档案密级

档案利用是指档案利用者以阅览、复制、摘录等方式使用档案的过程。档案密级是指档案保密的程度。

7. 档案鉴定与档案销毁

档案鉴定是判定档案真伪和价值的过程。档案销毁是经过鉴定对失去价值的档案作毁灭性处置的过程。

四、电子文件与电子档案

1. 纸质档案数字化

利用扫描技术将纸质档案转化成计算机可阅读使用的数字信息的过程。

2. 电子文件

通过计算机进行操作、传输、存储和利用的文件，在数字设备中生成，以数码形式存储于磁盘、光盘等载体，可在通信网络上传送的文件。

3. 电子文件逻辑归档及物理归档

逻辑归档是指在计算机网络上进行，不改变原存储方式和位置，实现电子文件由形成部门主档案部门移交归档的方式。

物理归档是指经过归档处理的电子文件保存到磁盘或光盘等载体上实行脱机保管后，向业主档案部门移交归档的方式。

4. 电子档案

电子档案是指利用计算机技术形成，经鉴定具有保存和利用价值的、经归档处理后的电子文件。

第二章

项目文件的形成与积累

第一节　项目文件材料的形成

一、项目文件的形成要求

（1）工程项目文件的内容、深度、格式必须符合国家有关工程勘察、设计、施工、监理等方面的技术规范、标准和规程。

（2）项目文件的内容必须真实、准确，与工程实际相符合。

（3）归档的工程项目文件应为原件，严禁使用“涂改液”作修改、禁止使用贴补或其他任何技术处理。

（4）项目文件必须书写工整、字迹清楚、图样清晰、图表整洁、格式规范，签字盖章手续完备。

（5）项目文件书写材料应符合耐久性要求，采用的墨汁、碳素墨水或蓝黑墨水书写。不得使用圆珠笔、铅笔（特殊要求除外）、泡沫笔、红色墨水、纯蓝墨水和复写纸书写。

（6）项目文件中各项内容的填写、签署应齐全、完备，须加盖单位公章处要按要求进行加盖。表格类若有不需填写的空栏项，应使用“/”划掉。

（7）竣工图一般采用蓝晒图，计算机出图必须清晰，应采用能够长期保存的、韧力大、耐久性强的纸张，不得使用计算机出图的复印件归档。

二、项目文件的制作要求

（1）工程文件的制作应使用激光打印件，不得用喷墨打印机。

（2）工程文件中文字材料幅面尺寸规格采用标准（A3 或 A4）纸张。图纸宜采用国家标准图幅。

（3）组卷时，一般情况档案装订厚度以不超过 45mm 为宜。

（4）整卷装订的归档文件，使用棉线、采取三孔一线的方法进行装订。装订后应加装软封面，软封面尽量采用牛皮纸张。

三、文件转化成档案的条件

文件材料转化成档案必须同时具备三个条件：

（1）必须是办理完毕的文件才能转化成为档案；档案来源于文件，文件是档案的前身，档案是文件的归宿。

（2）对日后工作有长期保存价值和一定查考利用价值的文件，才能成为档案；文件是档案的基础，档案是文件的精华。

（3）按照一定的规律、经过系统整理后保存起来的文件，才能最后成为档案；文件是档案的因素，档案是文件的组合。

四、项目档案正本、副本的质量要求

1. 正本、副本的质量要求

项目档案至少保存两套：一套为正本存档，另一套为副本，供今后借阅用。竣工图至少保存三套。各工程项目依据档案利用的实际情况确定存档套数。

（1）对正本的质量要求。

1）归档文件必须是原件；

2）文件部分必须按有关规定存档；

3）竣工图纸必须加盖竣工图章，并按有关要求签署。

（2）对副本的质量要求。

1）文件材料部分可以是复印件，但尽量采用原件归档；

2）文件部分最好双面复印，以减少储存空间；

3）竣工图纸必须加盖竣工图章，副本与正本保持一致。

2. 工程文件的原件及其要求

原件是指在工程建设活动中直接形成的、有施工作业人员亲笔记录及签字、领导签署处理意见及签名或加盖单位印章的具有重要查考和凭证价值的文件材料。要求原件内容的书写材料应符合耐久性要求，使档案益于长期保存。来往函件以有文签为原件。

第二节　项目文件材料的积累

水电工程建设活动中形成的具有查考和保存价值的文件材料均属积累范围，按项目法人对项目建设的管理流程积累。

一、水电建设项目管理流程

1. 项目建议书阶段

组建项目前期工作机构——寻求投资意向——组织编制项目预可研报告并报审，同时进行环境影响评价大纲及报经国家环保部门审查——组织编制项目建议书并报经国家主管部门审查。

2. 项目可行性研究阶段

组织设计招标，择优设计单位并签订勘测设计合同——组织编制可行性研究报告并经有资格的中介机构评审——提出项目法人组建方案并报审、落实投资方合同或协议、金融机构贷款评估、国有资产部门对存量资产评估、委托编制环境影响评价报告并报国家环保局审批、委托编制水土保持方案并向水利部报审、落实移民安置规划和地方移民补偿费用包干协议、委托接入系统设计并报审、办理征地许可及文物许可矿产许可等报批文件、草签电量购销合同及并网调度协议、组织重大技术研究和主要设备选型——中国国际咨询公司评估——上报项目可行性报告并报审。

3. 项目招标阶段

经国家主管部门批准其项目可行性报告——集团公司和各投资方注入资本金进行工商登记，注册成立项目公司——组织专家评审招标规划及投标设计——由集团公司审批招标文件——确定土建中标单位并签订承包合同、制定用款计划与金融机构签订贷款协议、办理土地使用手续完成拆迁赔偿、与当地政府落实移民并签订协议；组织施工监理招标、组织主要机电和金属结构设备招标，签订供货合同；组织主要材料和兴建施工机械招标，签订供货合同；现场施工“五通一平”、组织审查施工组织设计并报批工程网络计划、组织编制执行概算和报审、落实开工条件，确定施工图交付计划——编制开工报告并报审。

4. 项目实施阶段

经国家主管部门批准项目开工报告——项目开工——造价管理、合同管理、信息管理、安全文明管理、质量管理、落实项目建设资金、签订并网、调度协议约定合同——组织审查施工图、检查设计变更、编制项目建设总体计划和年度计划、审查单项施工组织设计、质量检查验收、质量监督——建设期审计、启动、试运、投产、验收、单项验收、工程结算及竣工决算、决算审计——工程达标投产考核、竣工验收——电报上网电价。

5. 运营许可

移交商业运营——安全生产运行管理、项目及评估、制定生产计划和检验计划、降低生产成本及实现目标利润、上网电价调整方案、按合同偿还债务、保贷增值——安全生产运行。

二、项目立项、决策阶段文件

项目立项、决策文件是工程建设的重要依据，具有法律凭证作用。包括立项文件、建设用地、征地、拆迁等文件。

(1) 项目申请报告及审批文件。项目建议书、建设规划、项目选址意见书，项目可行性研究报告、项目评估、论证文件，项目建设核准申请报告及国家发展改革委员会对水电建设工程项目核准的批复等。

(2) 环境影响报告文件。环保部门确认的环境影响评价报告，项目评估环境预测文件、环境质量报告及审批文件等。

(3) 规划、征用土地、拆迁文件。城市规划部门的规划意见，建设用地（计划用地）意见（上报国土资源部预审）及征地批准文件，征地、移民文件；拆迁补偿安置协议，地质勘探报告、坐标红线图，土地使用证等。

(4) 水资源审批文件。水土保持方案初审意见、水资源审批文件、水资源取水许可证。

(5) 项目计划、省级投资主管部门的意见，建设投资批文或相应的资金证明文件，计划任务书等。

(6) 建筑管理文件。各专业管理部门审核的设计要点，设计审查批文，报建表和报建审核意见书，建筑位置放线复核记录及附图，建筑许可证，质量监督合格证明，建管验收合格证，产权证明等。

(7) 其他重要技术、经济计划、投资、统计、管理、财务文件、函件、承发包合同协议、重要会议纪要、专家和领导的重要讲话、决定等。

三、勘察、测绘、设计阶段文件

1. 设计基础文件

勘察报告书及有关工程测量、水文、工程地质、勘察设计及报告、工程地质勘察成果。主要包括：工程地质、水文地质、勘察报告、地质图、化验、试验报告、重要土、岩样及说明；地形、地貌、控制点、建筑物、构筑物及重要设备安装测量定位、观测记录；水文、气象、地震等其他设计基础资料。

2. 设计文件

（1）文件部分：总体规划设计、方案设计、设计及其报批文件、技术设计、关键技术试验成果，设计评价、鉴定及审批。主要包括总体（流域或河段）水电规划报告；预可研、可研报告（相当初步设计）；招标设计；施工图设计；工程设计概算；重要建筑物设计计算及试验成果；地质勘察、测绘的审批报告；设计评价、鉴定及审批；设计审查纪要；设计修改通知、来往文函、工程设计总结。

（2）图纸部分：有关设计总图的明细表；设计总图，包括枢纽工程总布置图、区域地形图、标准纵、横剖面图、工程鸟瞰图、透视图等；施工图及施工设计图总清册。

四、招标管理流程及招投评标、合同文件

1. 水电建设工程招标管理流程

招标工作——制订招标计划并经集团公司审核——发布招标工告发布资格预审报告——投标人（认购资格预审文件并接受资格预审）——确定投标人员名单（资格预审结果）并经集团公司审核——编制招标文件并经集团公司审查通过——发售招标文件——投标人认购招标文件——组建评标委员会并经集团公司审查——接受投标文件——组织开标会（集团公司参加）——评审投标文件并提出评标报告——推荐预中标名单并经集团公司审核通过——发中标通知书——谈判并接受合同。

2. 招投评标、合同谈判、签订及合同执行文件

（1）纳入计划文件。

1）纳入合同计划（招标项目）申请单/纳入合同计划（非招标项目）申请单。

2）招标文件及其技术附件（招标项目）。

3）合同条款及其技术附件（非招标项目）。

（2）招标文件/询价文件。

1）招标文件审批表、招标文件评审意见反馈单/询价文件审批表。

2）招标文件编写过程中的部门联络单等过程文件。

3）修正后的招标文件。

4）招标文件（招标文件正式稿印刷本）。

5）询价文件。

（3）发标文件。

1）公开招标：招标委托函（项目建设公司出具）、招标公告。

2）邀请招标、竞争性谈判、询价方式：关于选择承包商的请示与上级公司的批复（包括潜在投标商推荐名单审批表），投标邀请函/询价邀请函。

3）公开招标、邀请招标、询价方式：除提供以上有关条款规定文件外还需提供投标商的投标确认函/竞争性谈判和询价回复函、投标商保密承诺书及询价保密确认书（盖有投标商红章）。

4）投标商资格审查：企业资质证书和企业安全资质证书（复印件）、企业法人代表证书（复印件）或法人代表委托授权证明书（盖有红印章的原件）、企业法人营业执照（复印件）、项目经理/建造师证书和安全资质证书（复印件）、企业业绩证明材料及不良记录、投标资格确认单或确认的会议纪要、以联合方式投标的需提交承包商联合协议及联系人确认书。

（4）澄清与答疑文件。

1）开标前各投标商要求澄清商务、技术问题的函（按各投标商提问前后日期排列）。

2）招标澄清函、招标代理的澄清文件（按澄清编号排列）。

3）招标代理发出的澄清文件（按澄清编号排列）。

4）承包商收到澄清文件后的回函（传真件）。

5）标后澄清文件及答疑文件（如果有）。

（5）揭标文件。

1）投标文件（填写投标商递交投标文件登记表）。

2）报价书（投标报价）（盖有投标商红印章）。

3）商务标书（盖有投标商红印章）及电子版。

4）技术标书（盖有投标商红印章）及电子版。

（6）开标文件。

1）邀请监督部门实施全过程监督的函。

2）开标记录：由监督部门及各投标商和记录人签字。

（7）评标文件。

1）评标前准备的文件：评标方法及标准（含批复）、评标专家的报告及专家备选名单含批复（严格保密）。

2）评标工作：评标报告（招标代理出具），含商务评标报告及技术评标报告，竞争性谈判的也应由招标代理出具评审报告、评标过程中产生的文件见评标程序、汇总技术和商务评标结果起草评标情况汇报、中标前公示、中标确认书、中标通知书/中选通知书和致歉函（由招标代理首先发给项目建设公司，同时发给中标商和未中标商）。

（8）合同谈判文件。

1）开展合同谈判的请示与批复及附件。

2）合同谈判纪要（或记录）及会议签到名单。

3）合同谈判时投标商的最终报价文件（如有）。

4）评估文件（针对对方报价的评估文件）（如有）。

5）费用审核内部工作联络单。

6）商务信函（合同谈判过程中的公司内部往来文件）。

（9）合同评审与签订。

1）合同评审：合同评审通知单和合同评审意见处理单

（若部门有具体意见，要同时附上）、修正后的合同文件。

2）合同签订：签订合同请示的签报及附件（向本单位领导请示及批复）、合同文件和附件，经双方签定后的文本加盖双方公章与领导签字及签订日期、授权委托书（双方法人代表签署无需授权委托书）、第一次与对方签合同时需附营业执照和资质文件（复印件）（EPC不用除外）、银行保函（复印件）（原件存财务，复印件应有财务书写的收讫签字）、合同文件传送单、合同生效通知（根据合同规定）。

（10）合同变更协议或补充协议（过程文件与合同基本相同）。

1）承包商提交的二级进度计划。

2）合同变更相关文件：合同变更单（有三方红印章）、合同变更单批准表、变更审批报告评审单、合同变更审批报告、合同变更商务谈判报告、合同变更费用估算报告、合同变更费用控制报告、变更建议（执行）方案项目组评审单、承包商变更建议（执行）方案、重大或一般变更建议会审单及变更建议。

3）合同关闭文件：合同关闭通知书、合同关闭会审单、合同关闭建议书、附工程竣工接收证书、费用结算书（复印件）、保函释放审批表、交工资料移交证明。

4）保函管理文件：预付款保函及履约保函（复印件）、保函变更文件（如果有）、保函释放及审批文件。

5）合同执行过程文件（必要的）。

（11）保险资料。

1）EPC/EPCM承包商的相关保险凭证（复印件）。

2）施工承包商的相关保险凭证（复印件）。

3）服务合同承包商的相关保险凭证（复印件）。

（12）合同管理文件。

反映合同执行过程中影响或可能影响合同条件的文件。

五、施工文件

水电工程施工文件是指施工过程中形成的反映项目建筑、安装情况的、具有查考价值的所有纸质文件、电子文件和声像材料等。施工文件大致可归为：工程管理类文件、工程测量类文件、材质检验类文件、主体单元工程检查验收类文件、工程验收类文件等。

1. 工程管理类文件

（1）工程开工报告（含单位、分部工程开工申请）、暂停工报告、复工报告，开工条件检查意见或会议纪要。

（2）施工方案（施工组织设计）报审表、技术交底、图纸会审记录、施工预算的编制和审查、施工日志、质量计划、安全管理措施、环境保护计划、工程质量检查报告、特殊的（专有的）施工工艺及其责任监理部的批复、确认意见。

（3）监理单位对进场材料质量检验、进场施工设备检验、混凝土、砂浆及配合比试验报告的审核和试验计划的确认意见。

（4）与工程相关的现场专题技术会议纪要、周例会会议纪要、工程技术要求、技术交底、图纸会审纪要。

（5）施工总进度控制计划、月（季度）或分阶段实施计划及进度保证措施、质量保证措施、技术保证措施、安全保证措施、环境保护措施、工程事故报告单、工程质量缺陷处理申报单。

（6）工程量签证单、工程量变更申请报告单、设计变更通知书、材料代用核定审批书、合同工程项目延长工期申报表、主要工程项目提前完工申请表。

2. 工程测量类文件

（1）测量人员资格证书、测量仪器设备鉴定证书（复印件）。

（2）现场工程测量控制网布设、导线点、水准点的控制网设置及测量记录资料、工程结构物定位测量记录资料、基槽开挖线测量资料资料、工程轴线、定位桩、高程测量记录、平差计算报告及其监理的审查、复测意见。

(3) 开挖成果（平面坐标与高程）、结构放样、模板测量成果资料、外观形体测量原始记录、结构位移变形记录及监理审查、复测意见。

(4) 红外线测距仪电子文件及导线测量手簿。

(5) 竣工后结构外观测量成果及监理复测意见。

3. 材质检验及中间产品检测类文件

(1) 工程原材料（砂石、水泥、粉煤灰、外加剂、钢筋、直螺纹套筒、型钢、钢管、不锈钢、焊接材料、防腐涂料、防腐胶泥、油漆、泡沫板、止水材料、土工布、防水材料、装饰材料等）的出厂合格证、出厂检验报告、进场材料报告单、抽样复检报告及监理审查意见等。

(2) 半成品的原始记录、检测报告、数据统计分析及监理审查意见。包括：混凝土及砂浆配合比、拌和楼混凝土质量控制原始记录；混凝土拌和物及混凝土试块试验记录、试验报告（混凝土立方体抗压、抗拉、抗裂混凝土试验，碾压混凝土水分密度测试记录，碾压混凝土浇筑温度测试记录等）。

(3) 钢筋焊接接头、套筒连接件、预埋件焊接工艺试验报告、现场抽样试件试验报告及监理审查意见。

(4) 工程半成品、预制件、加工件出厂合格证、出厂报告及监理审查意见。

(5) 混凝土搅拌站衡量秤的检定证书及计量偏差分阶段校测原始记录（混凝土运行管理项目）及监理审查意见。

(6) 金属构件的原材料检测、焊接工艺试验报告、探伤记录、强度及密闭性试验报告、监理审查意见。

(7) 机电工程设备（产品）质量合格证、出厂合格证、质量保证书，设备装箱单、商检证明和说明书、开箱报告，设备安装记录，设备明细表等。

4. 工程质量验收与质量评定类文件

(1) 开挖工程。按岩土性质，开挖分为土方开挖和石方开挖；按施工环境，分为明挖、洞挖和水下开挖。开挖主要应用于地基开挖、边坡开挖和洞室开挖。常见的类型有：场地平整，水工建筑物的地基开挖，削坡，各类平洞、竖井和斜井的洞室开挖，河道、渠道开挖及疏浚，骨料开采，临建拆除等。产生文件材料有：爆破设计申请表，单元工程验收申请表，开挖断图测量图，单元工程（工序）质量检验表，单元工程联合验收签证单，单元工程质量评定表等。

(2) 支护工程。根据围岩的地质条件，主要支护形式有：①单独采用锚杆；②单独采用喷射混凝土；③锚杆结合喷射混凝土；④锚杆和喷射混凝土，加设单层或双层钢筋网；⑤锚喷加钢筋网，并加设工字钢等型钢支撑。产生文件：单元（工序）工程检查验收申请表，锚杆施工许可证，锚杆、钢筋网安装质量检查表，混凝土准喷证，喷射混凝土过程质量检查表，喷射混凝土厚度质量检查记录，单元工程质量综合评定，混凝土、砂浆现场取样实验报告，锚杆拉拔实验报告、原材料相关资料等。

(3) 混凝土工程。混凝土工程包括钢筋工程、模板工程和混凝土工程。混凝土的种类很多，按胶凝材料不同，分水泥混凝土、沥青混凝土、石膏混凝土及聚合物混凝土等；按表观密度不同，分重混凝土、普通混凝土、轻混凝土；按使用功能不同，分结构混凝土、道路混凝土、水工混凝土、低热混凝土、耐酸混凝土及防辐射混凝土等；按施工工艺不同，又分喷射混凝土、泵送混凝土、振动灌浆混凝土等。产生文件有：单元工程（工序）检查验收申请表，混凝土准浇证，基础面、混凝土施工缝处理工序质量检查表，模板工序质量检查表，钢筋工序质量评定表，止水、伸缩缝和排水管安装工序质量评定表，预制构件安装单元工程质量评定表，混凝土施工配合比，浇筑工序质量评定表，混凝土外观质量评定表，单元工程质量评定表，混凝土缺陷处理表，混凝土抗压抗冻试验报告，钢筋抗拉试验报告，原材料相关资料等。

(4) 灌浆工程。固结、帷幕、回填、接触灌浆和高压喷射灌浆。

1) 固结、帷幕及回填灌浆工程。钻孔原始记录、钻孔记录表、钻孔综合柱状图、钻孔冲洗与裂隙冲洗表、钻孔孔斜测量记录表、钻孔压水试验记录表、灌浆开工申请单、灌浆开工证（准灌证）、灌浆记录表、灌浆封孔记录表、冷却管灌浆记录表、帷幕灌浆现场单孔验收表、固结灌浆现场单孔验收表、灌浆孔单孔验收表、回填灌浆质量检查验收表、钻孔测斜成果表、钻孔压水综合成果表、检查孔压水试验成果表、灌浆孔成果一览表、帷幕灌浆分序统计表、灌浆综合成果表、回填灌浆综合成果表、岩芯登记表、岩芯移交记录、地下水位观测记录、千分表抬动观测记录、抬动监测钻孔及安装检查验收表、帷幕灌浆单孔质量评定表、帷幕灌浆单元工程质量评定表、固结灌浆单元工程质量评定表、水工隧洞回填灌浆单元工程质量评定表、灌浆单元工程评定汇总表。

2) 接触（接缝）灌浆工程。包括岸坡接触灌浆和钢管道接触灌浆。岸坡接触灌浆施工内容包括：钻灌浆孔、管道安装、安装灌浆盒、通水检查、冲洗、制浆、灌浆、封孔等。钢管道接触灌浆施工内容包括：补充开孔、焊接灌浆管、冲洗、制浆、灌浆、封孔、锤击检查等。也可在浇筑混凝土时全段面预埋灌浆管路。产生文件材料：接缝（接触）灌浆埋管记录表、接缝（接触）灌浆通水检查记录表、接缝（接触）灌浆灌区现场记录表、接缝（接触）灌浆记录表、接缝灌浆单区灌浆成果一览表、接缝（接触）灌浆综合成果表、接缝（接触）灌浆埋设管路质量检验评定表、接缝灌浆预埋施工质量检查评定表、混凝土坝坝体接缝（接触）灌浆单元工程质量评定表。

3）高压喷射灌浆工程。钻孔记录表、钻孔孔斜测量记录表、钻孔测斜成果表、高喷钻孔地层分层情况鉴定表、高喷灌浆记录表、高喷灌浆孔质量验收表、高喷灌浆综合成果整理表、高压喷射灌浆单元工程质量评定表。

（5）预应力锚索工程。锚索造孔检查验收表、锚索混凝土垫座开仓证、锚索编制合格证、锚索张拉开工证、锚索预紧记录检查表，锚索张拉记录检查表、锚索张拉吨位伸长值曲线图、锚索孔灌浆许可证、锚索灌浆记录检查表、锚索灌浆质量评定表、锚索单元质量评定表、预应力锚索张拉成果一览表。

（6）土石方碾压回填工程、污工工程、装饰装修工程、防腐喷涂工程的检查记录、测试记录、质量等级评定及验收记录，包括心墙、反滤料、土石方回填碾压的干容重试验、质量等级评定及验收记录等。

（7）建筑工程。填充墙砌体、内墙抹灰、外墙饰面砖、不锈钢栏杆、水泥砂浆面层、内墙涂料、屋面找平层、材料防水层、屋面细部结构、雨水管道及配件安装、龙骨吊顶等工序质量评定及监理验收记录等。

（8）机电及金属结构工程。机电设备（电气、给排水、消防、照明、通信、动力、通风、空调、工业电视、电梯等系统）及金属结构（闸门、拦污栅、启闭机、压力钢管等）的安装记录、试验记录、质量评定及监理验收记录等。

（9）绿化工程。工程定位测量、放线记录、栽植土检测报告、肥料合格证、苗木合格证、苗木出圃单、植物检疫证等，种植单元验收记录、质量评定及监理验收记录等。

（10）其他与主体工程有关的单元工程施工安装记录、试验记录、质量评定及监理验收记录等。

5. 隐蔽工程文件

（1）隐蔽工程：指水工建筑物完工后被覆盖的特殊工程项目。如地基与基础工程、混凝土和钢筋混凝土工程、地下洞室开挖和混凝土工程、灌浆工程、设备和构件吊装工程、金属焊接工程等隐蔽工程项目。隐蔽工程关系到整个建设项目工程的质量，各种隐蔽工程的中间检查验收记录，是工程验收文件的重要组成部分，做好隐蔽工程的各种试验测定、检查、测试等记录和标明其结构、位置、规格、品种、数量等文件材料以及隐蔽工程竣工图，经整理后由建设单位、监理单位、施工单位共同检查验收后，移交归档保存。隐蔽工程档案是工程今后维护、检修、扩建和质量事故处理的依据。

（2）隐蔽工程施工验收记录文件。

1）地基与基础工程：基岩（槽）开挖、井挖、隧洞洞挖形成的测量成果、地质成果、验收成果等。

2）基础处理工程：地下防渗墙、防渗帷幕灌浆的施工记录、孔位布置图和灌浆成果汇总表（图）等。

3）钢筋、预埋钢板、预埋钢管、预埋铁件和焊接工程施工验收记录等。

4）防水工程无渗漏验收记录、质量评定等。

5）给、排水，电气，暖通设备安装施工验收记录及布置图。

6）绝缘电阻和接地电阻测试记录和测试点分布图等。

7）其他重要部位和有特殊要求隐蔽工程施工验收记录。

6. 工程竣工验收文件

分部工程验收签证书，单位工程验收鉴定书，单位工程移交证书、工程质量缺陷终止证书、竣工图等。

六、机电设备安装及检测、试验文件

1. 机电设备范围

（1）水轮发电机组：水轮机、发电机、调速系统、励磁系统。

（2）进水阀（球阀、蝶阀）、圆筒阀。

（3）水力机械辅助设备：油、气、水系统和水力机械量测设备。

1）油系统包括：透平油系统、绝缘油系统、工作油泵、滤油机、滤油器、净油机、储油罐等。

2）气系统包括：空气压缩机、储气罐、油水分离器。

3）水系统包括：冷却水、润滑水、消防水、供水及水源、排水系统。

（4）发电机电压设备：母线、断路器、隔离开关、互感器、厂用电变压器、励磁变压器、发电机中性点设备。

（5）主变压器：主变压器本体、附件、冷却系统。

（6）升压变电设备：高压电缆、GIS、GIL（管道母线）、敞开式变电设备。

（7）自动化及继电保护：发电机、变压器、厂用电高压变压器、高压电缆、GIS、GIL（管道母线）、线路等继电保护和故障录波系统。

（8）电站计算机监控主站、机组 LCU 及公用 LCU 系统。

（9）全厂通信系统。

（10）全厂照明系统。

（11）直流电系统。

（12）厂用电系统、机组自用电系统。

（13）供排水系统。

（14）工业电视。

（15）通风空调系统。

（16）消防系统。

(17) 其他与机组投产相关设备。

2. 机电设备制造

(1) 水轮发电机组制造。

(2) 主变压器制造。

(3) 高压设备制造(GIS、高压电缆)。

(4) 机组辅助设备及全厂公用设备。

(5) 监控系统、自动化及继电保护装置。

3. 机电设备文件材料

设备产品出厂质量合格证,产品说明书,调试及试验报告,设备图纸及有关技术文件,设备安装记录(如水轮发电机组安装测量记录、升压变电设备的安装测试记录、水力机械辅助设备的试验报告、电气设备安装测试记录、管路试压记录等),质量评定及监理验收记录,设备调试方案、调试过程中的设备缺陷处理报告,设备试运行调试质量评定表,调试工作总结等。

4. 机电设备安装检测文件

(1) 主机设备安装检测。

1) 水轮机安装检测:尾水管、座环、蜗壳、导水机构、转轮、水轮机主轴、主轴密封、检修密封、水导轴承等安装检测。

2) 发电机安装检测:定子装配、转子装配、上下机架安装、推力轴承和导轴承安装。

3) 机组总装检测文件:轴线调整、止漏环间隙检测、轴瓦间隙调整检测、转子与定子空气间隙检测。

4) 机组电气部分安装试验:定子组装试验、转子组装试验。

(2) 机组附属设备安装检测。

1) 调速系统及油压装置:调速器安装及调试检测、系统整体调试及模拟试验、油压装置安装检测、接力器分段关闭装置现场试验。

2）励磁系统的安装检测：励磁系统主回路设备及元器件的检测、励磁系统各部件的绝缘测定及介电强度检测、自动励磁调节器特性检测、逆变灭磁特性检测等。

（3）进水阀、圆筒阀及其附属设备检测。

进水阀（球阀、蝴蝶阀）、圆筒阀及附属设备安装、操作系统安装检测、液压系统严密性检测、无水试验及静水试验检测、动水关闭试验检测。

（4）水力机械辅助设备系统安装检测。

1）辅助设备：压缩空气系统设备安装检测，供、排水系统设备安装检测，油系统设备安装检测，水力量测系统仪表安装检测，桥式起重机安装检测。

2）管路系统：管路焊接安装检测、管路试验、系统整体调试检测。

（5）通风空调系统安装检测。

1）通风空调系统安装检测：通风、空调设备的安装检测，管道的安装、防腐与保温检测。

2）通风空调系统的运行试验：设备单机试运转检测、风管系统检测、制冷系统检测、综合效能的测定。

（6）电气一次部分安装检测。

1）电力变压器主要试验。

2）电抗器及消弧线圈主要试验。

3）发电机电压设备检测试验：断路器主要检测试验、母线的主要检测试验、负荷开关及高压熔断器的主要检测试验、互感器、避雷器试验。

4）开关站设备：断路器的主要试验、隔离开关检测试验、互感器的主要试验、软母线架设、电容器的主要试验、GIS主要试验。

5）厂用电设备：变压器试验、配电装置和馈电线路的主要试验、架空电力线路的主要试验。

6）照明系统：工作照明、事故照明切换功能试验。

7）电力电缆检测：10～20kV电力电缆检测、35kV电力电缆检测、110～500kV电力电缆检测。

8）过电压保护及接地系统：避雷器的主要测试试验、全厂接地网测试（包括接地电阻、接触电势、跨步电势测试）。

（7）电气二次部分安装检测。

1）继电保护装置：静态继电保护装置的主要试验、保护定值整定、开关传动试验。

2）直流系统：蓄电池组、充电直流电源装置的主要试验。

3）监控系统：I/O接口检查、控制流程试验检测。

4）自动化元件及其系统的现场试验：发电机自动化元件现场检测试验、水轮机自动化元件现场检测试验、机组辅助设备自动化元件现场检测试验。

（8）通信部分安装、检测与试验。

主要包括：电力线载波机及结合设备、程控调度通信设备、程控用户交换设备、微波通信设备、卫星地面站设备、移动通信设备、光纤通信设备的安装和检测。

5. 机组启动与接入系统试验文件

（1）机组启动试验文件。

1）充水试验文件：尾水系统充水试验、引水系统充水试验、技术供水系统充水试验、机组充水试验。

2）机组启动试验文件：机组动平衡试验，机组过速试验，发电机、主变压器、升压设备升流和升压试验，甩负荷试验和负荷试验，事故配压阀动作试验，事故低油压停机试验。

（2）接入系统试验文件。

1）发电机有功功率成组试验（AGC）。

2）发电机电压成组试验（AVC）。

3）电力系统励磁稳定器试验（PSS）。

4）机组一次调频试验。

5）发电机调相试验。

6）发电机进相试验。

七、金属结构设备安装检测及试验文件

1. 金属结构设备范围

（1）闸门：包括平面闸门、弧形闸门、闸门配套装置。

1）平面闸门：闸门埋件、闸门门体、支承装置、止水装置。

2）弧形闸门：闸门埋件、铰座、弧门门体及组装、止水装置。

3）闸门配套装置：挂脱梁装置、充水阀、吊杆、锁定装置。

（2）拦污栅及其埋件：包括栅槽埋件、栅体。

（3）启闭机：包括移动式（门式、台车式等）启闭机、固定卷扬式启闭机、液压启闭机。

（4）压力钢管：包括明管、埋管、岔管、伸缩节、泄流建筑物钢衬。

（5）通航设备：主要包括船闸和升船机。

1）船闸：包括人字门及液压启闭机安装（人字门埋件、人字门叶安装、液压启闭机及控制系统）、输水廊道闸门及启闭机安装（工作闸门安装、检修闸门安装、固定启闭机安装、液压启闭机安装）、船闸其他设备（上下航道检修闸门安装、导航及系船设备安装）、电气控制设备（集中控制系统、供电电源）。

2）升船机：包括提升机构、承船厢、平衡系统、控制系统。

2. 金属结构、电气预埋件及构件安装文件

金属结构设备产品出厂质量合格证，材质证明合格证及检验报告，金属构件（拦污栅、闸门、启闭机、压力钢管、接地等）及其预埋件的安装记录、安装质量检查验收记录，焊接及

焊缝检查（探伤）记录、安装偏差测量记录、防腐喷涂工程的检查记录、质量评定及监理验收记录等。

3. 金属结构设备安装检测

（1）拦污栅的安装检测。

（2）闸门安装的检测。包括：平板闸门的安装检测、弧形闸门的安装检测、门槽和埋件的安装检测。

（3）启闭机安装检测。包括：固定卷扬式启闭机、液压启闭机、移动式启闭机（门式、台车式）的安装检测。

（4）钢管安装的检测。包括：钢管安装检测、埋管安装检测、焊缝检测、焊后消除应力检测、防腐检测。

4. 金属结构设备试验项目

（1）闸门的试验项目。包括：单吊点平面闸门静平衡试验、闸门在无水情况下全行程试验。

（2）启闭机的试验项目。

1）移动式（门式、台车式等）启闭机试验：空载试验、静负荷试验，动负荷试验。

2）固定卷扬式启闭机试验：无水、静水启闭试验，动水启闭闸门试验（按规范要求进行）。

3）液压启闭机试验：无水、静水启闭试验，动水启闭试验（按规范要求进行）。

（3）压力钢管试验：钢岔管水压试验、压力钢管充水试验。

（4）拦污栅试验。注：抽水蓄能电站进/出水口拦污栅必要时还需作流激振动，水力学特性、结构振动试验等。

八、阶段验收文件

1. 工程建设总结报告

分部工程、单位工程、阶段工程的验收报告及签证，单位工程质量评定及其验收证书、单位工程交工证书和详细的竣工图纸，单位工程竣工报告，阶段和单项工程验收鉴定书、总结；包括工程截流前验收报告、水库下闸蓄水前工程验收鉴定报告、下闸蓄水安全鉴定报告、机组启动验收报告、枢纽工程竣工安全鉴定报告、专项安全鉴定报告、工程竣工质量监督报告等。

2. 生产准备期间文件

生产准备文件，水电厂技术标准及制度，包括现场运行规程、操作规程、事故处理规程、检修规程、管理制度与措施等，设备缺陷及事故处理记录、分析、结论，技术培训材料；运行台账，设备台账，系统启动及倒送厂用电方案，继电保护整定单。

3. 机组启动试运行文件

机组启动试运行大钢、试运行报告，包含机组试运行阶段事故缺陷、故障分析记录与处理结果、机组试运行阶段运行情况分析；机组启动验收鉴定书；机组交接验收组工作报告，机组移交生产签证书，并网运行必需的试验项目，电力监管机构组织的并网安全运行评价，《并网调度协议》等。

4. 建设项目竣工验收报告

包括设计、地质、监理、施工、质量检验部门编制的竣工报告；主要单项工程设计能力，开、竣工投产日期及实际达到的能力；竣工项目验收交付报告、技术资料总目录等。

九、监理及质量监督文件

1. 工程监理文件

（1）监理大纲、监理规划及实施细则、管理办法和措施等。

（2）开（停、复、返）工令、许可证、中间验收证明书。

（3）监理通知、施工调度（协调）会议纪要、专业会议纪要、监理工程师指令、指示，来往函件。

（4）监理日志、监理周（月、季、年）报、备忘录、旁站记录等日常记录性文件。

(5) 进度控制、质量控制、投资控制、安全控制相关文件。

1) 进度控制：进度控制在建设全过程监理中形成，有关施工进度计划审批、工期要求相关指令性文件，工程延期报审与批复，工程暂停令，监理合同执行情况等。

2) 质量控制：质量控制在建设全过程监理中形成，包括施工组织设计（方案）报审表，质量报验申请表，工程材料/构配件/设备报审表，工程竣工报验单，不合格项目处置记录，质量事故报告及处理结果，各项测控量、成果及复核文件、外观、质量、文件等检查、抽查记录。

3) 投资控制：投资控制在建设全过程监理中形成，包括工程款支付申请表，工程款支付证书，工程变更、补偿费用报审与签认。

4) 安全控制：安全控制在建设全过程监理中形成，包括安全周（月、季、年）报、安全检查记录、安全隐患整改通知、违章生产处罚等相关文件。

5) 设计变更、材料、零部件、设备代用审批，整改措施记录和总结。

(6) 工程分包管理及其他事务文件。

(7) 监理工作总结。

2. 设备采购监造监理文件

设备采购监造委托监理合同，采购方案，监造计划、市场调查，考察报告、设备制造检验计划，检验要求，检验记录，试验报告，分包单位资格报审表、原材料、零配件等质量证明文件和检验报告；开工、复工报审表，暂停令；会议纪要及来往文件、监理工程师通知单，监理工作联系单；监理日志，旁站记录，监理月报、年报；质量、事故处理文件，设备制定索赔文件；设备验收，交接文件，支付证书和设备制造结算审核文件；设备采购监造工作总结等。

3. 监理电子文件及监理工作声像文件

4. 质量监督文件

（1）项目质量监督申报表（建设单位向质量监督部门提出）。

（2）项目质量监督注册证书（质量监督部门颁发）。

（3）水电工程质量监督现场巡视文件，包括年度、过程质量巡视报告及参建单位自检报告等。

（4）工程截流、下闸蓄水阶段、机组启动、竣工质量监督等阶段质量监督报告及参建单位自检报告。

十、工程安全监测、检测和试验文件

1. 工程安全监测文件

水电建设项目的监测工程是采用监测仪器设备对大坝、引水发电系统、关键部位、特殊建筑物的工程措施等各项控制指标进行监测，当监测值接近控制值时发出报警，用来保证施工或运行的安全性，也可用于检查施工过程是否合理。并对工程出现的重大事件、事故以及建筑物的工程措施和地质资料进行综合分析评价。监测仪器主要安装部位：大坝坝体、坝基和坝肩、引水建筑物、发电建筑物、近库区岸坡、闸门及过坝建筑物等设施。产生文件有：监测仪器布置施工组织设计报告、监测仪器开箱验收报告、监测仪器率定检验报告、监测单元工程质量评定报告、监测工程施工大事记、监测工程验收报告；监测快报、周报、月报和年报，监测数据原始记录；监测专题报告及专项综合分析评价报告；外观及内观安全监测文件、安全性评价报告等。

2. 工程物探检测文件

物探检测工作是按照相关规范、设计文件规定的工程现场检测任务及监理或业主指令的现场物探检测项目，主要物探检测项目有：坝基岩体质量检测；大坝基础灌浆效果物探声波检测；防渗帷幕电磁波CT探测；洞室和边坡锚杆无损质量检测；引水隧洞和调压井固结灌浆效果物探声波检测；引水隧洞回填灌浆脱空物探检测；压力钢管接触灌浆和回填灌浆脱空物探检测；坝护坦固结灌浆物探CT检测；锚索孔全孔壁数字成像测试等，产生文件有各项物探检测产生的相关检测报告。

3. 原材料试验检测文件

原材料试验检测是按照国家相关规程、规范和设计要求，对工程中使用的原材料和混凝土进行试验检测。主要检测：混凝土原材料性能试验，混凝土力学性能试验和混凝土配合比试验，钢筋及连接件力学性能试验，混凝土掺合物和外加剂性能试验等。产生文件有：试验检测管理文件、试验方案、试验检测月报、年报，原材料和混凝土试验检测文件、施工质量评价文件及整改建议、水工混凝土拌和质量检测报告单等。

4. 机电及金属结构设备探伤检测文件

无损检测是焊接、材料质量检测的常用手段，无损检测是在不损伤被测材料情况下，检查材料的内在或表面缺陷，或测定材料的某些物理量、性能、组织状态等的检测技术。广泛用于金属材料、非金属材料、复合材料及其制品的检测。常用的无损检测技术有：超声波探伤、射线探伤、渗透探伤、磁粉探伤，其中最常用的是超声波探伤和射线探伤。

在水电建设工程机电、金属结构安装现场实施中，压力钢管和蜗壳焊缝须进行100％的超声波探伤，射线探伤是用于对其中的Ⅰ类、Ⅱ类钢焊缝进行5％～20％的抽查。探伤报告应按每台机组分别整理归档，探伤报告内容应包含：超声波探伤、射线探伤、渗透探伤、磁粉探伤各类探伤的检测结果，以及探伤总长度、缺陷长度、缺陷类别、返修次数、一次合格率等。射线探伤是利用X射线或γ射线在穿透被检物各部分时其强度衰减的不同，检测被检物的缺陷，焊缝缺陷主要有裂纹、气孔、夹渣、其他缺陷四类。其中射线探伤底片作为检测报告的附件材料应一并收集整理归档。一般情况下，水电建设工程机电、金属结构焊缝应作射线探伤的部位有：

（1）机电设备：座环、蜗壳、机架、转子轮臂和转子支架等。

（2）金属结构设备：压力钢管、闸门的拼装和弧形闸门支臂等。

十一、合同完工结算及质保金文件

工程完工结算是指在工程建设的经济活动中，由于劳务供应、建筑材料、设备及工器具的购买、工程价款的支付和资金划拨等经济往来而发生的以货币形式表现的经济文件。按内容不同可分为工程价款结算，设备及工器具购置结算，劳务供应结算，其他货币资金结算等。

1. 合同工程完工结算文件

（1）合同工程完工结算申报单位（施工单位）：合同工程验收鉴定书及合同工程移交证书（或交工证书）；工程档案移交清册；施工单位完工结算报告及附件，包括工程承包合同或施工协议，如提供材料，必须提供三方（监理单位、承包单位、发包单位）认定的核销报告，若有合同外新增项目，应有变更、索赔、立项支持文件、工程量计算书及签证。

（2）监理单位出具的合同工程审核报告。

（3）合同结算承办单位（业主单位）：建设管理单位职能部门（工程部、机电部）技术审核报告，建设管理承办部门（计财部）审核报告，建设管理单位批复。

（4）审计单位的审定批复文件（如果有）。

（5）上级单位批复文件（如果有）。

2. 机电设备合同结算文件

（1）机电设备安装工程验收合格移交证书（三方签字）。

（2）厂家出具完工结算报告，内容包括：合同概况、合同执行情况、合同支付情况、合同到货情况。

（3）设备出入库报告（由建设公司机电部出具）。

（4）完工结算审定报告（由建设公司机电部出具）。

（5）建设公司部门汇签（由建设公司机电部出具）。

（6）送交审计的审核报告（由建设公司机电部出具）。

（7）审核结果确认表（厂家、审计、建设公司三方确认）。

3. 合同质保金文件

项目工程质保金是指为落实项目工程在缺陷责任期内的维修责任，发包人与承包人在建设工程承包合同中约定，从应付的工程款中预留，用以保证承包人在缺陷责任期内（既质量保证期）对通过竣（交）工验收的项目工程出现的缺陷（即项目工程建设质量不符合工程建设强制性标准、设计文件，以及承包合同的约定）进行维修的资金。

工程质保金按工程价款结算总额乘以合同约定的比例（全部或者部分使用政府投资的建设项目，按工程价款结算总额5%左右的比例预留保证金，社会投资项目预留保证金比例发包人与承包人双方协商约定，也可参照执行）由发包人从承包人工程计量拨款中直接扣留，且一般不计算利息。发包人与承包人应该在工程竣工之前（一般在签订合同的同时）签订质量保修书，作为合同附件。保修书应明确约定缺陷责任期的期限，发、承包双方在工程质量保修书中约定的期限不能低于《建设工程质量管理条例》要求的最低保修期限。承包人应在工程竣（交）验收合格后的缺陷责任期内，认真履行合同约定责任，缺陷责任期满后，及时向发包人申请返还工程质保金。发包人应及时向承包人退还工程质保金。若缺陷责任期内出现缺陷，则扣除相应的缺陷维修费用。

合同质保金支付需具有施工企业报送的质保金返还申请、合同工程质保金缺陷责任终止证书。

十二、工程竣工决算文件

工程竣工决算是在建设项目或单项工程完工后，由建设单位财务及有关部门，以完工结算等资料为基础，编制的反映整个建设项目从筹建到工程竣工验收投产全部实际支出费用的文件，包括建筑工程费用、安装工程费用、设备工器具购置费用和工程建设其他费用以及预备费用和投资方向调节税支出费用等。工程竣工决算的作用是全面反映竣工项目的实际情况和财务情况，有利于节约基建投资，有利于经济核算，考核竣工项目设计核算的执行情况。

竣工决算文件包括竣工财务决算说明书、竣工财务决算报表、工程竣工图和工程竣工造价对比分析四部分组成。前两部分又称建设项目竣工财务决算，是竣工决算的核心内容。

1. 竣工决算文件

（1）经批准的预可行性研究报告、投资估算书、可行性研究报告或扩大技术设计，修正总概算及其批复文件。

（2）经批准的设计施工图及其施工图预算书。

（3）设计交底或图纸会审会议纪要。

（4）设计变更、施工记录或施工签证单及其他施工发生的费用记录。

（5）招标控制价，承包合同、工程结束等有关资料。

（6）历年基建计划、历年财务决算及批复文件。

（7）设备、材料调价文件和调价记录。

（8）有关财务核算制度、办法和其他有关资料。

2. 竣工决算报告说明书

主要反映竣工报告建设成果和经验，是对竣工决算报表进行分析和补充说明的文件，是全面考核与分析工程投资与造价的书面总结，是竣工决算报告的重要组成部分，内容主要包括：

（1）建设项目概括，对工程总的评价。一般从进度、质量、安全和造价方面进行分析说明。

（2）资金来源及运用等财务分析。主要包括工程价款结算、会计账务的处理、财产物资情况及债权债务的清偿情况。

（3）基本建设收入、投资包干结余、竣工结算资金结余上交分配情况。

（4）各项经济技术指标分析。

（5）需要说明的其他事项。

3. 竣工财务决算及审计

建设项目竣工财务决算书及批复、项目竣工决算表及审计（报告）意见书，建设项目交付使用财产清单、财产明细表。

十三、水电建设工程专项验收文件

1. 消防专项验收（地方消防部门负责审批）

建设工程消防专项验收申请书、自检报告、消防专项验收意见书及检查文件。

2. 水土保持专项验收证书（水利部门审批）

水土方案的预审查意见，水土保持方案报告书的批复、水土保持设施竣工验收意见，包括工程设计、施工、监理、财务支出、水土流失监测报告等。

3. 环境保护专项验收（环保部门审批）

环境保护验收意见、验收组成员签字单，包括：现场验收监测报告及评价，现场验收报告，建设单位的环保验收申请、自检报告等。

4. 劳动安全与工业卫生（地方劳动保障部门）

劳动安全与工业卫生申请、自检报告，劳动关系、劳动保护、劳动卫生防护报告，并取得劳动卫生与工业卫生专项验收合格证。

5. 工程档案专项验收（国家档案局或授权各集团公司会同省档案局组织验收）

工程档案验收申请单、自检报告、档案验收组成员签字单，工程项目档案专项验收意见。

6. 水库淹没与移民安置专项验收（省水库移民办组织验收）

库区清理、移民安置、专业项目复建、环境保护、文物保护、移民迁建区地质灾害治理等，水库淹没与移民安置验收证书。

7. 工程竣工决算专项验收（国家发展改革委或授权水电规划设计总院、省发展改革委组织）

项目竣工决算书的批复、竣工决算审计（报告）意见书。

8. 枢纽工程竣工专项验收

（1）竣工安全鉴定（国家发展改革委授权水电规划设计总院、大坝中心或水利水电科学研究院等组织）。枢纽工程专项验收前，应对大坝、厂房等工程建设质量进行竣工安全鉴定，并作出安全性评价意见。施工单位、建设管理单位提供有关工程建设质量的自检报告，竣工安全鉴定机构作出竣工安全性评价报告。

（2）枢纽工程竣工专项验收（大中型工程一般由国家发展改革委或授权水电规划设计总院组织；小型工程由省发改委组织）。包括枢纽工程水工建筑专项验收申请报告及竣工验收批复、枢纽工程验收意见书。

9. 工程竣工验收（国家发展改革委或授权水电规划设计总院、省发展改革委组织）

在取得各专项验收证书的基础上，进行工程整体竣工验收。验收文件：工程竣工验收申请、各专项验收工作总结报告、各参建单位自检报告（包括设计、监理、施工、总公司项目管理报告）、工程竣工验收报告、验收成员签字单、项目竣工验收证书。

第三节 项目文件归档范围与保管期限

一、项目文件归档范围的确定

项目文件整理时，首先要确定哪些文件材料必须归档，哪些不归档，划定归档范围的标准是在依据《国家重大建设项目文件归档范围和保管期限表》标准基础上，结合各工程实际情况和特点，制订项目文件的归档范围和保管期限表。其原则是：凡直接记述和反映工程建设全过程、具有现实和长远查考价值的项目文件材料均应列入归档范围。正确划定归档范围是保证项目档案完整、系统、准确的关键。建设项目全过程形成的文件材料，按工程阶段进行划分，主要包括工程前期管理文件、设计基础文件、设计文件、施工技术文件、监理文件、设备文件、科研项目文件、涉外文件、生产技术准备和试生产文件、财务和器材管理文件、竣工验收文件。国家重大建设项目文件归档范围和保管期限表如表 2-1 所示。

表 2-1　国家重大建设项目文件归档范围和保管期限表

序号	归档文件	保管期限		
		建设单位	施工单位	设计单位
1	可行性研究、任务书			
1.1	项目建设书及其报批文件	永久		长期
1.2	项目选址意见书及其报批文件	永久		长期
1.3	可行性研究报告及其评估、报批文件	永久		长期
1.4	项目评估（包括借贷承诺评估）、论证文件	永久		长期
1.5	环境预测、调查报告、环境影响报告书和批复	永久		长期
1.6	设计任务书、计划任务书及其报批文件	永久		永久
2	设计基础文件			

续表

序号	归档文件	保管期限		
		建设单位	施工单位	设计单位
2.1	工程地质、水文地质、勘察报告、地质图、勘察记录、化验、试验报告、重要土、岩样及说明	永久		永久
2.2	地形、地貌、控制点、建筑物、构筑物及重要设备安装测量定位、观测记录	永久		长期
2.3	水文、气象、地震等其他设计基础资料	永久		长期
3	设计文件			
3.1	总体规划设计	永久		永久
3.2	方案设计	永久		永久
3.3	初步设计及其报批文件	永久		永久
3.4	技术设计	永久		永久
3.5	施工图设计	长期		永久
3.6	技术秘密材料、专利文件			永久
3.7	工程设计计算书	长期		长期
3.8	关键技术试验	永久		永久
3.9	设计评价、鉴定及审批	永久		永久
4	项目管理文件			
4.1	征地、移民文件			
4.1.1	征用土地申请、批准文件、红线图、坐标图、行政区域图	永久		
4.1.2	征地移民拆迁、安置、补偿批准文件、协议书	永久		
4.1.3	建设前原始地形、地貌、状况图、照片	永久		
4.1.4	施工执照	永久		
4.2	计划、投资、统计、管理文件			
4.2.1	有关投资、进度、物资、工程量的建议计划、实施计划和调整计划	长期		
4.2.2	概算、预算管理、差价管理文件	长期		
4.2.3	合同变更、索赔等涉及法律事务的文件	长期		

续表

序号	归档文件	保管期限		
		建设单位	施工单位	设计单位
4.2.4	规程、规范、标准、规划、方案、规定	长期		
4.2.5	招标文件审查、技术设计审查、技术协议	长期		
4.2.6	投资、进度、质量、安全、合同控制文件	长期		
4.3	招标投标、承发包合同协议			
4.3.1	招标书、招标修改文件、招标补遗及答疑文件	长期	长期	长期
4.3.2	投标书、资质材料、履约类保函、委托授权书和投标澄清文件、修正文件	永久	永久	长期
4.3.3	开标议程、开标大会签字表、报价表、评标纪律、评标人员签字表、评标记录、报告	长期		
4.3.4	中标通知书	长期	长期	长期
4.3.5	合同谈判纪要、合同审批文件、合同书、合同变更文件	永久	长期	长期
4.4	专项申请、批复文件			
4.4.1	环境保护、劳动安全、卫生、消防、人防、规划等文件	永久		
4.4.2	水、暖、电、煤气、通信、排水等配套协议文件	长期		
4.4.3	原料、材料、燃料供应等来源协议文件	长期		
5	施工文件			
5.1	建筑施工文件			
5.1.1	开工报告、工程技术要求、技术交底、图纸会审纪要	长期	长期	
5.1.2	施工组织设计、方案及报批文件、施工计划、施工技术及安全措施、施工工艺文件	长期	长期	
5.1.3	原材料及构件出厂证明、质量鉴定、复验单	长期	长期	
5.1.4	建筑材料试验报告	长期	长期	

续表

序号	归 档 文 件	保管期限		
		建设单位	施工单位	设计单位
5.1.5	设计变更通知、工程更改洽商单、材料代用核定审批手续、技术核定单、业务联系单、备忘录等	永久	长期	
5.1.6	施工定位（水准点、导线点、基准线、控制点等）测量、复核记录、地质勘探	永久	长期	
5.1.7	土、岩试验报告、基础处理、基础工程施工图、桩基工程记录、地基验槽记录	永久	长期	
5.1.8	施工日记、大事记		长期	
5.1.9	隐蔽工程验收记录	永久	长期	
5.1.10	各类工程记录及测试、沉降、位移、变形监测记录、事故处理报告	永久	长期	
5.1.11	工程质量检查、评定	永久	长期	
5.1.12	技术总结、施工预、决算		长期	
5.1.13	交工验收记录证明	永久	长期	
5.1.14	竣工报告、竣工验收报告	永久	永久	
5.1.15	竣工图	永久	长期	
5.1.16	声像材料	长期	长期	
5.2	设备及管线安装施工文件			
5.2.1	开工报告、工程技术要求、技术交底、图纸会审纪要	长期	长期	
5.2.2	施工组织设计、方案及其报批文件、施工计划、技术措施文件	长期	长期	
5.2.3	原材料及构件出厂证明、质量鉴定、复验单	长期	长期	
5.2.4	建筑材料试验报告	长期	长期	
5.2.5	设计变更通知、工程更改洽商单、材料、零部件、设备代用审批手续、技术核定单、业务联系单、备忘录等	永久	长期	

续表

序号	归档文件	保管期限		
		建设单位	施工单位	设计单位
5.2.6	焊接试验记录、报告、施工检验、探伤记录	永久	长期	
5.2.7	隐蔽工程检查验收记录	永久	长期	
5.2.8	强度、密闭性试验报告	长期	长期	
5.2.9	设备、网络调试记录	长期	长期	
5.2.10	施工安装记录、安装质量检查、评定、事故处理报告	长期	长期	
5.2.11	系统调试、试验记录	长期	长期	
5.2.12	管线清洗、试压、通水、通气、消毒等记录	短期	长期	
5.2.13	管线标高、位置、坡度测量记录	长期	长期	
5.2.14	中间交工验收记录证明、工程质量评定	永久	长期	
5.2.15	竣工报告、竣工验收报告、施工预、决算	永久	长期	
5.2.16	竣工图	永久	长期	
5.2.17	声像材料	长期	长期	
5.3	电气、仪表安装施工文件			
5.3.1	开工报告、工程技术要求、技术交底、图纸会审纪要	长期	长期	
5.3.2	施工组织设计、方案及其报批文件、施工计划、技术措施文件	短期	长期	
5.3.3	原材料及构件出厂证明、质量鉴定、复验单	长期	长期	
5.3.4	建筑材料试验报告	长期	长期	
5.3.5	设计变更通知、工程更改洽商单、材料、零部件、设备代用审批手续、技术核定单、业务联系单、备忘录等	永久	长期	
5.3.6	系统调试、整定记录	长期	长期	
5.3.7	绝缘、接地电阻等性能测试、校核	长期	长期	

续表

序号	归 档 文 件	保管期限		
		建设单位	施工单位	设计单位
5.3.8	材料、设备明细表及检验记录、施工安装记录、质量检查评定、事故处理报告	永久	长期	
5.3.9	操作、联动试验	短期	长期	
5.3.10	电气装置交接记录	短期	长期	
5.3.11	中间交工验收记录、工程质量评定	永久	长期	
5.3.12	竣工报告、竣工验收报告	永久	长期	
5.3.13	竣工图	永久	长期	
5.3.14	声像材料	长期	长期	
6	监理文件	建设单位		监理单位
6.1	施工监理文件、资料			
6.1.1	监理合同协议、监理大纲、监理规划、细则及批复	长期		长期
6.1.2	施工及设备器材供应单位的资质审核、设备、材料报审	长期		长期
6.1.3	施工组织设计、施工方案、施工计划、技术措施审核、施工进度、延长工期、索赔及付款报审	长期		长期
6.1.4	开（停、复、返）工令、许可证、中间验收证明书	长期		长期
6.1.5	设计变更、材料、零部件、设备代用审批	长期		长期
6.1.6	监理通知、协调会审纪要、监理工程师指令、指示，来往函件	长期		长期
6.1.7	工程材料监理检查、复检、实验记录、报告	长期		长期
6.1.8	监理日志、监理周（月、季、年）报、备忘录	长期		长期
6.1.9	各项测控量成果及复核文件、外观、质量、文件等检查、抽查记录	长期		长期

续表

序号	归档文件	保管期限		
		建设单位	施工单位	监理单位
6.1.10	施工质量检查分析评估、工程质量事故、施工安全事故报告	长期		长期
6.1.11	工程进度计划、实施、分析统计文件	长期		长期
6.1.12	变更价格审查、支付审批、索赔处理文件	长期		长期
6.1.13	单元工程检查及开工（开仓）签证、工程分部分项质量认证、评估	长期		长期
6.1.14	主要材料及工程投资计划、完成报表	长期		长期
6.2	设备采购、监造工作监理资料			
6.2.1	设备采购委托监理合同、采购方案、监造计划	长期		长期
6.2.2	市场调查、考察报告	长期		长期
6.2.3	设备制造的检验计划和检验要求、检验记录及试验报告、分包单位资格报审表	长期		长期
6.2.4	原材料、零配件等的质量证明文件和检验报告	长期		长期
6.2.5	开动、复工报审表、暂停令	长期		长期
6.2.6	会议纪要、来往文件	长期		长期
6.2.7	监理工程师通知单、监理工作联系单	长期		长期
6.2.8	监理日志、监理月报	长期		长期
6.2.9	质量事故处理文件、设备制造索赔文件	长期		长期
6.2.10	设备验收、交接文件、支付证书和设备制造结算审核文件	长期		长期
6.2.11	设备采购、监造工作总结	长期		长期
6.3	监理工作声像材料	长期		长期

续表

序号	归档文件	保管期限		
		建设单位	施工单位	设计单位
7	工艺设备文件			
7.1	工艺说明、规程、路线、试验、技术总结	长期		
7.2	产品检验、包装、工装图、检测记录	长期		
7.3	设备、材料采购、招投标文件、合同、出厂质量合格证明	长期		
7.4	设备、材料装箱单、开箱记录、工具单、备品备件单	长期	长期	
7.5	设备图纸、使用说明书、零部件目录	长期		
7.6	设备测绘、验收记录及索赔文件	长期		
7.7	设备安装调试、测定数据、性能鉴定	长期		
8	科研项目			
8.1	开题报告、任务书、批准书	永久		
8.2	协议书、委托书、合同	永久		
8.3	研究方案、计划、调查研究报告	永久		
8.4	试验记录、图表、照片	永久		
8.5	实验分析、计算、整理数据	永久		
8.6	实验装置及特殊设备图纸、工艺技术规范说明书	永久		
8.7	实验装置操作规程、安全措施、事故分析	长期		
8.8	阶段报告、科研报告、技术鉴定	永久		
8.9	成果申报、鉴定、审批及推广应用材料	永久		
8.10	考察报告、重要课题研究报告	永久		
9	涉外文件			
9.1	询价、报价、投标文件	短期		
9.2	合同及其附件	永久		

续表

序号	归档文件	保管期限		
		建设单位	施工单位	设计单位
9.3	谈判协议、议定书	永久		
9.4	谈判记录	长期		
9.5	谈判过程中外商提交的材料	长期		
9.6	出国考察及收集来的有关材料	短期		
9.7	国外各设计阶段文件及设计联络文件	永久		
9.8	各设计阶段审查议定书	永久		
9.9	技术问题来往函电	永久		
9.10	国外设备、材料检验、安装手册、操作使用说明书等随机文件	永久		
9.11	国外设备合格证明、装箱单、提单、商业发票、保险单证明	短期		
9.12	设备开箱检验记录、商检、海关及索赔文件	永久		
9.13	国外设备、材料的防腐、保护措施	短期		
9.14	外国技术人员现场提供的文件材料	长期		
10	生产技术准备、试生产文件			
10.1	技术准备计划	短期		
10.2	试生产管理、技术责任制	短期		
10.3	开、停车方案	短期		
10.4	设备试车、验收、运转、维护记录	长期		
10.5	试生产产品质量鉴定报告	短期		
10.6	安全操作规程、事故分析报告	长期		
10.7	运行记录	短期		
10.8	技术培训材料	短期		
10.9	产品技术参数、性能、图纸	永久		
10.10	工业卫生、劳动保护材料、环保、消防运行检测记录	短期		

续表

序号	归档文件	保管期限		
		建设单位	施工单位	设计单位
11	财务、器材管理文件			
11.1	财务计划及执行、年度计划及执行、年度投资统计	短期		
11.2	工程概算、预算、标底、合同价、决算、审计及说明	永久		
11.3	主要材料消耗、器材管理	短期		
11.4	交付使用的固定资产、流动资产、无形资产、递延资产清册	永久		
12	竣工验收文件			
12.1	项目竣工验收报告	永久	长期	长期
12.2	工程设计总结	永久		长期
12.3	工程施工总结	永久	长期	
12.4	工程监理总结	永久	长期	
12.5	项目质量评审文件	永久	长期	
12.6	工程现场声像文件	永久	长期	
12.7	工程审计文件、决算报告	永久		
12.8	环境保护、劳动安全卫生、消防、人防、规划、档案等验收审批文件	永久		
12.9	竣工验收会议文件、验收证书及验收委员会名册、签字、验收备案文件	永久	长期	长期
12.10	项目评优报奖申报材料、批准文件及证书	长期	长期	

二、保管期限与保存时限的确定

1. 保管期限种类及其确定

保管期限分为永久、长期和短期三种。归档文件保管期限划定原则根据《国家重大建设项目文件归档范围和保管期限表》，结合项目文件的现实效用、历史价值和长远查考价值进行确定。凡是反映工程建设及管理单位重要职能活动和基本历史面貌，对本单位的工程建设、管理和历史研究具有长远利用价值的文件，列为永久保管；凡是反映主要工作活动，对日常管理及工程建设、运行与维护工作具有较重要的参考作用，并在较长时期内可作为证据或依据的文件，列为长期保存；凡是在短期有查考利用价值的文件，列为短期保存。一般情况下临建工程档案保管期限为短期，导流洞工程档案应作长期保存。

2. 保存时限的确定

2009年前，科技档案保存时限永久为50年以上、长期为16～50年、短期为15年。根据国家档案局2009年颁布的档案行业标准《企业档案工作规范》（DA/T 42—2009），对保存时限进行了重新认定，永久为30年以上，长期为30年，短期为10年。企业档案工作规范是在新的历史条件下推进和规范企业档案工作的重要标准。

三、不归档的文件材料

中间结算及临时经济签证资料、部分临建工程（指工程建设完工后建筑实体不存在的工程，如清渣处理等工程）资料可作为临时文件保存至工程全面完工，为工程审计、项目稽查提供查证依据；未中标的招投标文件可另柜保存一套（正本），暂存到工程决算结束，其余可按规定销毁或退还投标方。

第三章

项目档案分类与档号编制

第一节　项目档案分类标准的确定

一、档案的分类

档案分类就是依据一定的标准，按照档案的来源、时间、内容和形式特征的异同点，对档案进行有层次的区分，并组成一定的体系。档案分类从广义上分为三种：档案概念分类、档案实体分类、档案检索分类。概念分类主要是为了具体认识档案，实体分类主要是为了进行科学管理档案，检索分类主要是查寻档案。从狭义上是指全宗内的档案分类，是指档案整理分类，它仅是档案分类中一个方面的内容。

1. 档案概念分类

档案概念分类是在档案总概念下，分为许多具体档案概念，通常又称为档案种类划分。其依据和名称有：

（1）根据档案形成者不同，分为国家机构档案、党派团体档案、企业单位档案、事业单位档案、名人档案等。每类社会组织档案中，又分为具体社会组织档案。每个独立的社会组织是划分全宗的依据，每类社会组织档案是划分全宗群的依据。

（2）根据档案内容性质不同，分为立法档案、行政档案、诉讼档案、军事档案、外交档案、经济档案、科学技术档案、艺术档案、宗教档案等。由于专业的不同，人们对档案的需求都有专指性，这种划分对人们从不同角度检索、利用档案有意义。

（3）根据档案的载体形式不同，分为石刻档案、泥板档案、纸质档案、胶片档案、磁带档案等。

(4) 按照记录信息方式不同，分为文字档案、图形档案、声像档案。声像档案又分为照片、录音、录像、影片档案。这种类型档案在管理和提供利用方式上都各有特殊性。

(5) 根据档案所属时期不同，分为古代档案、近代档案和现代档案。

(6) 根据档案所有权形式不同，分为国家所有档案、集体所有档案和个人所有档案。对不同所有权的档案，要按照档案法规的规定，分别采取不同的收集和管理办法。属于国家所有的档案，要按规定向国家档案馆移交。属于集体或个人所有的档案，其所有权的转让，一般要在自愿、合法基础上进行，档案所有者可向国家档案馆捐赠、出售或寄存。

(7) 档案的类别。在中国把档案种类划分为三大类：文书档案、科学技术档案和专门档案。

2. 档案实体分类

档案实体分类是以档案实体为对象，按照其形成特点和历史联系，逐级分为多种类别。包括三级分类层次：

(1) 国家档案全宗的分类。

是对国家全部档案进行最高层次的分类。一般按档案的历史时期属性、形成机关的级别属性、地区属性、专业部门属性以及档案制成材料属性进行划分。此种分类是各级各类档案馆的设置以及国家档案在档案馆中合理分布的依据。

(2) 档案馆馆藏档案的分类。

指对一个档案馆全部馆藏档案的分类，一般以全宗为基本单位。根据每个档案馆馆藏全宗情况，可按全宗所属的历史时期、机关性质、部门系统或其他联系进行分类。此种分类对分库管理和排架的合理性起指导和组织作用。

(3) 全宗内档案分类。

全宗内档案分类标准由各单位根据国家档案管理相关标准进行制定，适用于档案实体管理的分类。

3. 档案检索分类

档案检索分类又称档案信息检索分类或档案情报检索分类。是以档案记述的内容为对象进行等级分类的逻辑体系。它以国家机构、社会组织从事的社会实践分工为基础，以档案记述的事物属性关系为依据，按照逻辑方法进行统一分类，不受档案所属全宗的限制。主要用于编制卡片目录和组织情报的机械化、自动化检索，一般不适用于档案实体管理分类。

二、科技档案分类与档号编制

1. 科技档案分类

(1) 科技档案分类含义。

科技档案分类是科技档案整理的首要环节，科技档案分类是根据科技档案的内容性质和形成特点，把一定范围的科学技术档案划分成不同的类别层次，从而使全部科技档案形成一个具有一定从属关系和平行关系的不同等级的科技档案库藏系统。科技档案分类方案是立档单位科技文件材料归档和档案管理的业务规范标准。

(2) 科技档案的分类要求：

1) 科学档案的分类要遵循同一规则。在一个单位内部或一个专业系统内部，同一种科技档案的分类标准要一致。

2) 科学档案的分类要遵循效用规则。科学技术档案分类，要适应科学技术档案及其管理特点，追求分类的整体适用效果。也就是说，即科技档案的分类要符合档案形成专业和档案形成单位科技活动的性质和特点。

3) 科学档案的分类要遵循排他规则。指同一级类目必须相互排斥而不能重合。

4）编制一个合理的、切实可行的科学技术档案分类方案。分类方案是科技文件材料进行科学分类的依据性规范标准，在编制科学技术档案的分类方案时，要根据科技档案的内容构成和形成特点，明确其分类标准和分类方法，设置科学、合理的类目体系，形成完整的科学技术档案分类方案。科技档案分类的层次类目要简明，不宜过多过繁。

（3）科技档案的分类方法。

由于科学技术档案种类很多（如产品档案类、基本建设档案类、科研档案类、设备仪器档案类），因此，可运用的分类标准也较多，大体上科学技术档案实体分类基本采用对象分类法和特征分类法两种。

1）对象分类法：是以一个实物对象的设计、生产制造等活动形成的整套科学技术档案为单元进行分类的方法，其典型的型式是工程项目分类法、型号分类法、课题分类法。

——工程项目分类法：它适用于对基本建设档案的分类。指基建档案以工程项目为分类单元，划分科技档案的类别。

——型号分类法：适用于对产品档案和设备仪器档案的分类。指本单位全部产品档案和设备档案，以各个型号的产品或设备为分类单元，划分科技档案的类别。

——课题分类法：适用于对科研档案的分类。指全部科研档案，以各个独立的研究课题为分类单元，划分单元。

2）特征分类法：

——专业特征分类法：指按照科技档案所反映的专业性质划分科研档案的类别。

——时间特征分类法：根据科学技术内容所反映的时间特征划分科学技术档案的类别。

——地域特征分类法：根据科技档案内容所反映的地域特征划分科学技术档案的类别。

2. 科技档案号的编制

(1) 档案号定义及作用。

档案号是存取档案的标记，是档案保管单位的编号或代号，档案号简称档号，是以字符形式赋予档案实体的、用以固定和反映档案排列顺序的一组代码。它起着固定档案的整理成果，便于查找和调阅档案的作用。

(2) 档号的组成。

档号是用来反映档案分类层次和保管单位排列顺序的一组符号，是科技档案分类号和保管单位顺序号的组合体。档案分类号是以类型的形式赋予档案实体的、用以固定和反映档案排列顺序的一组代码。

(3) 档号的编制要求。

1) 科技档案号要反映科技档案系统整理后的科学秩序，同科技档案分类方案的结构层次相一致。

2) 科技档案号，由代字和代号组成。代字使用汉语拼音字母，代号使用阿拉伯数字。

3) 科技档案号应力求简明，不要过于复杂繁琐。

(4) 档号编制依据和原则。

档号的编制是依据档案的分类方案和档案排列顺序进行编制的。档号的编制原则：唯一性原则，合理性原则，稳定性原则，扩充性原则，简单性原则。档号的编制是一卷一号原则。

(5) 档号的编制方法。

1) 编制同科技档案分类有关的代字和代号。

2) 确定档号编制结构。科技档案档号的基本模式为：科技档案号＝分类号＋案卷顺序号。

三、项目档案分类标准的制定

1. 制定项目档案分类标准的必要性

项目档案的分类标准与档号编制，是项目文件归档整理、组卷的关键之一，科学合理的分类方案与档号编制既能高效有序地进行项目文件的分类整理和立卷归档，又是现代企业档案管理的需要，因此，要求项目档案从一开始就要建立科学的分类标准，并确定档号结构。

能源部1991年印发的《电力工业企业档案分类规则》中制定的《水电企业档案分类表（6～9大类）》分类标准，已历时20年，大纲中类目设置的内容，涵盖不了现代水电建设工程在新的管理模式下所形成的档案材料内容。

为使项目档案的分类与档号结构更具有科学性、完整性，便于项目档案的整理和组卷，同时便于项目档案的保管和利用，根据《水电企业档案分类表（6～9大类）》标准，结合近年来项目档案的分类使用情况与档号编制工作实际，进一步完善科学的、适用的档案分类标准是水电建设工程项目档案管理的需要，是确保档案整理质量和科学编目的基础。

2. 项目档案分类标准的制定

项目档案分类标准应按照档案集中统一管理的要求，结合工程建设实际，按工程建设过程中产生文件材料的性质、工程建设项目的专业、类别进行统一综合考虑和制定。原则上讲，项目档案的分类，既要包括工程建设管理方面的文件材料，也应包括工程设计、施工、监理等建设过程中和建成后运行管理方面所产生的文件材料，每个工程档案的分类标准都会因其工程项目内容或建设规模大小的不同而有所区别，同时还要考虑项目文件材料之间的从属关系，确保所有文件材料都能归入相应的类别中。

第二节　项目档案的分类与档号结构

项目档案的分类是按照项目文件形成的规律、内容、特点以及相互间的联系，将项目档案分成一定的类，从而使项目档案形成一个有机联系、符合逻辑的便于保管和提供利用的结构体系。近年来，由于我国水电工程建设管理模式的变化，项目文件按照《水电企业档案分类表（6～9大类）》分类，不能完全满足现代水电工程建设管理的需要，因此，建立更为科学、合理、适用的分类方案是项目档案管理的需要。

根据近年来水电工程项目档案管理情况，项目文件材料的分类方案可采取“一级分类”或“两级分类”的方法。

“一级分类”是指按照《水电企业档案分类表（6～9大类）》分类，即采取按“专业活动性质”进行分类的方式。

“两级分类”是指工程项目文件首先按《水电企业档案分类表（6～9大类）》分类标准进行第一级分类，即按“专业活动性质”分类后，再结合水电工程的“项目划分”进行第二级分类。

根据分类标准的不同，档号结构也因此不同，“一级分类”的档号结构为三段式，“两级分类”的档案结构为四段式。

1. 一级分类与三段式档号结构

一般情况下，水电工程建设规模较小或工程比较简单的建设项目，项目档案分类采取“一级分类”。“一级分类”是指项目文件按“专业活动性质”进行分类，也就是按工程建设活动性质产生文件材料的类别进行分类。

“一级分类”的档号结构定为三段式。项目文件采取“一级分类”时，应对《水电企业档案分类表（6～9大类）》的类目设置做适当补充。

（1）三段式档号结构的组成。

三段式档号结构为：目录号(代号)＋分类号(6～9大类)＋案卷号，各号之间用“—”分隔。档号结构形式为3段11位或3段12位，用阿拉伯数字0～9标识。档号章由档号和卷内顺序号构成。三段式档号结构如图3-1所示。

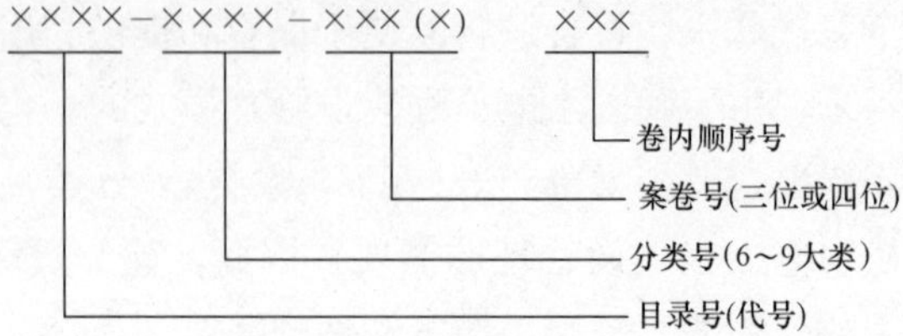

图 3-1　三段式档号结构

1）目录号（或目录代号）组成。

档号的第一段为目录号或目录代号，目录号（目录代号）均采用四位阿拉伯数字标识。①目录号。档号的第一段为目录号时，其中第一位表示流域；第二位、第三位表示各流域电站序号；第四位表示工程项目代号，可表示新建、改建和扩建工程。其中，1 表示新建工程，2 表示改建工程，3 表示扩建工程。例如：目录号 1011，表示第一条流域，第一梯级水电站的新建水电项目。未编制目录号的单位，暂可使用代号，即目录代号。②目录代号。目前国内各流域水电项目分别由各电力集团公司开发，无法统一编制各流域电站目录号，因此，各单位根据属下管辖的水电工程综合考虑确定目录代号。目录代号的设置，一般考虑项目文件的综合材料和各机组材料两大部分。项目代号的第一位～第三位表示水电工程序号，第四位为各机组号产生的文件材料。例如：第一级工程的目录代号为 0110～0114，第二级工程目录代号为 0120～0125，0110 和 0120 表示项目文件公共部分，0111～0114 和 0120～0125 分别为相应的 1～4 号机组和 1～5 号机组产生的文件材料。

2）分类号组成。

档号的第二段为分类号，由《水电厂企业档案分类表（6～9 大类）》类目号构成。6～9 大类表示档案类别，分别为：6 大类为产品（生产）类，7 大类为科研技术类，8 大类为基本建设类，9 大类为设备仪器类。在 6～9 大类中未涵盖的类目，可根据实际需要进行增设。

3）案卷顺序号组成。

档号的第三段为案卷顺序号。根据水电工程实际情况，案卷顺序号可定为三级类目或四级类目，分别采用三位或四位阿拉伯数字组成。案卷顺序号按归档时间顺序先后进行排列。格式为：001～999。

4）卷内顺序号。

卷内顺序号是指卷内文件顺序号。卷内顺序号以自然数从1开始编写，以001～999形成流水号序号。格式为：1～999。

（2）各类目三段式档号结构。

1）6大类。

6大类为产品（生产）类。6大类的分类号应结合本单位各年度生产运行产生的文件材料情况，可采用三级类目或四级类目。其档案结构为：目录号（代号）+6大类+案卷号。

2）7大类。

7大类为科研技术类。7大类一般采用四级类目，用四位数表示，其中，首位为7，后三位为科研或成果的课题顺序号，用000～999标识。7大类分类号的格式为：7001～7999。其档号结构为：目录号（代号）+7大类+案卷号。

3）8大类。

①8大类为基本建设类。8大类一般采用四级类目，其中，首位为8，后三位为工程各类活动产生的文件材料，用000～999标识。8大类分类号的格式为：8000～8999。其档号结构为：目录号（代号）+8大类+案卷号。②81～84为竣工图分类号。竣工图一般存放在81、82、83、84分类号。其中：81为水工建筑及附属建筑；82为辅助生产建筑与生活区建筑；83为油、水、气、采暖、通风系统；84为电气及自动化。竣工图的档号结构为：目录号（代号）+8大类（81、82、83、

84）＋案卷号。③809 为监理文件、质量监督文件。在《水电企业档案分类表（6～9 大类）》类目中，由于没有明确监理文件的类目，因此，增补监理文件的分类号。设置监理文件、质量监督文件的分类号为“809”三级类目，具体到四级类目，第四级类目用“0～8”是用来区分监理文件的类别，即 8090～8098 为监理文件分类号，9 为质量监督文件，即 8099 为质督文件分类号。监理、质监文件分类号的格式为：8090～8099，这种分类方法，使监理、质监文件统一采用按“专业活动性质”进行分类和整理组卷。其档号结构为：目录号（代号）＋809 类（8090～8099）＋案卷号。

4）9 大类。

9 大类为设备仪器类。9 大类一般采用四级类目，其中，首位为 9，后三位为设备仪器文件，用 000～999 标识。格式为：9000～9999。其档案结构为：目录号（代号）＋9 大类＋案卷号。

2. 两级分类与四段式档号结构

当工程建设规模较大或工程规模较为复杂，产生的项目文件材料较多的水电建设项目，可采取更为细致的分类方案，即“两级分类”法，“两级分类”是指项目文件首先按“专业活动性质”进行第一级分类，再结合水电建设“工程项目划分表”进行第二级分类。采取“两级分类”的档号结构定为四段式。项目文件在进行第一级分类时，同样应对《水电企业档案分类表（6～9 大类）》的类目设置做适当补充。

（1）四段式档号的构成。

四段式档号结构为：目录号（代号）＋分类号（一）＋分类号（二）＋案卷号。各号之间用“—”分隔，档号结构形式为 4 段 15 位或 16 位，用 0～9 标识。四段式档号结构有以下两种方案可供参考。

——四段式档号结构方案一：针对工程建设规模比较大的情况，可选择此方案。四段式档号结构方案如图 3-2 所示。

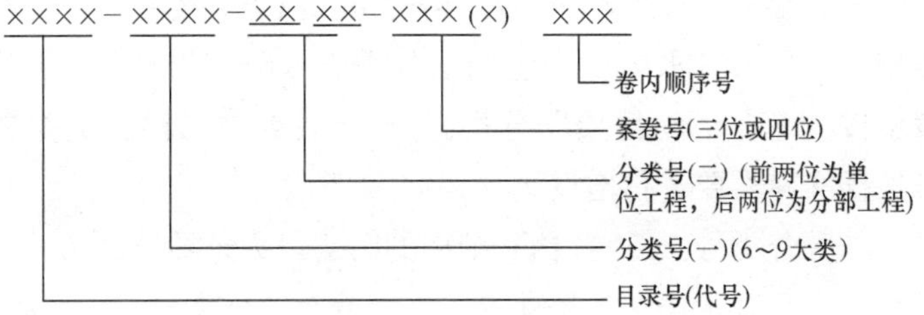

图 3-2　四段式档号结构（方案一）

——四段式档号结构方案二：针对工程建设规模比较复杂的情况，可选择此方案。四段式档号结构方案如图 3-3 所示。

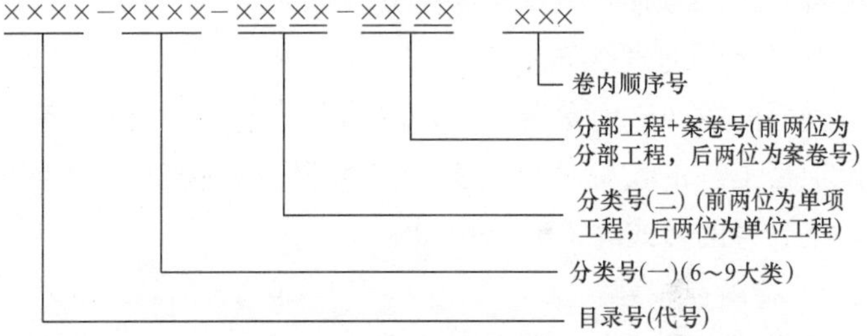

图 3-3　四段式档号结构（方案二）

以四段式档号结构方案一为例，对档号结构进行分析：

1）目录号（代号）组成。

档号的第一段为目录号或目录代号，目录号或目录代号均采用四位阿拉伯数字标识。目录号的第一位表示流域；第二位、第三位表示各流域电站序号，格式为：01～99；第四位表示工程项目代号，可表示新建、改建和扩建项目。其中，1 表示新建项目，2 表示改建项目，3 表示扩建项目。未编制目录号的单位，暂可使用目录代号。目录代号第一位～第三位表示水电建设工程序号，第四位为机组号。

2）分类号组成。

分类号由分类号（一）和分类号（二）两部分组成。

——分类号（一）：档号结构的第二段为分类号（一）。分类号（一）由《水电厂企业档案分类表（6～9大类）》类目，表示按“专业活动性质”分类。6～9大类中未涵盖的类目，可根据实际需要进行增设。

——分类号（二）：档号结构的第三段为分类号（二）。分类号（二）表示按“工程项目”进行分类。分类号（二）的前两位数表示单位工程，后两位数表示分部工程，无分部工程时用00表示。

工程准备阶段文件、试运行文件、设备文件等不需要使用分类号（二），则用0000代替标识。

3）案卷顺序号组成。

档号的第四段为案卷顺序号（简称案卷号）。根据各水电建设项目工程的实际情况，案卷号可定为三级类目或四级类目，案卷号的格式为：001～999。

4）卷内顺序号。

卷内顺序号从自然数1开始编写，以1～999形成流水序号。

（2）四段式档号结构各大类档号构成。

1）6大类。

6大类文件不涉及“工程项目”。因此，分类号（一）按“专业活动性质”分类；分类号（二）按“年度”分类；6大类代号表示按“专业活动性质”结合“年度”进行分类标识。其档号结构为：目录号（代号）+6大类+年度+案卷号。

2）7大类。

7大类文件不涉及“工程项目”。因此，分类号（一）按“课题类别”划分，可采用四位数表示，其中首位为7，后三位为课题顺序号，用000～999标识。格式为：7001～7999。分类号（二）按“年度”分类；7大类的分类号表示按“课题类别”结合“年度”进行分类标识。其档号结构为：目录号（代号）+7大类（7001～7999）+年度+案卷号。

3）8大类。

①8000～8003，801、802、806、807、808类目。8000～8003为决策立项文件、801设计基础文件、802设计文件、806竣工文件、807试运行文件、808涉外文件。分类（一）按“专业活动性质”进行分类；由于既不涉及工程项目，又不考虑年度，因此分类（二）为0000。其档号结构为：目录号（代号）+8大类（8000～8003，801、802、806、807、808）+0000+案卷号。②800（8004～8009）类目。8004～8009为工程管理性文件。分类号（一）表示按“专业活动性质”分类；分类号（二）按“年度”分类；表示按“活动性质”结合“年度”进行分类。其档号结构为：目录号（代号）+8大类（8004～8009）+年度+案卷号。③803、804、805。803、804、805类目分别为土建施工文件、设备及管线安装施工文件、电气及仪表安装施工文件。分类号（一）按“活动性质”分类；分类号（二）按“工程项目”分类。表示按“活动性质”结合“工程项目”进行分类。其档号结构为：目录号（代号）+8大类（803、804、805）分类号+（单位工程+分部工程）+案卷号。④81～84为竣工图分类号。竣工图一般存放在81、82、83、84分类号，分类号（一）按“专业活动性质”分类；分类号（二）按“工程项目”分类。竣工图的分类表示按“专业活动性质”结合“工程项目”进行分类。竣工图档号结构为：目录号（代号）+8大类（81、82、83、84分类号）+（单位工程+分部工程）+案卷号。其中：81为水工建筑及附属建筑；82为辅助生产建筑与生活区建筑；83为油、

水、气、采暖、通风系统；84 为电气及自动化。⑤809 为监理文件、质量监督文件。只涉及单位工程，不体现分部工程的综合文件，分部工程用“00”表示，其档号结构为：目录号（代号）＋809 分类号＋（单位工程＋00）＋案卷号；涉及分部工程的文件，如批复文件，监理月报等，其档号结构为：目录号（代号）＋809 分类号＋（单位工程＋分部工程）＋案卷号。

4）9 大类。

9 大类表示设备仪器类文件。分类号（一）按“专业活动性质”分类；分类号（二）按“工程项目”分类。表示按“专业活动性质”结合“工程项目”分类。其档号构成：目录号（代号）＋9 大类分类号＋（单位工程＋分部工程）＋案卷号。

不涉及工程项目的文件材料，则用 0000 代替标识。

3. 比较两种分类方案与档号结构优缺点

（1）三段式档号的优缺点。

优点：项目文件进行一级分类，分类方案简单、易懂。

缺点：一级分类是指项目文件材料按“专业活动性质”分类，工程文件材料经整理后，需由建设管理单位档案室统一排列分配案卷号，以免造成档号重复。档案人员的工作量增大，同时参建单位进行文件材料整理时受到一定限制。

（2）四段式档号的优缺点。

优点：分类细致。项目文件材料进行两级分类，表示按“专业活动性质”结合“工程项目”进行分类，便于项目文件材料的整理和组卷。参建单位对工程文件材料整理、立卷，可根据规定自行排列工程文件材料的案卷号，不需建设单位档案室统一分发案卷号。

缺点：项目文件材料进行两级分类，分类方案较为复杂。

4. 工程档案的保管与利用

（1）三段式档号档案的保管与利用。

1）档案排架。

根据分类标准，以“专业活动性质”及案卷顺序号进行排架。即档案排架是以文件分类号排列在一起，不能实现将同一单位工程、同一分部工程的档案材料排放在一起。

2）档案利用。

调阅档案时，只能按“专业活动性质”即文件分类号进行查阅。不方便对某单位工程、某分部工程档案进行调阅。

3）不便对某分类号文件材料的增补归档。

当某分类号文件材料收集时产生了遗漏，需增补其分类号的案卷补充归档时，由于后续案卷号已被其他工程文件材料占用，新增档案材料的案卷号只能依次往后延续，造成同一分部工程文件材料的档号不连续，从而使同一分部工程、同一分类号的档案材料不能排放在一起。

（2）四段式档号档案的保管与利用。

1）档案排架。

首先根据分类（一）按“专业活动性质”即文件分类号进行排架；其次再根据分类（二），按“工程项目”进行排架，可实现将同一单位工程、同一分部工程、同一分类号的文件材料排放在一起。

2）档案利用。

可依据分类（一）调阅同一分类号的档案材料，同时又可依据分类（二）调阅同一单位工程、同一分部工程的档案。

3）便于某类文件材料的补充归档。

当某分类号的文件材料在收集时产生了遗漏，需增补案卷号补充归档时，可依据分类（二），在同一单位、同一分部工程、同一分类号的案卷后自行排序增加，不会受到其他工程档案文件材料的影响，不会造成同一分部工程、同一类别的档案档号不连续的现象，不会影响档案材料的排架。

4）工程档案与工程项目划分有机结合。

将工程档案的整理、立卷及档案保管、利用与工程项目有机地结合起来，使档案人员对工程项目划分进一步的掌握，并运用于工作实际。

第三节　水电企业档案分类表（6～9大类）

一、分类表使用说明

（1）本表所列类目为四级类目，各级类目均用0～9标识，组成四级数字构成分类号。使用时需加目录号（或目录代号）和案卷顺序号一并组成档号，各段之间用“—”号分隔。

（2）散装案卷要有文件编号，文件编号由案卷编号直接加上卷内文件顺序号组成，两号之间空一格。

（3）有些类目设置出跳号是为了使类目设置有一定的规律性，便于记忆。例如：811—816中四级类目号下均为建筑加固处理，故8115跳至8117，8165跳至8167。

二、增设监理文件、质量监督文件的分类号

根据《水电企业档案分类表（6～9大类）》，结合水电工程建设实际情况，增加个别类目。在8大类中，由于没有明确工程监理文件、质量监督文件的类目号，因此，需增补监理、质监文件的分类号。增设监理文件、质量监督文件的分类号为“809”类目，具体到第四级类目的“0～9”是用来区分监理、质监活动产生的文件材料类别。

三、增设工程档案电子文件分类号

增设8065为工程档案电子文件分类号；增设8066为监理档案电子文件分类号。

《水电企业档案分类表（6～9大类）》主表如表3-1所示。

表 3-1　　　　　　　　　主　　表

6　产品（生产）

60　水库调度运行

600　调度方案、计划、总结等文件材料

包括调度方案的计划、总结、运行简报、运行分析、总结等综合性文件材料

601　调度卡片、手册等基本资料

包括水库设计运行特性、调度图、水位与容积、面积、泄洪曲线，可能发电量表、机组最大出力表与不同时段的保证流量表、水库运行综合情况表、水温、气象资料、历年洪水特性、洪水调节方案等调度业务常用资料及各种图表

602　调度运行数据资料

包括蓄水量、水量平衡计算、洪水预报、入库流量、计划出力、发电量与发电用水量等运行数据的记录

603　水文记录及整编资料

包括流域内各站水位、流量等水文记录及汇编资料

604　气象记录及整编资料

包括流域内各站降雨量、蒸发量、气温等气象记录及汇编资料

605　泥沙资料及防治

606　综合利用

包括灌溉、养殖、通航等方面发生的各种问题的处理、改进、总结、经验教训、效益损失等文件材料

61　建筑物运行

610　综合性文件

包括水工监督会议纪要、大坝鉴定会议、大坝评级、水工建筑物运行月报表、运行分析报告、加固处理的专题报告、论文及根据观测资料撰写的观测资料分析报告等

611　坝（闸）观测资料

包括观测原始记录、计算本、统计本、年观测成果汇编、观测资料整编等

612　引水建筑观测资料

参照 611

613　主厂房观测资料

参照 611

614　尾水建筑观测资料

续表

参照611

615 副厂房观测资料

参照611

616 泄（溢）洪建筑观测资料

参照611

617 其他生产建筑观测资料

参照611

618 专用性建筑观测资料

参照611

619 厂坝区岸坡及其他观测资料

参照611

62 地震观测

620 技术性文件

包括对地震资料的分析、采取的处理意见、措施等综合性文件材料

621 地震观测资料

包括观测原始记录及整编资料

63 机电运行

630 运行分析、总结等文字材料

包括运行分析、运行方式、总结等文字材料

631 值长记事本

632 电气运行日志

包括电能表记录

633 主机运行日志

634 开、停机记录

635 运行统计资料

为便于运行分析而撰写的运行资料的汇编、统计、文字材料等

64 油、水化验

640 技术性文件

有关油、水化验分析的专题总结及处理意见等文件材料

641 油化验

642 水化验

643 气化验

续表

7 科学技术研究

70 水工建筑物方面的科学技术研究

获部、局、省以上科研成果奖或通过鉴定的科研成果资料入此

71 水轮发电机组方面的科学技术研究

内容同 70

72 辅机方面的科学技术研究

内容同 70

73 电气方面的科学技术研究

内容同 70

74 通信方面的科学技术研究

内容同 70

75 机电运行方面的科学技术研究

内容同 70

76 调度方面的科学技术研究

内容同 70

8 基本建设

80 综合文件材料

800 凭证性文件

8000 项目建议书及批复

8001 可行性研究报告

8002 设计任务书、计划任务书

8003 移民规划

8004 土地征用

包括征用土地的批准文件、红线图及拆迁、补偿协议书

8005 合同、协议

承发包合同、协议书、招标、投标、租赁文件及水、暖、电、煤气供应协议书

8006 施工执照

8007 环保、消防、卫生等文件

包括环保三同时、消防、卫生等审核文件

8008 来往函件

与设计、制造、施工、试验等单位的重要来往函件

8009 其他

续表

801　设计基础材料

8010　地质勘测

工程地质、水文地质、勘察设计、勘察报告、地质图、勘察记录，化验、试验报告，重要土、岩样及说明

8011　测绘及地形图

地形、地貌、控制点、建筑物、构筑物及重要设备安装测量定位、观测记录

8012　水文、气象、地震资料

8013　水质、泥沙资料

8014　交通、建材调查

8015　电力负荷调查

8016　经济调查

8019　其他

802　设计文件

8020　初步设计及批复

包括概算

8021　技术设计及批复

8022　施工图设计及批复

包括预算

8029　其他

803　土建施工文件

8030　开工报告、工程技术要求等文件

开工报告、工程技术要求、技术交底、图纸会审纪要等

8031　施工方案、计划、措施、工艺

施工方案、施工计划、施工技术措施、施工安全措施、施工工艺

8032　原材料、构件证明书、试验报告

原材料及构件出厂证明、质量鉴定、建筑材料试验报告

8033　设计变更通知、材料代用核定审批

设计变更、工程更改洽商单、材料代用核定审批

8034　灌浆、质检、试验记录

8035　施工观测记录

工程记录及测试、沉陷、位移、变形观测记录

续表

8036 隐蔽工程验收记录
8037 分项、分部工程质检、交工验收记录证明
分项、分部、单位工程质量检查、评定、交工验收记录证明
8038 事故处理报告
8039 竣工报告、竣工验收报告
804 设备及管线安装施工文件
8040 开工报告、工程技术要求等文字材料
开工报告、工程技术要求、技术交底、图纸会审纪要
8041 施工方案、计划、措施、工艺
8042 设计变更、材料、设备代用审批
设计变更、工程更改洽商单，材料、零部件、设备代用审批
8043 焊接、强度、密闭试验记录
焊接试验记录、报告，施工检验、探伤记录，强度、密闭性试验报告
8044 隐蔽工程验收记录
8045 施工安装记录、系统调试记录
施工安装记录、安装质量检查、系统调试、试验记录
8046 事故处理报告
8047 竣工报告、竣工验收报告
8049 其他
805 电气、仪表安装施工文件
8050 开工报告、工程技术要求等文字材料
开工报告，工程技术要求，技术交底、图纸会审
8051 施工方案、计划、措施、工艺
8052 设计变更、材料、设备代用审批
设计变更、工程更改洽商单，材料、零部件、设备代用审批
8053 调试、整定记录
8054 性能测试和校核
8055 施工安装记录
施工安装记录、质量检查评定
8056 事故处理报告
8057 操作、联动试验
8058 电气装置交接记录、工程质量评定

续表

电气装置交接记录，中间交工验收记录，工程质量评定
8059 竣工报告、竣工验收报告
806 竣工文件
8060 工程竣工验收报告
8061 工程遗留问题
8062 竣工验收会议决议文件
8063 工程现场声像材料
8064 工程竣工决算
8065 工程档案电子文件
8066 监理档案电子文件
8069 其他
807 试运行
启动委员名单、启动程序、试运行大纲、运行方式、设备命名、试运行总结报告等文件材料
808 涉外文件
8080 询价、报价、招投标文件
8081 合同、合同附件
8082 谈判文件
谈判协议、议定书、谈判记录、谈判过程中外商提交的材料
8083 国外各设计阶段文件及审查议定书
8084 技术问题来往函电
8085 国外设备、材料检验及设计联络
8086 开箱检验记录、商检及索赔
8087 国外设备、材料的防腐、保护措施及贮存、运输
8088 外国技术人员现场提供的文件材料、出国考察及收集来的有关材料
8089 其他
809 监理文件、质量监督文件
8090 监理合同、协议、监理工作大纲、监理规划、监理实施细则及批复（设备监造委托监理合同、监造计划）
8091 施工、设备及材料单位的资质审核、设备、材料报审表（设备原材料、零配件等质量证明和检验报告、设备制造分包单位资格报审表）
8092 监理对施工组织设计、施工方案及计划、技术措施审核、进度、延长工期、

续表

变更价格审查、索赔及付款报审、工程投资报审表的签审（设备监造的检验计划及检验要求、支付证书和设备制造结算审核、设备制造索赔）

8093　开（停、复、返）工令、施工许可证、工程进度计划、实施、（中间）验收证明书，分析统计文件（设备验收、交接文件）

8094　监理对设计变更、材料、零部件、设备代用等审批

8095　监理通知、协调会审纪要、监理工作联系单、监理工程师指令、指示、来往文函

8096　工程材料监理检查、复检、实验记录、报告（设备监造检验记录、试验报告）

8097　监理日志及监理值班（监理旁站及跟踪监理）记录、监理周（月、季、年）报、备忘录、施工质量检查分析评估、工程质量事故、施工安全事故报告、施工监理总结、（设备监造工作总结）

8098　监理签审：各项测控量成果及复核文件、外观、质量、安全、投资、合同管理、信息管理、文件等检查、抽查记录、单元工程及开工（开仓）签证、工程分部分项质量认证、评估

8099　工程质量监督文件（包括质量监督申请批复，质量监督通知，阶段质量监督报告、现场质量监督巡视报告，参建单位自检报告、问题整改及关闭情况、监督期间有关补充报告、情况说明，质量监督总站批复文件等）

81　水工建筑及附属建筑

810　总的部分

8100　枢纽总体布置及地形图

包括三角网总布置图，水准网总布置图及本厂绘制的地形图与航测地形图

8101　技术性文件

8102　观测设备埋设布置

包括设备埋设布置图，设置说明等文件材料

8109　其他

811　坝（闸）

8110　布置图、结构图及文字材料

坝体应力分析入此

8111　开挖

8112　基础处理

固结灌浆、基础防渗防沉灌浆、帷幕灌浆及排水系统等

续表

8113　钢筋混凝土结构图

8114　混凝土浇筑

混凝土试验报告、大坝分层分块浇筑图、纵缝灌浆、横缝灌浆、补强灌浆、接触灌浆等入此

8115　止、排水详图

8117　防渗加固处理

8119　其他

812　引水建筑

8120　引水隧道布置图、结构图及文字材料

8121　进水口、引水洞，调压井、压力钢管结构布置

引水式电站压力钢管入此，非引水式电站压力钢管入“9118”

8122　引水建筑开挖、基础处理

8123　引水建筑钢筋混凝土结构及混凝土浇筑

8124　沉沙建筑结构、布置

8125　沉沙建筑开挖、基础处理

8126　沉沙建筑钢筋混凝土结构及混凝土浇筑

8127　建筑加固处理

8129　其他

813　主厂房建筑

8130　布置图、结构图及文字材料

8131　开挖

8132　基础处理

8133　钢筋混凝土结构图

8134　混凝土浇筑

8135　止、排水详图

8136　建筑设计及装饰

包括采暖、采光、通风、防潮、隔音、防火、防酸及防爆

8137　建筑加固处理

8139　其他

814　尾水建筑

8140　尾水建筑

指泄洪消能、过坝设施等保护下游河床及两岸的水下建筑物。如消力池、

续表

护坝等
8141　护坡
其他护坡入各建筑
8147　建筑加固处理
8149　其他
815　副厂房建筑
8150　布置图、结构图及文字材料
8151　开挖
8152　基础处理
8153　钢筋混凝土结构图
8154　混凝土浇筑
8155　止、排水详图
8155　建筑设计及装饰
包括采暖、采光、通风、防潮、隔音、防火、防酸及防爆
8157　建筑加固处理
8159　其他
816　泄（溢）洪建筑
8160　布置图、结构图及文字材料
8161　开挖
8162　基础处理
8163　钢筋混凝土结构图
8164　混凝土浇筑
8165　止、排水详图
8167　建筑加固处理
8169　其他
817　其他生产建筑
8170　升压站建筑
指安装主变压器、联络变压器等场所的建筑
8171　开关站建筑
指安装断路器等高压电器设备场所的建筑
8172　通信建筑
8173　换流站

续表

8174 油库、化验室

指透平油库、绝缘油库

8175 空压机房、水泵房

指生产用的水泵房

8176 水文观测站、水情自动测报房

8177 地震台

8178 修配厂

8179 其他

818 专用性建筑

8180 通航建筑

8181 过木建筑

8182 鱼道建筑

8183 冲沙建筑

8184 工、农业取水建筑

8185 导流洞

8186 人防工程

8187 铁路、码头

8188 公路、交通桥

8189 其他

82 辅助生产建筑及生活区建筑

820 辅助生产建筑

8201 办公楼

含检修用房

8202 仓库

8203 汽车库

8204 汽油库

8209 其他

821 生活区建筑

8210 总布置图及水系统

8211 俱乐部

8212 食堂、浴室、锅炉房

8213 招待所、托儿所

续表

8214 共用电视天线
8215 部队营房
8216 学校
8217 医院
8218 职工宿舍
8219 其他
83 油、水、气、采暖、通风系统
830 技术性文件
831 油、水、气系统总布置图
832 油系统
833 供、排水系统
834 消防水系统
835 水力观测系统
836 压缩空气系统
837 采暖、通风系统
839 其他
84 电气及自动化
840 总的部分
8401 总布置图
8402 技术性文件
指无法细分到具体各专业的电气综合性文件
8409 其他
841 一次系统
8410 技术性文件
8411 主系统接线图
网、省、地调主系统接线图均入此
8412 主系统电气设备安装图
包括厂房内母线、断路器和升压站、高压开关站设备的布置图及安装图
8413 厂用系统接线图
指坝区和厂房内厂用电系统的一次接线图
8414 厂用系统电气设备安装图
8415 防雷及接地系统

续表

包括厂房内外全部接地系统的敷设安装竣工图和接地电阻的计算、测量记录、报告等有关文件材料

8416 照明及电热系统

工作照明系统和止水设施、拦污栅去冰等用的电热系统的系统图和安装竣工图

8417 地区配电系统及安装图

指本厂不属厂用电系统的如修配厂、办公楼、生活区的用电及代供电单位送给本厂附近用户的配电系统

8418 全厂电缆敷设安装

包括电缆统计书等文件材料

8419 直流系统、换流系统

包括事故照明系统

842 二次系统

8420 继电保护及自动化的计算、统计及有关文件材料

包括整定值计算、系统阻抗图、短路电流计算、系统稳定计算和继电保护动作正确率统计等

8421 继电保护及自动化控制屏布置图、安装图

机旁盘布置入此

8422 中央集中信号、系统稳定装置、“五防”二次线及安装图

电气制动亦入此

8423 发电机二次线及安装图

包括从发电机经母线到主压器、联络变压器的原理图、方框图、展开图及盘后图、发电机—主压器、联络变压器二次线及安装图合一的亦入此

8424 开关站母线及输电线路设备二次线及安装图

8425 主压器、联络变压器二次线及安装图

8426 发电机自动调整与自动准同期装置二次线及安装图

励磁回路及无功成组调节装置入此

8427 频率及有功功率自动调整二次线及安装图

8428 厂用变压器、配电变压器、换流变压器与消防报警二次线及安装图

8429 仪表接线图

843 电子计算机（硬件）及微处理机

8430 计算机控制室布置图与安装图

续表

包括计算机的接地系统
8431　计算机总体技术说明及调研选型方案
8432　主机（逻辑及接线图、插件板接线、布置图）
包括运算、控制、内储存器等
8433　外部设备（逻辑及接线图、插件板接线、布置图）
包括磁鼓、盘、纸带穿孔机、卡片读出机、图形 CRT、趋势记录仪、打字机、控制台等
8434　输入输出通道
8435　微处理机
包括微处理机的硬件和软件
8436　电源系统及电缆
包括动力柜及电源的接地系统
8437　调试记录
8438　检修记录
8439　其他
844　电子计算机（软件）
8440　操作系统软件
8441　工具性软件
包括语言系统、诊断程序等
8442　开环应用软件（即显示用）
包括巡迴检测、字表打印、CRT 显示、趋势分析等
8443　闭环应用软件（即动作用）
包括调节、控制、启停设备、事故处理等
8444　调试记录
8449　其他
845　通信
8450　厂内通信（包括调度及生产管理）
8451　载波通信
包括高频通道
8452　光纤通信
8453　微波通信
8454　超短波通信

续表

8455　通信电缆敷设
8459　其他
846　远动自动化
　包括遥控、遥测、遥调
847　水情自动测报
848　水工监测自动化
9　设备仪器
90　水轮发电机组
900　总的部分
9000　总布置图
9001　技术性文件
9002　安装、检修文件材料
9003　试验报告
　包括安装单机的调整试验报告、总结
9004　自动化元件
　指机组自动化用的元件本体，如电磁阀、液压阀等
　包括自动化元件的技术条件，说明书及图纸等
901　发电机
9010　设备规范及技术文件
9011　本体图纸
9012　技术改进及缺陷处理
9019　其他
902　励磁机、永磁机
9020　励磁机
　包括设备规范、技术文件及图纸
9021　永磁机
　包括设备规范、技术文件及图纸
9022　技术改进及缺陷处理
9029　其他
903　水轮机
9030　设备规范及技术文件
9031　本体图纸

续表

9032　技术改进和缺陷处理
9039　其他
904　调速器
9040　设备规范及技术文件
9041　本体图纸
9042　技术改进及缺陷处理
9049　其他
905　油压装置及漏油装置
9050　设备规范及技术文件
9051　本体图纸
9052　技术改进及缺陷处理
9059　其他
906　水处理系统
9060　设备规范及技术文件
9061　水处理系统图纸
9062　技术改进及缺陷处理
9069　其他
91　厂用机械及附属设备
910　油、水、气、采暖、通风系统设备
9100　油系统设备
9101　水系统设备
9102　压缩空气系统设备
9103　采暖、通风系统设备
9104　空调系统设备
9109　其他
911　金属结构
9110　快速闸门

指在动水中快速下落的工作闸门，如平板闸门、蝴蝶阀、球阀、针阀等，包括旁通阀及检修闸门

9111　进水闸门

指引水道前的进水口闸门，包括检修闸门

9112　尾水闸门

续表

包括检修闸门
9113　溢流闸门
包括检修闸门
9114　泄洪闸门
包括检修闸门
9115　排沙孔闸门
包括检修闸门
9116　船闸
9117　拦污栅
9118　压力钢管
包括高压钢管制作、敷设及安装、非引水式电站的高压钢管入此
9119　其他
912　起重设备
9120　门机
9121　桥机
包括桥机附属的电气设备及线路图
9122　启闭机
包括油压启闭机的高压叶片油泵
9123　卷扬机
指启门用的
9124　吊运设备
包括汽车起重机、叉式起重机、葫芦、卷扬机等
9129　其他
913　其他机械设备
9130　水工机械设备
包括灌浆机、钻机、凿岩机、拦污栅清理机等
9131　水工仪器仪表
包括经纬仪、水准仪等
9132　水文仪器仪表
包括水位计等
9133　电梯
9134　专用船舶

续表

9135　修配设备
9136　专用工具
9137　施工机械
9139　其他
92　电气及自动化设备
920　总的部分
9200　技术文件
9201　安装、检修文件材料
9202　试验报告
　　安装时的调整试验报告及总结亦入此
9209　其他
921　变压器
9210　主变压器
9211　联络变压器
9212　厂用变压器
9213　配电变压器
9214　换流变压器
9219　其他
922　高压电气设备
　　3kV 及以上的电气设备
9220　断路器
9221　隔离开关
9222　互感器
9223　防雷设备
9224　电力电容器、电抗器
9225　电缆
　　母线入此
9226　组合电器
9229　其他
923　直流设备
9230　直流电机
9231　整流设备

续表

9232　蓄电池

9233　换流设备

9239　其他

924　继电保护及自动化装置

9240　发电机保护装置

9241　变压器保护装置

9242　线路、母线保护装置

9243　同期、调频、系统稳定装置

9244　励磁装置

9245　水车自动控制装置

包括主机、辅机自动化装置、停机电制动及高油压顶起装置入此

9246　仪表

9247　试验设备

9248　“五防”设备

9249　其他

925　通信设备

9250　厂内通信设备

9251　载波通信设备

9252　光纤通信设备

9253　微波通信设备

9254　超短波通信设备

9259　其他

926　远动自动化设备

包括遥控、遥测、遥调设备

927　变频设备

93　办公自动化及其他设备

930　办公自动化设备

931　其他设备（包括摄像机、录像机、复印机、放映机、照相机等）

第四章

项目文件的整理与组卷

第一节　项目文件的收集与整理

一、项目文件的收集

1. 收集的含义

工程项目文件的收集，就是按照一定的原则和方法，将工程建设活动中形成的各种具有保存价值的档案材料集中到档案管理部门，实行集中统一管理。收集工作是档案管理的第一环节，要保证项目档案的完整、齐全、准确，首先必须把好收集工作这一关口。

2. 收集原则

项目文件遵循“谁形成、谁收集、谁整理”的原则，收集工作是档案管理的基础和前提，依据项目文件的形成特点，区别不同情况，制定相应的收集方法，以保证档案的完整性。

3. 收集范围

凡是反映与工程项目有关的重要职能活动、具有查考利用价值的各种载体文件材料（文字、表格、图纸、照片、录音、录像、磁盘、光盘等）都应收集齐全，归入建设项目档案。

4. 收集时间

按文件材料形成的先后顺序或项目完成情况进行及时收集。凡是引进技术、设备文件必须首先由建设管理单位档案部门登记、整理归档，再行译文、复制和分发使用。

5. 收集要求

(1) 项目文件的收集工作是按照国家档案管理相关法律、

法规的规定，遵循国家重大建设项目归档范围的前提下进行“集中统一管理”的原则。

(2) 根据项目文件的形成规律，制定适当的收集归档制度。

(3) 项目文件的收集要及时，确保档案的完整、系统、准确。

6. 收集方法

工程档案按“工程项目”接收归档，即按单位工程、分部工程接收。归档文件的收集要注意做好几个结合：接收归档与现场收集相结合、随时收集与集中收集相结合、内部收集和外部收集相结合、收集工作同工程计划管理相结合、对集体收集和对个人收集相结合。

二、文件收集注意事项

(1) 归档文件应以激光打印件和合格书写材料，以保证字迹的耐久性。易褪色材料（如复印纸、热敏纸等）形成的、并需要永久或长期保存文件材料，应附一份复印件。

(2) 主送和抄送本单位的文件均以红头文件归档；各类合同、协议，试运行各种签证、机组启动验收交接书、机组移交生产证书等以正本归档，签字方不能用副本或复印件归档。

(3) 各类施工记录、安装记录、验评单、验收单、工程签证单、试运记录、材料半成品试验单、设计修改通知单（含工程联系单）的数据填写内容应真实可靠，数据齐全，格式符合国家标准规范规定，并按要求进行统一编号，以原件归档的各类验收签证单必须亲笔签名，不能以盖章或打印代替签名。

(4) 设备厂家提供的产品合格证、说明书、试验报告、检测报告、商检记录等文件必须为原件，且用标准规格纸张，有些尺寸过小的证件（如产品合格证）应进行托裱。引进技术工程的设备订货合同及其附件，中译文应同外文原文一同归档。

三、项目文件的整理

1. 整理的含义

项目文件的整理，是指按其形成规律和特点，进行科学分类、案卷组织、系统排列和编目。整理工作主要包括系统整理和科学编目两部分。系统整理是指对案卷的分类和排列，以真实反映科技、生产活动的历史面貌，保持其有机联系；科学编目是指对整理后的项目文件进行档号和目录编制，用以固定案卷分类排列的整理成果，揭示各类案卷的内容和构成。

2. 整理原则

整理原则是遵循项目文件材料的形成规律和成套性特点，进行科学的分类和系统排列，保持文件材料之间的有机联系，区分不同价值，使组成的案卷便于保管和利用。

3. 整理方法

项目文件的整理，是在文件材料收集完整的基础上，由文件形成单位根据文件的内容性质和形成特点，将项目文件划分为不同层次，从而形成具有一定从属关系和平行关系的不同等级。包括按照一定的原则和方法进行分类、排列、组卷等，以真实反映科技、生产活动的历史面貌，保持其有机联系。文件材料装订，图纸不装订。

(1) 前期文件、设备技术文件、试运行（试生产）、阶段验收文件根据文件的性质、内容，分别按年度、专业整理。

(2) 设计基础文件和设计文件按项目、专业整理。

(3) 施工技术文件按单位工程、分部工程的专业、阶段整理。

(4) 检查验收记录、质量评定等文件按项目整理。

(5) 监理文件按项目的专业、阶段整理。

(6) 设备图纸、竣工图等按专业、阶段整理。

4. 整理的一般程序

(1) 项目文件鉴别与审核;

(2) 案卷组织;

(3) 卷内科技文件的排列;

(4) 案卷编目;

(5) 案卷装订。

5. 文件整理注意事项

(1) 整理工程档案资料时,应注意“单位工程”的成套性,同时注意“分部工程”的独立性,在以“分部工程”整理归档基础上,完成“单位工程”档案资料的立卷归档。

(2) 文件材料整理时检查其各项签章是否有遗漏现象以及归档文件是否已经办理完毕。整理中发现遗漏签章现象的要求相关人员及时补签,未办理完毕的文件材料不能整理归档。

(3) 合格证的归档与整理。

1) 出厂合格证的归档。原材料及重要设备(如给水泵、电机等)合格证,每个证都要归档;某些小设备(如传感器、互感器等)合格证,如果是相同的,可以存几张有代表性的,其余合格证可不归档,作为资料保存。

2) 合格证的整理。当被托裱的合格证较少时,可将合格证托裱在 A4 纸上(当合格证两面都有字时,使用棉线装订,保证不遮盖字迹),并进行标识。例如:在 A4 纸上托裱 4 个合格证,则应在每个合格证旁的托裱纸上标注:4—1、4—2、4—3、4—4。当被托裱的合格证较多时,如 20 张,可将合格证以“阶梯状”形式托裱在 A4 纸上,并在每份合格证右下角自“1”开始编写固定号,最后在托裱纸右下角标注“此页共 20 张”。

3) 页码编写。编写有被托裱的文件材料的页号时,应编写在托裱纸张(A4 纸)的右下角编写页码,以一页 A4

纸编写一个页号，不应把页号编写在合格证或被托裱的文件上。

（4）招投标文件的整理。中标的招投标文件，按分类号进行整理归档，尽量不破坏招投标文件材料的原有装订方式。

（5）设计施工图的归档与整理。设计施工图应保证一套归档。可保持设计院来图时的卷册顺序，按专业单独存放。

（6）引进外文资料整理。一般情况，外文资料应保持原来案卷及文件的排列顺序、文号及装订形式。归档的外文资料，至少应将题名译成中文，外文资料的译文，应一并立卷归档。组卷排列时译文在前，原文在后。

第二节　项目文件的鉴别与审核

一、项目文件的鉴别

鉴别工程文件是整理文件的首要环节，它是保证项目文件完整、齐全、准确和档案质量的重要步骤。

（1）项目文件归档范围鉴别。

对已集中起来的工程文件按归档范围要求进行鉴定，剔除不属于归档范围的文件材料，剔除重份文件，确保归档文件材料既符合归档范围要求，又具有一定保存价值。

（2）项目文件的完整性鉴别。

所谓归档材料完整性，是指对应归档的项目文件要按项目收集齐全、成套。项目档案中，不能缺项，即不能缺少某个组成部分；在一个项目文件内，不能缺份，即不能缺少某份文件；在一份项目文件内，不能缺张少页。一个工程项目的文件，项目各工作阶段、工作程序的内容应齐全、完整，能够完整地反映该项目活动的全部内容和历史面貌，因此，既要有原始依据性材料，又要有过程性和成果性文件材料。

建设工程档案完整性的鉴定，是指有关的基建职能部门在档案部门的协助下，根据工程文件的归档范围和工程的工作程序、内容、特点，对所形成、积累的工程文件材料的完整状况进行鉴别，以确保工程文件的齐全、完整、成套。

1）归档率：一个单位工程的项目文件材料在整理归档之前，首先应按项目收集齐全、完整成套，不能缺项，归档率应达到标准要求。归档率计算方法为：归档率＝实际归档的工程文件材料项目总数/应归档的工程文件材料项目总数×100％。

2）完整率：每个建设项目的文件材料，应完整地反映该项目建设活动的内容和实际面貌，不能缺份，在一份工程文件内，不能缺张少页。完整率应达到标准要求。完整率的计算方法为：完整率＝实际归档文件材料份数/应归档的文件材料×100％。

（3）项目文件的准确性鉴别。

建设工程档案准确性的鉴定，是指建设基建部门和人员在档案部门的协助下，对在工程建设活动中形成的文件材料的准确性进行审核。判定准确性的标准是两个“一致”：一是项目文件应当同它反映的工程对象或工程过程相一致；二是同一个工程项目的文件材料相互之间在内容上应当一致。签署内容要完备、符合要求。准确率的计算方法为：准确率＝实际归档的项目文件材料准确份数/应归档的项目文件材料份数×100％。

（4）工程档案保管期限和密级的鉴定。

1）保管期限的鉴定。归档的工程文件，应鉴定其保存价值的大小，确定保管期限。工程文件整理时根据《国家重大档案建设项目文件归档范围与保管期限表》和其保存价值确定保管期限，进行立卷和归档保存。保管期限分为永久、长期、短期三类。保存时限为：永久、30年和10年。

一般来说，建设工程项目（包括隐蔽工程、地下管线）项目文件的保管期限不能短于工程项目的使用寿命。对于重大、具有纪念价值或优秀建设项目的土建文件不论项目是否存在，均应永久保存。

2）工程档案密级的鉴定：工程档案密级的鉴定就是为了维护其科技机密，对工程档案的密级进行鉴定和划分。工程文件的密级分为绝密、机密、秘密三级，对属于保密范围的文件应确定其机密等级。没有密级时可不填写。

二、项目文件的审核

1. 审核责任及审核内容

项目文件按档案管理要求进行编制审核后，移交工程档案前，监理工程师还应负责对其重要部分的档案材料进行审核把关，并在审核后，履行签字手续。

工程档案的质量首先取决于工程文件材料本身的质量，工程文件的质量和其整理质量，是衡量工程各项工作质量的重要内容，因此监理工程师应对进行严格审核把关；其次归档文件材料应完整、齐全、准确地反映项目建设活动的内容和过程。竣工验收资料的审核主要包括：材料、设备、构件质量检验资料的审核，试验、检验及有关质量评价资料的审核，中间验收（包括隐蔽工程）记录及施工记录的审核，竣工图的审核。

2. 施工设计图纸和设计文件的审核

为确保设计质量，减少施工过程中设计文件的修改，降低工程造价和提高投资效益，应对设计单位提供的施工设计图纸、设计文件、设计变更进行审核。施工设计图和设计文件包括工程建筑物的布置图、结构图、体型图、配筋图、方案、技术要求和设计变更等。

（1）审核施工设计图纸、设计文件与招标图纸、文件的差异，包括工程项目、建筑物体型、工程量、方案和技术要求等。

（2）审核施工设计图纸、设计文件中的错误和表达是否清楚。

（3）审查提交施工设计图纸、设计文件的份数和时间。

3. 工程文件材料的审核

（1）审核工程文件材料内容的真实性。

文件材料的真实性决定了档案的价值，因此应加强工程文件材料真实性的审核把关。监理工程师的审核工作，有许多就是在实施监理工作过程中进行的。如：对工程各工序、各阶段质量（包括原材料、设备构件等的质量）进行检查、认证的过程，就是对工程档案资料的产生及真实进行审核的过程。具体要求是：对于原材料、设备、构件等质量检验资料及中间验收（包括隐蔽工程）记录及施工记录材料的审核，要求必须如实反映情况、不得擅自修改、伪造和事后补作；对于质量评价资料的审核，要求各种试验、验收，质量评价等资料必须齐全、完整，真实准确。

（2）审核文件内容是否填写完整。

施工技术文件的内容直接反映了工程建设的实际情况，是评定工程质量的重要依据。施工技术人员往往存在重外业、轻内业的思想意识，常造成施工技术文件内容的填写不完整，无法反映工程施工过程的详细情况。如在原材料试验记录中，只填写试验数据，没有结论意见；在施工工序报审文件中，只有施工单位申报的内容，没有监理单位审批的意见等，针对内容填写不完整的文件，施工技术人员、监理人员应该根据现场实际情况重新核对，补充完整。

（3）审核文件的签名、盖章手续是否完备。

签名、盖章的完整与否，会影响工程文件使用的合法有效性。同时，我国已实行建设工程质量终身负责制，文件中的签名与盖章表示参建单位和个人对工程质量负责。工程建设活动中形成的文件，如各种试验记录、施工记录及往来的报批文件中出现的漏签名、漏盖章现象，应补签名、盖章，不允许代签名或用私章代替签名。

（4）审核文件材料是否为原件。

原件是工程档案作为凭证最有力的依据，归档的文件应该为原件。但在工程建设过程中往往会出现许多复印件、传真件，既不利于档案的长期保管，也会给今后的提供利用造成不必要的麻烦与损失。因此，应该认真检查，杜绝任何的复印件、传真件归档。

（5）审核文件中的数据是否存在涂改现象。

工程文件具有动态性，如工程量统计报表、计量等会随着工程建设情况的变化而发生变更，工程技术人员对文件中的数据进行更改时，常出现使用涂改液涂改或用刀片刮改等不规范更改的情况，同时，一些文件中数据虽没有发生变化，由于技术人员、试验工作人员粗心大意，也存在随意涂改的现象，这都会影响工程档案日后的使用，应该由相关人员进行整改，并加以签名确认，以保证工程文件中数据的准确性。

（6）审核文件的书写材料是否符合要求。

在工程文件编制过程中，由于工程施工人员、技术人员的随意性行为，会造成相当一部分文件用红墨水、纯蓝墨水、圆珠笔、铅笔、复写纸等不耐久字迹书写，这些不耐久字迹会随着时间的不断推移而容易退色，不利于工程档案的长期保存。

（7）审核文件纸张材料和用纸格式是否符合标准要求。

对于工程文件的书写用纸材料、格式及竣工图的图幅格式标准，在国家和专业主管部门都有明确规定。工程项目文件应使用统一的文件书写用纸材料、格式和标准的图纸格式。

4. 竣工图的审核

对竣工图的审核，要求其如实记录并反映各种地下、地上建筑物的详细情况，特别是要能反映出设计变更后的真实情况。审核竣工图的编制是否符合要求，在竣工图的编制过程中，往往存在着编制不符合规范要求的现象，使得竣工图无法真实地反映工程建设的实际情况。如图纸没有按实际变更通知的要求进行更改或更改不到位，更改的符号与说明不符合标准要求，没有加盖竣工图章或没有按要求签署齐全、完整。

第三节　项目文件的组卷

一、案卷及其特征

1. 案卷定义

是由互相联系的若干文件组合而成的一种档案保管单位。

2. 案卷的基本特征

（1）案卷是一组互相联系的科技文件，不是内容毫不相关的文件的随意组合。

（2）案卷内项目文件材料的数量要适度，既不能太多，也不能过少，要与卷盒的厚度相适应。一个工程项目形成的项目文件材料，视其数量和文件厚度可组成一个或若干个案卷。

（3）同一案卷内项目文件的保存价值应该一致，以便于管理和使用。

二、项目文件的组卷

1. 组卷的定义

组卷是指按照组卷的原则和要求，将已办理完毕的具有保存价值的文件，按照特定的方法组合成案卷保管单位的过程，又称为立卷。案卷保管单位是具有有机联系的、价值标准相同、密级标准相同的最小信息组合。主要形式有卷、册、袋、盒、盘、张、件等。

2. 组卷原则

项目文件的组卷原则是要遵循科技文件的形成规律和成套

性特点，保持卷内文件的有机联系，分类科学、组卷合理，便于档案的利用和保管。

项目档案以“卷”为单位组成案卷，是由相互联系的、价值大致相同的若干项目文件组合而成。包含四个方面：一是相互联系的若干项目文件的组合体；二是案卷文件一般有一个相对数量界限；三是一个案卷内，项目文件的价值大致相同；四是案卷一般采用案卷夹、案卷盒两种装具。

3. 组卷要求

（1）卷内文件材料必须准确反映生产、科学研究、基本建设、设备及管理活动的真实情况。

（2）卷内文件材料应齐全、完整、准确地反映工程建设及管理活动的真实情况，签章手续齐备。

（3）卷内文件的载体与书写印制材料应符合档案保护要求。不符合档案保管要求的文件制成材料有热敏纸、铅笔、红墨水、纯蓝墨水、复写纸等书写的字迹。

（4）案卷内的文件材料之间必须是一组联系紧密、数量适当、保管期限基本一致，能表达一个相对独立的概念或反映某一个方面问题或专业的文件材料。卷内文件材料应不重份、不缺页。

（5）组卷时应按预先制定的分类表划分其类别，按文件种类或专业组卷。同一类型的文件材料以属类（如分部工程）为单位组卷，一个属类中相同类型的文件材料尽量放在一起。针对整个工程的文件材料以专业、标段或工程项目为单位组卷。

4. 组卷方法

（1）管理性文件组卷。

管理性文件主要是指在项目准备阶段形成的立项申报与审批文件、可行性研究报告、征地拆迁材料、报建材料、合同及协议、设计文件、招、投标文件及竣工验收文件等，应按“先问题后时间”的原则组卷。

(2) 施工文件组卷。

施工文件组卷要符合形成规律，一般原材料、构件的出厂证明可按批次形成，试验报告按结构形成。针对某一材料按检验成果、检验原始记录、材质证明排列，再按材料总类、型号、批次排列组卷，施工文件按单位工程、分部工程或装置、阶段、结构、专业组卷。

(3) 竣工图和设计施工图的组卷。

图纸是按结构、专业形成的，竣工图可按单位工程、分部工程或不同专业单独组卷。设计施工图纸形成后有图纸目录排列顺序，设计施工图按设计图纸目录、专业组卷。底图以张为单位单独保存和管理，底图的整理同样遵循成套性特点，底图编号与蓝图编号要一致。

(4) 图纸修改通知单组卷。

图纸修改通知单不能直接附在被变更的竣工图的次页，应以单位工程或分部工程的变更通知单集中起来组卷。

(5) 监理文件组卷。

监理文件分为依据性文件和工作文件。依据性文件主要包括监理大纲、监理合同、监理规划、监理实施细则，分别按问题组卷；工作文件主要有开（停、复）工令、会议纪要、监理通知、监理月报、监理日志等，组卷时遵循其形成及查找利用规律，按“文件类别—文号”组卷。

5. 组卷时注意事项

(1) 工程档案应按“单位工程”或“分部工程”进行整理组卷。项目文件整理组卷过程中，应注意文件材料之间的有机联系，特别是它们之间的历史联系，整理出来的案卷要能够反映出历史本来面貌。在保持文件之间历史联系的同时，还要考虑便于日后的保管、利用及不同文件材料的保管期限。

（2）项目工程重复的标准图、通用图可不编入竣工图中，但应在图纸目录中列出图号，指明该图所在位置并在编制说明中注明。

（3）同一事由文件的组卷。对同一问题（或事由），请示与批复应在一起立卷；跨年度的请示与批复，放在批复年度立卷；排列时批复在前请示排后，填写卷内目录时，应把请示、批复作为一份文件处理，请示可作为批复的附件，并在卷内目录备注栏标注“附件”，不占卷内序号。

（4）没有批复的请示。需要上级批复的请示，如果一年左右得不到批复，一般没有多大保存价值，可以不立卷。如果等待批复的文件很多，也可组成临时卷，单独存放，以便留作备查。

（5）工程管理性文件如会议纪要等，根据文件材料数量组卷，装订时每卷张数一般不宜超过 250 张或案卷厚度不超过 45mm。

（6）工程监理、质监、调试、生产准备及试生产文件可按文种或专业进行组卷，组卷时要注意文件材料的闭环。

（7）工程简报、月报等根据文件数量，按年度组成一卷或数期一卷，案卷题名应注明××年××期××工程简报或月报。

（8）项目中成册、成套文件尽可能保持其原有形态，不拆散组卷。如果是有译文的外文资料，译文与原文一起组卷归档，没有译文的外文资料，要求翻译标题。

（9）设备维修、更新换代或更换零部件时，原案卷保持不变，将新形成的文件材料单独组卷。外购设备随机文件单独组卷。

第四节 卷内文件的排列与装订

一、卷内文件的排列

卷内文件的排列必须遵循文件的自然形成规律，保持文件材料相互之间的有机联系，做到系统有序。

1. 管理性文件的排列

管理性文件按问题、时间或重要程度排列。如果卷内多份文件是反映同一问题的，一般本单位的文件在前，与之有紧密联系的外单位来文在后；同一类型的文件按时间先后顺序排列，综合性的在前，素材性的在后；如果卷内文件反映的问题不同，要先把问题分清楚，然后再按其顺序排列。

（1）按重要程度排列：此方法带有很多的人为因素，不提倡用该方法。

（2）按时间顺序排列：按文件材料形成时间先后排列。

（3）按逻辑关系排列：要求复文在前，来文在后。

2. 设计文件的排列

设计文件都有编号，可以按照原编号排列。如果一个卷内有两个以上专业（或项目）的设计文件，可先分专业，然后按原有编号排列。

3. 施工文件的排列

按管理性文件、依据文件、检测文件及实验记录、评定文件、工程验收文件的顺序排列。

4. 设备仪器文件的排列

设备仪器文件按依据性文件（即立项审批）、设备仪器开箱验收、随机文件材料、设备安装调试设备仪器运行维护等工作程序排列，随机文件一般情况可单独组卷。

5. 图样材料的排列

（1）有目录的图纸，按图纸目录的顺序进行排列。

（2）没有目录的图纸，可按总体与局部的关系进行排列。基建工程图纸可以按总平面图—系统图—平面图等顺序排列。设备图纸可按总图—组件图—部件图的顺序排列。

（3）图文混合材料的排列，案卷内既有图样材料，又有文字材料时，一般要求文字材料在前，图样材料在后。

（4）竣工图按专业、图号顺序排列。

二、卷内文件排列注意事项

（1）几件成册文件组成一卷时，主要按文件材料的形成时间排列。

（2）成册材料与零散文件、或图纸组成一卷时，成册材料放在后面。

（3）管理性文件中有的一份文件涉及几个工程项目时，可放在其中一卷，其他涉及的案卷可存放复制件，但应在卷内目录备注栏注明“复制件”，并在备考表中注明文件原件的存放档号。

（4）引进设备工艺装置，其报关材料原则应与设备档案一起保管，分开保管的应分别注明对应的存放档号。

（5）卷内文件按问题重要程度、相互间的因果关系，再结合责任者或时间顺序排列。如试验检测报告等有钢材的、水泥的等，应将钢材的放在一起，水泥的放在一起，不要混放。

（6）同一问题（事由）文件应依序排在一起，并以一份文件著录。卷内同一事由密不可分的文件遵循“结论在前、调查材料在后”的原则排列，即批复在前、请示在后，文字材料在前、图样在后，译文在前、原文在后，正文在前、附件在后，正件在前、定稿（签发稿）在后，印件在前、定（底）稿在后，转发文件在前、被转发文件在后，非诉讼案件结论性材料在前、依据性材料在后，有译文的外文资料译文在前、原文在后。会议文件可按时间顺序或文件重要程序排序，办理有文件的依据性材料（如内部请示、领导批示及相关的文件材料）要放在该文件的定稿之后，复制件在前、原件在后。

(7) 工程文件较少组成一卷时，卷内文件可按依据性材料、基础性材料、工程设计、工程施工、竣工验收文件等排列。

三、卷内文件的修整与装订

案卷内文件材料装订前要进行处理和修整。

1. 文件材料的修整

(1) 文件材料的规格。案卷内文件材料规格要求一致，装订前要将案卷内不同幅面的文件材料要折叠为统一幅面。幅面一般采用国际标准 A4（297mm×210mm）或国标通用 16 开型（260mm×185mm）。图纸折叠时标题栏露在右下角。

(2) 小规格文件材料的处理。对规格小不易装订的文件材料，如表格、原始记录、合格证等，应以平行或阶梯式托裱在标准幅面的白纸上，并按自左至右、自上而下的顺序在被托裱文件材料的右下角，自“1”起编写出固定号，或在托裱纸底部加注“此项共××张”的标记。

(3) 托裱装订边条。对装订可能出现压字现象的文件材料，应当逐页在其装订位置托裱装订边条。

(4) 修补、托裱破损的文件材料。对残缺破损的文件材料，小于或大于卷面的文件材料要进行修补、托裱和折叠。

2. 案卷的装订

案卷可采用装订和不装订两种形式。一般情况下，前期文件采取单份文件装订的方式，工程文件进行整卷装订方式，图纸采取不装订的方式立卷。

（1）装订的案卷。

整卷装订是指卷内所有文件材料装订在一起。对于装订成册的文件材料，装订后的案卷均采用软封皮（内封面），并在每册文件的内封面右上角空白处加盖填写档号章。

1）装订要求：案卷装订要符合规定，要求结实、美观、整齐。案卷装订前要拆除卷内文件材料易锈蚀的金属物和塑料制品。装订时做到右下齐，无倒页，无掉页，不漏订、不压字、不损坏文件，不妨碍阅读。

2）装订方法：卷内文件采用棉线“三孔一线”方法装订。A3 图纸装订时要加护垫纸板并包脊背。三孔的确定方法：采用 A4 幅面纸张对折后确定中间一孔；再对折后，确定另外两孔。结头系在案卷背面，装订后要求对脊背进行包边处理。

3）外文资料应保持原来文件排列顺序、文号及装订形式。

4）对于某些不易拆散的投标文件也可保留原状。

（2）不装订的案卷。

不装订形式的案卷是指卷内文件以“件”为单位进行装订，即卷内以“每份”文件或反映“同一问题”的文件为单位进行装订。以“件”装订的文件或不装订的图纸，均在每“件”的右上角空白处“逐件”加盖填写档号章。

1）卷内文件：以每“件”文件为单位，用棉线进行单件装订。例如：印件与定稿、正文与附件装订在一起为一件。

2）图纸：A0～A2 号图纸不进行装订，要求按 A4 图纸大小折叠手风琴式，折叠图纸时注意正面朝内、图标外露，以保护图纸受磨损并便于查看利用。

第五章 竣工图的编制与审核

第一节 竣工图的管理与编制

一、竣工图及其管理

1. 竣工图定义

竣工图是真实地反映各种地下地上建筑物或构筑物最终或某一阶段施工结果的图样，是工程建成后的主要凭证性材料，是工程竣工验收的必备条件，是工程项目维修、管理、改建、扩建必不可少的依据。

2. 竣工图的管理

(1) 竣工图是工程档案的重要组成部分，工程承发包合同要根据国家对编制竣工图的要求，对竣工图的编制、整理、审核、交接、验收作出规定，施工单位不按时提交合格竣工图，不算完成施工任务，并应承担责任。

(2) 施工单位要做好施工记录、检验记录等，整理好变更文件，按规定编制好竣工图。工程竣工验收前，由监理单位组织并负责检查施工单位编制的竣工图和竣工档案的质量。

(3) 竣工图的汇总整理，按下列情况区别对待：

1) 建设项目实行总包制的各分包单位应负责编制分包范围内的竣工图，总包单位除应编制自行施工的竣工图外，还应负责汇总整理各分包单位编制的竣工图。总包单位在交工时应向建设单位提交总包范围的各项完整、准确的竣工图。

2) 建设项目由建设单位分包给几个施工单位承担的，各施工单位负责编制所承包工程的竣工图，建设单位负责汇总整理。

3）建设项目在签订承发包合同时，应明确规定竣工图的编制、检验和交接等问题。

二、竣工图的编制范围

各项新建、扩建、改建的水电建设工程，均应按照国家规定编制竣工图。特别是建设项目的基础（包括地质）工程，如：大坝、地下建筑、管路、结构、桥梁、隧道以及设备安装等隐蔽部位的竣工图。必须注意在施工过程中及时做好隐蔽工程检验记录，整理好设计变更文件，确保竣工图的编制质量。

竣工图编制主要包括：工程地质图、地形图，水工建筑物、金属结构工程、机电工程的总平面布置图，各建筑物及结构的立、剖面图，室内（外）给排水、电缆、电气竣工图等。竣工图按其内容一般分为综合图部分和单位工程部分。综合图部分又分为项目总平面图和综合管线竣工图，这部分竣工图通常由建设单位负责或委托有关单位编制；单位工程部分的竣工图，一般是由施工单位根据实际情况编制。

三、竣工图的编制要求

（1）竣工图应使用新的或者干净的施工图，重新绘制的竣工图，必须晒出蓝图，采用计算机出图时，应保证纸张质量，竣工图的幅面规格应符合国家规定，不得使用小于 A3 幅面的图纸编制竣工图。竣工图应准确、清楚、完整、规范、修改到位、真实反映竣工验收时的实际情况。竣工图要保证图纸质量，做到规格统一，图面整洁、字迹清楚，绘制材料符合要求。

（2）编、绘制竣工图。编制竣工图应以施工技术资料为基础，竣工图内容应与施工图设计、设计变更、材料变更、施工记录及质检记录相符合。绘制竣工图应根据标准施工图的幅面规格，按制图规则进行绘制，不得使用圆珠笔、红色笔等易退色的书写材料绘图、书写文字。

（3）竣工图应按单位工程、装置或者专业进行编制，并配有图纸目录。在竣工图编制范围的图纸，无论修改与否，均应在图纸目录中列出；各编制单位还应提供的竣工图编制说明，包括总说明及各专业竣工图编制说明，在竣工图总说明中应叙述竣工图的编制原则和各专业竣工图编制情况。对每册修改的图纸，应编制分册说明，内容包括：修改内容、修改原因、变更单号、提供修改依据的单位等，总说明及分册说明也应像卷册图纸一样予以编号，并与竣工图一起向建设单位移交。

（4）施工中，如有加固补强或发生质量事故经处理者，除应绘制竣工图外，还必须附有相应的质量鉴定证书等技术文件。

（5）重大改建、扩建工程涉及原有工程项目变更时，应将相关项目的竣工图资料统一整理归档，并在原图案卷内增补必要的说明一起归档。

（6）竣工图要经承担施工的技术负责人审核签认。竣工图应按专业、图号排列，全部竣工图均永久保存，整理竣工图时应逐张编制页码。

（7）引进工程的竣工图，应在外商提供的施工图最终版本上按实际修改，经外商审核加盖竣工图章后，方可作为竣工图。

四、竣工图的编制类型

1. 利用施工图作为竣工图

凡按图施工没有变动的，由竣工图编制单位，即施工单位在原施工图上加盖并签署竣工图章后，即可作为竣工图。

2. 更改施工图作为竣工图

凡在施工中虽有一般性设计变更，但能将原施工图加以修改、补充即可反映工程实际，并符合技术图样杠改和划改要求的，可不重新绘制竣工图。由竣工图编制单位在原施工图（采用新蓝图）上加以修改，并加盖修改专用章，在修改处注明设计变更文件的编号和条款号；无法在图纸上表达清楚的，应在标题栏上方用文字说明；修改过的竣工图经核对无误后，加盖并签署竣工图印章后，即可作为竣工图。

3. 重新绘制竣工图

对于工程建设过程中发生结构形式改变、工艺改变、平面布置改变、项目改变或有其他重大改变的，以及图面变更面积超过35%，不宜在原施工图上修改、补充内容的，应重新绘制改变后的竣工图。重新绘制的图按原图编号，末尾标注“竣”字，或在新图图标内应注明“竣工阶段”，加盖并签署竣工图印章后，方可作为竣工图。若有新增图纸，其编号在该册图纸的最后一个编号依次顺延。

重新绘制的竣工图如果是由于设计原因造成的，由设计单位负责重新绘图；由于施工原因造成的，由施工单位负责重新绘制；由于其他原因造成的，由建设单位自行绘图或委托设计单位绘图。但均由施工单位负责在新图上加盖竣工图章，并附以有关记录和说明，作为竣工图。

第二节　竣工图的更改

一、竣工图的更改要求

1. 对字、线、墨水的要求

(1) 对“字”要求：在图纸上修改应采用仿宋体，字体大小要与原图字体的大小相协调，在图面上严禁用错、别、草字。

(2) 对“线”要求：一律使用绘图工具绘图，不允许徒手涂画。

(3) 对“墨水”的要求：在竣工图上变更修改图、文字、数据等必须使用黑色墨水，严禁用圆珠笔、铅笔和非黑色的墨水绘图和注字。

2. 施工蓝图的规定

更改的竣工图所用的施工蓝图一律为新图，并注意保证质量，图纸反差要明显，以适应缩微技术制作的要求。凡旧图、反差不好的图纸，不准作为改绘图纸用。

3. 更改方法的规定

（1）施工蓝图改绘只能采用杠（划）改、叉改，不得用刀刮、补贴等方法进行修改。

（2）修改后的图纸要求图面清楚洁净，无污染、涂抹、覆盖等现象；修改的内容和有关说明均不得超过原图框。

二、竣工图的更改方法

更改竣工图的三种类型：在施工蓝图上修改；在底图或二底图上修改；重新绘制竣工图。三种更改方法如下：

1. 施工蓝图的修改方法

在施工蓝图进行修改时，具体采取哪种改绘方法可视图面、改动范围和位置，繁简程度等实际情况而定。

常见的一些改绘方法有杠改（或划改）法、叉改法、补绘法、补图法和加写说明法。

（1）杠改（或划改）法。

杠改（或划改）法就是在施工蓝图上需要修改或取消以前的数字、文字、符号等内容用一细实线杠掉（不是涂改掉），在适当的位置补上修改的内容，并用带箭头的引出线标注其修改依据文件。

杠改（或划改）法用于尺寸数字、文字、符号的改变或取消。例如对原施工图上的有关尺寸线、门窗型号、设备型号、灯具型号、钢筋型号和数量、注解说明等数字、文字、符号内容进行取消或变更时，则可采用杠改（或划改）法。杠改（或划改）法有以下几种情况：

1）在原施工图上取消数字、文字。

首先用一细实线将原内容划掉，并注明修改依据文件，如“见××年××号设计（更改）通知单”。如图 5-1 所示，取消一数字。

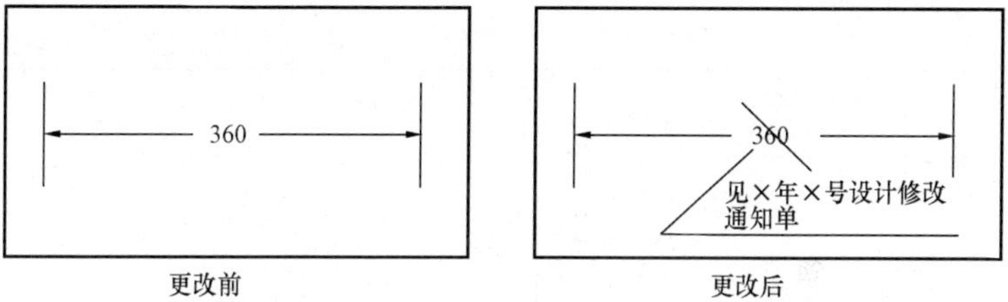

图 5-1　原施工图上取消某一数字图

2）在原施工图上改变一些内容。

在原施工图上改变一些尺寸线、数字、文字、符号时，用细实线将需改变的数字、文字划掉，并标注现实的尺寸线、数字、文字、符号，然后在改动部位的右上方标注新的内容，然后注明修改依据，如图 5-2 所示。

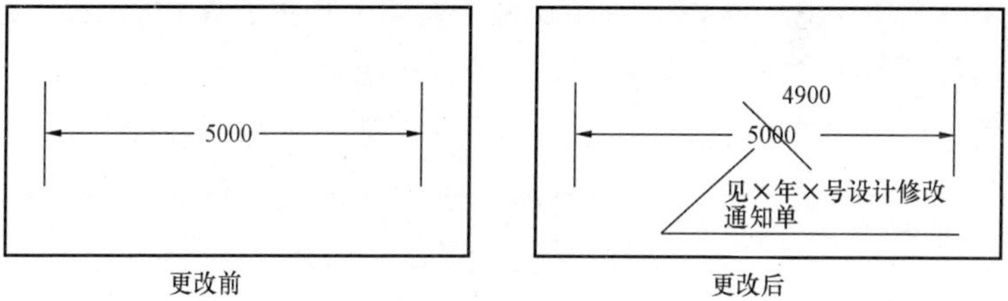

图 5-2　原施工图上改变某些内容图

3）标注修改次数方法。

当在某张施工蓝图上进行修改，若修改次数较多时需注明更改次数和当次更改的处数。例如：依据某文件进行修改，若取消或改变的次数较多时，首先拟写修改说明，其方法如下：①根据××年××号设计（更改）通知单修改了 3 处，

设为 a，分别为 a_1、a_2、a_3；②根据××年××号设计（更改）通知单修改了5处，设为 b，分别为 b_1、b_2、b_3、b_4、b_5。其次，在图纸进行相应修改后，并标注其更改次数和当次更改处数。例如：在某张图第二次更改了一处，标注方法如图5-3所示。

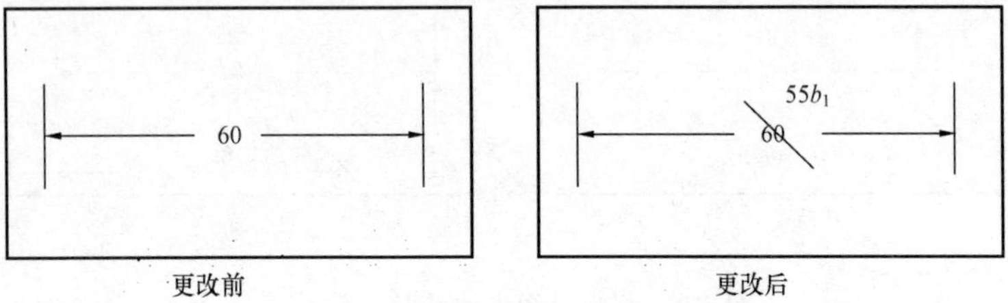

图 5-3　标注修改次数方法图

（2）叉改法。

当使用一条斜线尚不能将原内容划掉，在原施工图上将某图型如若干隔墙、门窗、钢筋、灯具、设备等取消时，则可用叉改法，叉改法用于线段、图形、图表的改变与取消，可打一个或若干个叉。叉改法就是在施工蓝图上将需去掉和修改前的内容“打叉”，然后在实际位置进行补绘修改后的内容，并用引出线标注修改依据，如图5-4所示，表示去掉一墙体。

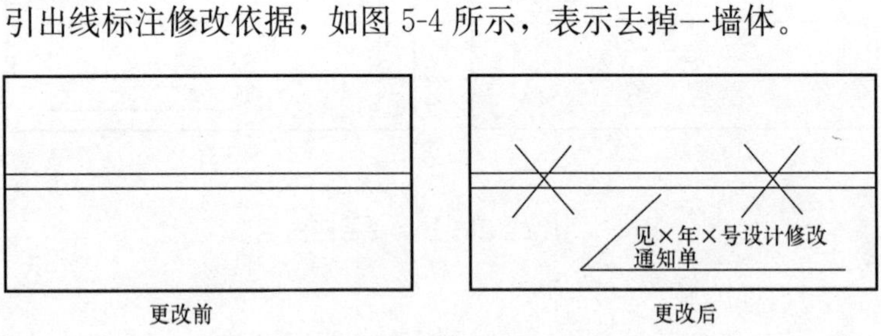

图 5-4　原施工图上去掉一墙体图

（3）在原施工图增加一些内容。

在建筑物某一部位增加隔墙、门窗、灯具、设备、钢筋等，则可在原施工图上有关部位的实际位置用正规制图方法绘出，并注明修改依据文件。如图 5-5 所示。

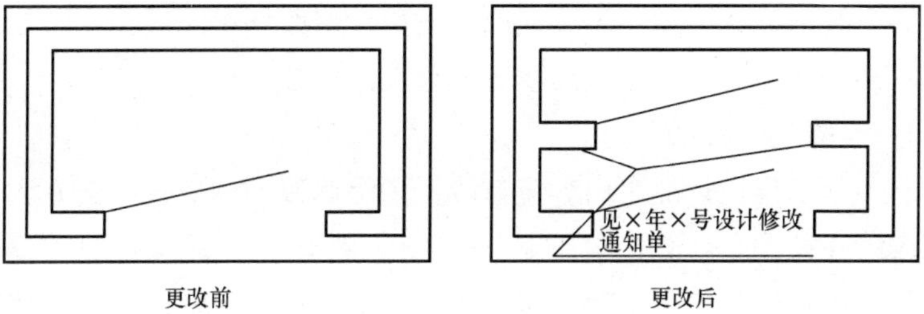

图 5-5 原施工图上增加某些内容图

(4) 补绘法。

补绘法是指如果增加或变更的内容在原位置绘不清楚时，应在本图适当位置即图纸空白处，按需要准确、清楚地补绘大样图及增改的其他内容，并将修改部位范围框处引线至空白处修改内容，标注修改依据。改绘采用在图纸空白处绘大样图时，应注意凡本修改涉及的建筑图、结构图均要改绘。

画大样改绘的具体做法：先在原图上标出应修改部位的范围，然后在图纸空白处绘这一修改部位的大样图，并在原图改绘范围和改绘的大样图处注明修改依据文件。

补绘法适用于设计增加的内容、设计时遗漏的内容，在原修改部位修改有困难时，需另绘大样修改。

(5) 补图法。

当某一修改内容在原图纸无空白处或本图无空位置可绘时，采用把应改绘的部位另绘制成补图，补在本专业图纸之后。即用硫酸纸绘补图，晒成蓝图后附在本专业图纸之后，即把应改绘的部位绘制一张硫酸纸补图并晒成蓝图后，补在本专业图纸之后作为竣工图纸一部分，作为单独一张竣工图。

绘补图的具体做法是：在原图纸上画出修改范围，并注明修改依据文件和“见某图（图号）”及大样图名；在补图上注明图号和图名，在说明中注明是某图（图号）某部位的补图，并注明修改依据。

补图法一般适用于难在原修改部位修改和本图又无空白处时某一剖面图大样图或改动较大范围的修改。

（6）加写说明法。

凡工程设计变更内容应在竣工图上修改的均应按作图方法改绘在蓝图上，如果修改后的图纸仍然有些内容没有表示清楚，应在标题栏上方或左边用精练的语言适当加以说明。例如：有关施工技术要求或材料明细表等有文字更改的，应在修改变更处进行杠改，当更改内容较多时，可采用注记说明。

加写说明法适用于说明类型的修改或修改依据的标注等。

（7）竣工图修改注意事项。

1）图纸上各种引出说明应与图框平行，引出线不能交叉，不能遮盖其他线条；新增加的文字说明，应在其涉及的竣工图上作相应的添加和变更。

2）原施工图纸目录必须加盖竣工图章，作为竣工图归档，凡有作废、补充、增加或修改的图纸，均要在原施工图目录上标注清楚。即作废的图纸应在目录上扛掉，补充的图纸应在目录上列出图名、图号。

3）图纸会审、设计变更单、工程联系单等应逐条注明所修改的图纸编号。

4）如某一张施工图由于改变大，设计单位重新绘制了修改图的，应以修改图代替原图，原图不再归档。

5）不允许将设计变更单后或洽商单的附图原封不动地贴在或附在竣工图上作为修改，也不允许将变更单的内容抄在蓝图上作为修改。凡修改的内容均应改绘在蓝图上或用做补图的办法附在本专业图纸之后。

6）凡是设计变更附图或洽商图作为竣工图的，必须按竣工图标准进行必要的制作。

——设计变更附图如是按正规设计图纸要求进行绘制的可直接作为竣工图，但需统一编写图名图号，并加盖竣工图章，作为补图。在图纸说明中注明此图是哪图哪个部位的修改图，还要在原图修改部位标注修改范围，并标明见补图的图号。

——设计变更附图或洽商图如未按正规设计图纸要求绘制，应按制图规定另行绘制竣工图，其余要求同上。

7）某一设计变更可能涉及两张或两张以上图纸，某一局部变化可能引起系统变化，凡涉及的图纸和部位均应按规定修改，不能只改其一，不改其二。

8）预埋管路竣工图。预埋管路竣工后，按管路实际预埋位置绘制竣工图。

9）重新绘制竣工图。根据工程竣工现状、施工记录等重新绘制竣工图时，竣工图比例要求与原图比例相同，符合制图规范，重绘的竣工图必须有图名和图号。图号可按原图编号，新增图在原册图纸最后一个编号依次顺延。重绘竣工图应有标准的图框和内容齐全的图签，图签中应有明确的“竣”字，或者在新图的图标内应注明“竣工阶段”。

2. 在底图或二底图上修改

（1）底图或二底图上修改要求。

在底图或二底图（设计底图复制的图纸）上，依据工程设计变更进行修改内容，再将修改后的底图或二底图（硫酸纸）晒制出的蓝图作为竣工图，是一种常用的竣工图绘制方法。

1）在底图或二底图上修改，须在底图右下角的作一填注修改备考表，并将修改内容简要地注明在备考表中，以做到修改的内容与设计变更的内容相对照，做到不用查看设计变更原件即可得知修改的部位和基本内容。修改备考表的内容为设计变更单编号、修改内容、责任人和日期。格式如表 5-1 所示。

表 5-1　　修改备考表

变更单编号	修改内容	修改人	日期

2）修改的部位用语言描述不清楚时，也可用细实线在图上画出修改范围。

3）修改后的底图或二底图晒制成蓝图作为竣工图时，要在蓝图上加盖竣工图章，没有改动的底图或二底图转做竣工图也要加盖竣工图章。

4）如果在底图或二底图上修改的次数较多，个别图面如出现模糊不清等质量问题，需进行技术处理或重新绘制，以达到图面整洁、字迹清楚等质量要求。

（2）底图或二底图上修改方法。

在底图或二底图上进行修改，除了可以采取以上的杠（划）改、叉改法外，还可以采取刮改法。

1）杠（划）改：更改方法与施工蓝图更改方法相同。

2）叉改法：更改方法与施工蓝图更改方法相同。

3）刮改法：刮改就是将底图上需要更改部位的内容，用刮削的方法将原有内容去掉，再用绘图笔填注新的内容，并标注更改标记。

当在底图或二底图上取消一些文字、数字等时，采用刮改法，即是将无用的文字、数字、符号、线段均刮掉，而增加的内容需全部准确地绘制在图上，并注明更改次数和该次更改的次数。

当底图上修改次数较多时，应注明逐次修改的次数。根据××年设计（更改）通知某条款修改 2 处，设为 a，分别为 a_1、a_2。根据××年设计（更改）通知某条款修改 3 处，设为 b，分别为 b_1、b_2、b_3。例如：某张底图第一次更改了 2 处，如图 5-6 所示。

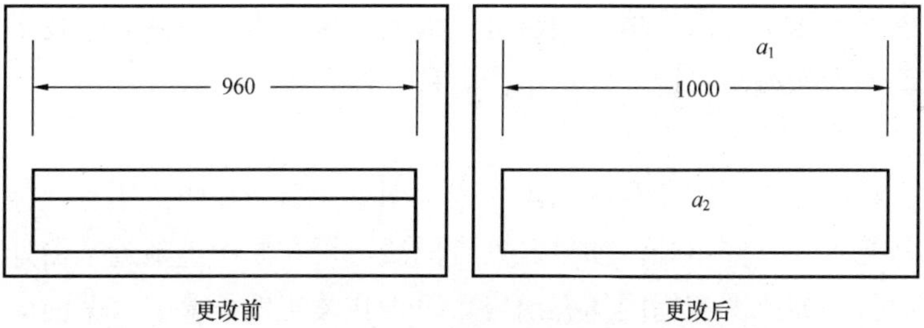

图 5-6　刮改法修改底图

3. 底图与蓝图

(1) 底图进行杠(划)改或叉改。

在底图上进行了杠(划)改或叉改时，可将修改后的底图晒印成新图，旧蓝图作废；也可在原施工蓝图上进行相应的修改后作为竣工图，但必须保持底图与蓝图的修改一致，蓝图与施工安装现场一致。

(2) 底图进行刮改。

如果某工程底图进行了刮改，则原施工蓝图一律要求更换新图，旧蓝图作废。

(3) 更换底图。

如果底图更改的次数和处数太多，影响底图的清晰程度，不能进行晒印复制，就需要重新绘制，更换底图。根据最后一次更改的底图，重新描绘的新底图，原底图作废。新底图上需注明最后一次更改的标记，新图代号与原底图代号相同，并履行与原底图同样的审签程序。

第三节　竣工图印章及签署

一、竣工图印章

1. 竣工图印章作用

竣工图章是把原施工图改变为竣工图的标志，是竣工图的依据。竣工图章的填写项目有：编制单位名称、编制人、技术负责人和编制日期、监理单位名称、监理人。

2. 竣工图印章及签署

（1）竣工图印章的加盖。竣工图章应盖印在竣工图签（标题栏）上方空白处。如果此处有图线，可在原图签附近空白处加盖，如原图签周围均有内容，可盖在竣工图折叠后（图面向内）外翻标题栏上方空白处。

（2）竣工图印章的签署。按照《国家重大建设项目文件归档要求与档案整理规范》（DA/T 28—2002）中 6.4.2 中规定“所有竣工图应由编制单位逐张加盖并签署竣工图章。竣工图章中的内容填写应齐全、清楚，不得代签”。所有竣工图，包括施工蓝图的封面，图纸目录均要加盖竣工图章。

（3）竣工图章应使用不褪色的红色印泥。

二、竣工图章格式及审签

1. 竣工图印章的格式

竣工图印章外框尺寸为 80mm×60mm，格式如图 5-7 所示。

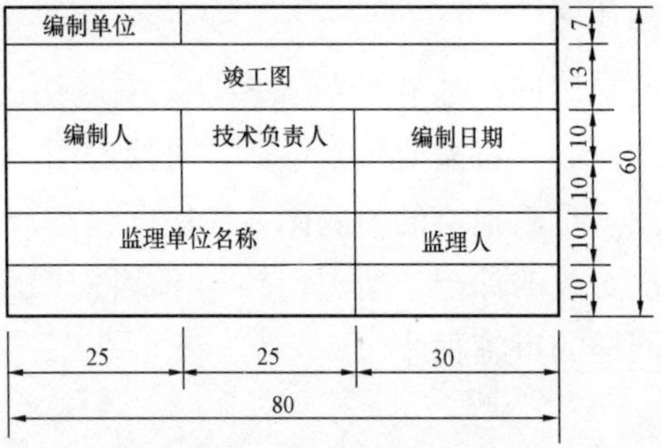

图 5-7　竣工图印章式样（单位：mm）

2. 竣工图的审签

竣工图要经施工单位编制人和承担施工的技术负责人审核签字认可，然后由监理单位进行审核并签字。竣工图由编制单位技术负责人及监理工程师对其签署竣工图的准确性负责。

竣工图审签监理单位和施工单位的名称应为单位“全称”，若填写位置不够，可采用“通用或规范性简称”代替。

第四节　竣工图的审核与折叠

一、竣工图的审核

1. 竣工图审核要求

竣工图由施工单位编制，监理工程师负责审核。工程竣工验收前，监理单位应组织、督促和协助施工单位检验竣工图的编制情况，发现有不准确或短缺时，要及时采取措施进行修改和补齐。竣工图作为工程交工验收的条件之一，竣工图不准确、不完整、不符合归档要求的，不能进行工程交工验收。在特殊情况下，也可按交工验收时双方议定的限期补交竣工图。

2. 竣工图审核内容

竣工图编制完成后，每张竣工图都必须做到图物相符，即审核施工结果要与竣工图保持一致，底图和蓝图是否保持一致。检查图纸上进行的修改是否使用碳素或蓝黑墨水标注清楚，是否注明变更依据条款号；检查竣工图中是否存在应该修改而未修改的地方；修改的内容是否与“通知单”要求变更的内容完全一致；查看该图修改的内容是否完全、准确。

3. 竣工图审核方法

（1）图纸与说明结合审核。看设计总说明和每张图纸中的细部说明，注意说明与图面是否一致，说明问题是否清楚、明确，说明中的要求是否切实可行。

（2）图纸与变更等文件结合审核。审核竣工图更改内容是否与施工图设计、设计变更通知单、图纸修改说明、工程联系单、施工验收记录、调试记录、洽商单、材料变更、施工及质检记录、监理单位的施工记录等是否相符，防止施工中遗漏。

（3）土建图与安装图结合审核。土建专业也要经常查看安装的各专业图纸。特别是综合施工和掌握全面的技术负责人，要对照土建和机、电、管等图纸，核对土建安装之间有无矛盾；预埋铁件、预留孔洞位置、尺寸和标高是否相符。

（4）结合图纸会审记录审核。审查竣工图时，要结合图纸会审记录。图纸会审是由设计、施工、监理单位以及有关部门参加的图纸审查会。图纸会审程序通常先由设计单位进行交底，内容包括：设计意图，生产工艺流程，建筑结构造型，采用的标准和构件，建筑材料的性能要求，对施工程序、方法的建议和要求以及工程质量标准及特殊要求等；再由施工单位、监理单位、建设管理单位业务技术部门提出图纸自审中发现的技术差错和图面上的问题，如工程结构是否经济、合理、实用，对设计图中不合理的地方，提出改进建议；各专业图纸各部分尺寸、标高是否一致，结构、设备、水电安装之间各种管线安装之间有无矛盾，总图与大样之间有无矛盾等，设计单位均应作出明确交底和解答。

会审时提出的问题，由设计解答，整理出“图纸会审记录”，由建设、设计、施工、监理单位共同汇签。“图纸会审记录”作为施工图纸的补充和依据。

（5）各专业竣工图相互协调审核。审核各专业编制的竣工图是否相互协调，相互配合，在各分册竣工图中，对于发生变更部分的内容，各相关图纸的变化表示应相互一致。当一张更改通知单涉及多张图纸的，如果图纸不在同一卷册，是否将复印件附在有关卷册中，并在备考表中加以说明。

（6）重绘竣工图的审核。重新绘制的竣工图也应将重绘的原因或有关变更依据，绘制到新竣工图的说明栏内。

(7) 外方竣工图审核。国外引进项目、引进技术或由外方承包的建设项目，外方提供的竣工图应由外方签字确认。

二、图纸的折叠

1. 图纸折叠的一般要求

一般情况下图纸不进行装订，但均要进行折叠。

(1) 图纸的裁剪。

图纸折叠前要按图纸裁剪图线进行整齐的裁剪，要求其图纸幅面均应符合标准要求。

(2) 图纸的折叠方法。

1) 折叠时，图样的正面应尽量折叠向内，以防止图磨损。

2) 图纸折叠尺寸。折叠后幅面以 4 号图纸尺寸（297mm×210mm）规格为标准。无论是横幅或纵幅图，先一律按折叠规格中的长度方向（210mm）正反来回折叠成手风琴式，再按宽度（297mm）折叠，折叠应整齐、美观。

3) 不装订成册图纸的折叠。有两种方法：方法一是首先沿标题栏的长边方向折叠，然后再沿标题的短边方向将其折叠成 A4 规格，使标题栏露在外面。方法二是首先沿标题栏的短边方向折叠，然后再沿标题的长边方向将其折叠成 A4 规格，使标题栏露在外面。0～2 号图纸无论采用何种折叠方法，折叠后图纸要使标题栏均露在外面。

4) 装订成册图纸的折叠。有两种方法：①有装订边的复制图。首先沿标题栏的短边方向折叠，然后再沿标题栏的长边方向折叠，并在复制图的左上角折出三角形的藏边，最后折叠成 A4 的规格，使标题栏露在外面。②无装订边的复制图。首先沿标题栏的短边方向折叠，然后再沿标题栏的长边方向将其折叠成 210mm×297mm 的规格，使标题栏露在外面，并粘贴上装订胶带。

2. 折叠图纸的辅助工具

图纸折叠前，准备好一块略小于4号图纸尺寸（一般为292mm×205mm）的模板。折叠时，先把图纸放在定位线，然后按照折叠方法的编号顺序依次折叠（先横向，再纵向）。

3. 底图的整理

（1）底图不装订、不折叠。

（2）底图要逐张检查，对破损的底图要用胶纸在背面进行修补。

（3）底图应成套归档，并要提交整套的图纸目录。成套底图以“张”为单位进行著录卷内目录，底图保管时注意底图的编号与蓝图的编号要保持一致，以便对应调档。

（4）每套归档底图都要进行技术鉴定，并认真填写鉴定表，鉴定表同底图一并归档。

（5）底图归档保存应采用底图夹保管，平放在底图柜中。注意底图不能折叠，只能平放或卷放。

第六章

设备仪器文件的收集与整理

第一节　设备仪器文件收集与鉴别

一、设备仪器档案

1. 设备仪器档案的定义

设备仪器档案是科技档案，是指作为单位固定资产的设备、仪器仪表的档案材料，它具有以型号成套的特点。同一型号的设备、仪器档案材料是一个有机联系的整体。

2. 设备仪器档案的作用

设备仪器档案是企业单位技术装备水平和设备管理水平的记录。先进的设备仪器是现代化科技、生产活动重要的生产、技术手段，设备仪器档案是仪器设备正确使用和科学管理的依据和保障。

二、设备仪器文件材料的收集

1. 设备仪器文件的产生

设备仪器从来源看分为两种，一种是从国内外市场购买来的外购设备仪器；另一种是本单位自己设计、研制，根据生产工艺或科研、试验的特殊需要自制的专用设备仪器。

水电建设工程的设备均是外购设备，因此设备仪器文件材料是指外购设备的进货而随机带来的文件材料，以及设备仪器安装、调试、运行维护过程中产生的文件材料。

2. 设备仪器资料收集范围

（1）设备仪器购置文件材料。

指设备仪器购置可行性研究报告、设备仪器购置申请报告、计划、请示及批复、技术经济计算材料、设备购置（引进）合同书、协议及有关购置设备的谈判文件、人员培训材料、进口设备过程中有关的技术商务文件等。

（2）随机文件材料。

随机文件材料是指随设备购入而带来的材料。包括设备仪器装箱清单、开箱检验记录、图册、使用说明书、操作手册、设备仪器合格证、配件目录、报关、商检、储运文件等。

（3）设备仪器安装调试、运行维护阶段及报废文件材料。

1）设备仪器安装调试文件材料。设备仪器安装、调试和验收过程中形成的各种技术性、凭证性文件材料。主要指设备仪器的安装规程、质量检查记录、安装调试记录，试验检测记录、焊接试验记录、探伤检查记录、强度、密闭性检验报告、隐蔽工程检查验收记录、验收报告、总结报告、双方签字移交文件保修单等。

2）设备仪器运行维护阶段文件材料。设备仪器运行维护阶段文件主要指设备仪器运行记录、维护修理、保养、大修记录，设备仪器检查和故障、重大事故记录、操作规程、安全技术及维修保养规程、设备仪器台账、重大事故的调查分析及处理意见、技术改造和开发过程形成的技术文件材料等。

3）设备技改文件材料。主要包括设备的技术改进、改装和技术革新项目的文件材料。

4）设备报废文件材料。设备报废文件材料主要有设备报废申请、鉴定、批复、证明材料等。

（4）机电设备竣工图的收集。

设备到货后，包括主机设备、辅机设备和电气设备，由机电设备安装单位和厂家人员共同完成设备的安装、调试工作。机电设备厂家提供的图纸（包括随机图纸）由相应的设备安装施工单位进行收集，并随同设备安装、调试、验收记录等文件材料，按档案管理要求进行整理、组卷后移交业主档案室。设备图纸有以下三种情况：

1）在安装调试过程中没有发生变更的，直接由设备安装单位加盖填写竣工图章，经监理单位审核签署后，作为竣工图。

2）设备在安装过程中发生一般性变更或工艺、图幅变化面积未超过35%时，将变更部分在设备图纸上进行修改和标注，加盖签署竣工图章后作为竣工图，连同变更依据文件一同归档。

3）设备安装与设计不符，安装过程中产生重大变更或图幅变更面积超过35%时，设备安装单位应根据设备图纸和安装过程中发生的变更部分，会同设备制造厂家，重新绘制竣工图，仍用原图编号，末尾加注“竣”字，加盖填写竣工图章，并经监理单位审核、签署后作为竣工图。

3. 设备仪器文件收集时间

（1）设备仪器购置文件收集。

设备仪器购置文件材料形成后3个月内，由项目管理单位计划管理部门、技术部门负责完成收集、整理和移交归档。

（2）设备仪器随机资料收集。

设备仪器随机资料收集原则实行“开箱即时收集”。根据国家档案管理有关规定，档案人员必须参加设备开箱。档案人员的职责是将设备随机装箱资料、技术资料及设备开箱记录表进行“及时”收集，并按要求的份数进行整理归档，同时将复制件分发给有关专业人员及设备安装单位提供利用。

（3）设备仪器安装调试、运行维护阶段文件材料收集。

设备仪器安装调试、试运行阶段文件由相应设备安装单位和调试单位在3个月内进行收集、整理、移交归档。设备满足试运行期投入正常运行并移交生产运行管理单位后，产生的运行维护资料由生产管理单位在3个月内完成收集、整理和移交归档。

4. 设备仪器的开箱验收

（1）设备仪器开箱验收成员。

工程建设期间机电设备参加开箱的人员应由五方组成：设备供货单位人员、监理单位、施工单位、业主单位机电部人员、建设单位档案人员共同组成。

（2）设备仪器开箱记录表。

机电设备开箱验收记录表格式如表 6-1 所示。

表 6-1　　机电设备开箱验收记录表

设资　号

设备名称		规格型号	
安装部位		数　　量	
设备厂家		开箱地点	
物资代码		开箱日期	
设备开箱资料内容：			
供货单位签字		施工单位签字	
机电部签字		监理单位签字	
档案人员签字			

三、设备仪器文件保管期限及其划定

设备仪器文件的保管期限分为永久、长期和短期三类。永久为 30 年以上，长期为 30 年、短期为 10 年。

设备仪器文件保管期限的划定原则，一般以设备的重要程度与实际使用寿命为依据，设备文件的保管期限不应短于设备的技术寿命或使用寿命。

四、设备仪器文件归档鉴别

1. 归档范围鉴别

设备文件按“单台设备”进行整理。归档的设备文件材料是每单台设备从购置到安装调试、运行、维修全过程中形成的、具有保存价值的文件。整理设备文件时，一是要剔除不属于设备档案归档范围的文件；二是要剔除重复的文件。

设备文件归档范围的鉴别，首先应根据设备仪器文件归档制度，鉴别设备文件材料的保存价值，确定是否归档。

2. 完整性鉴别

设备仪器从立项、购置开始，包括开箱验收、安装调试、运行、维护维修、更新改造等全过程形成的文件材料必须完整成套。完整包括每套设备文件材料不能缺项，每项文件材料不能缺页。

3. 准确性鉴别

设备仪器在安装调试、大中修（或称 A、B 修）、更新改造过程中形成的文件材料，应准确记录和反映设备安装调试、大中修、更新改造过程，做到图物相符，数据真实。

4. 保管期限确定

根据设备档案保存价值，划分设备文件材料的保管期限。设备仪器档案的保管期限应与设备使用寿命一致，一般为长期。部分具有重要史料价值的自制设备或引进设备的文件材料经鉴定后也可以有选择地永久保存一套。

第二节　设备仪器文件的分类与整理

一、设备仪器文件的分类原则

设备仪器文件是按“使用性质—型号”分类。这种分类原则是按照设备的使用性质、用途或结合设备仪器的型号，对设备仪器文件材料进行分类。首先，按照设备使用性质归类，然后在每一个类别内，再以型号为单位划分文件材料类别。

水电工程机电设备可分为生产设备、辅助生产设备、一般设备。单台设备文件材料包括从购置、开箱、安装调试、运行、维护、大中修到设备移交或报废全过程形成的文件材料。设备仪器文件材料具体类目见《水电企业档案分类表（6～9大类）》。

二、设备文件归入8或9大类的划分

（1）具体工程项目的设备仪器文件放入8或9大类，没有具体项目的设备管理文件放入文书档案“3生产技术管理”类。

（2）合同工程从任务下达开始到工程竣工交接为止的技术文件材料归入基本建设类（即8大类）。涉及两个以上建设项目的综合性文件，按其内容反映的主要建设项目确定归属，在另一个相关类目备考表中通过互见号注明。

（3）新建工程项目，与土建工程密不可分的电气、工艺、传输设备及管道设施等设备仪器文件材料，同有关土建工程一起整理、组卷，归入8大类；设备仪器在管理使用、维护维修形成的文件材料，单独进行组卷，归入设备仪器类(即9大类)。

（4）大型或特大型的设备装置，其土建部分形成的文件材料归入基本建设类（即8大类）。设备制造厂家提供有关设备文件、设备主体安装过程产生的文件以及设备投入运行后增

加、检修、设备改进文件均入设备仪器类（即 9 大类）。设备与管路的安装调试记录合订成一本的，归入“8045”。

（5）设计单位提供的涉及系统布置、设备安装的图纸及安装过程资料入基本建设类（即 8 大类）。金属结构制作与安装不可分的入“804”，制作、安装分属两家施工单位的，制作资料（包括防腐）入“911”，安装资料入“804”。

（6）厂家、设计院、施工单位移交的成套技术文件原则上不拆开，各入其类。例如：设计文件中的设备图纸，入“802”类，不入设备仪器类（即 9 大类）。

（7）有些设备的附属设备档案随主设备档案存放，不入附属设备所属的专业类。例如：桥机的电气一、二次设备的文件材料及接线图入“9121”；油压启闭机中的高压叶片油泵的档案入“9122”，不入油系统设备类；电梯的电气二次接线图及有关文件材料入“9133”类。

（8）生产准备期间及发电运行后文件材料分类。

1）机组整套启动及生产准备期间形成的文件材料归入基本建设类（即 8 大类）的“807”。

2）机组整套启动及生产准备期间形成的文件材料归入基本建设类（即 8 大类）的“807”。机组正式投产并转入商业运行后，在生产运行中产生的文件材料应归入电力生产类（即 6 大类）。

3）发电运行后形成的电气一、二次图及油、水、气系统图入基本建设类（即 8 大类）。

4）发电运行后产生的水库调度运行文件、水工建筑物运行文件等归入电力生产类（即 6 大类）。

三、设备仪器文件的整理与组卷

1. 设备仪器文件整理原则

设备仪器归档文件必须完整、系统地反映设备仪器项目从申购到运行、维护的全过程。整理原则是遵循其自然形成的规律，保持文件材料之间的有机联系和成套性。

2. 设备仪器文件的组卷

设备仪器文件不分类别，以单项或不同型号的设备仪器为单位，其文字材料可组成一卷或数卷。设备仪器文件材料较少的单位，可不分属类，直接按型号组卷，一个型号组成一卷；设备仪器文件较多的单位，再按照设备的“性质”分成二级属类，每一类再按照型号组卷。

3. 设备仪器文件组卷方法

（1）按设备仪器型号分类的，直接按单台设备组卷。

1）一般设备按设备仪器购置、开箱验收、安装调试、运行、维护维修、更新改造等顺序分别组卷。若各个环节的文件材料较少时，可合并组卷；文件材料较多时，可分别组卷。

2）大型设备按设备仪器购置申请、可行性研究报告、设备购置批准文件、设备购置资金申请、购置洽谈订货签约、人员培训材料、设备仪器到货开箱验收记录、随机文件材料和商检、储运文件等归档单台设备仪器中整理组卷。

（2）单体设备仪器文件材料，按型号组卷，多台（套）同型号的设备仪器文件材料，按顺序分别组卷。图纸材料相同并且只有一套图纸的，归入第一台（套）设备仪器案卷中。

（3）同型号设备的图纸、说明书、安装调试记录合订成一本的，原则上不拆卷，可将其归入目录号（代号）最小的那台设备仪器文件材料案卷中。在其他各台设备档案中做案卷目录，并注明参见××台设备档案，以便查阅。

（4）一套生产装置包括若干数量的设备仪器，可视为独立的组合体，按生产装置分类后组卷。

（5）技术改造项目，在其改造过程中形成的设备仪器文件材料作为独立项目，单独进行整理、组卷。

(6) 引进设备文件材料的整理。引进设备的文件材料，原则上不拆卷，如果卷内文件材料种类较多，就按主要的、或内容多的种类归入相应档号，如果一卷装不下，可分装多个卷。引进设备的文件材料如果是外文的，文件类的需要翻译成中文后同外文一同存档，图纸类的需要翻译标题，需要有中文目录，按照"译文在前，原文在后"的原则归档。

第三节　设备文件的卷内排列与装订

一、设备仪器文件的排列

1. 排列原则

按设备仪器的台（套）为单位进行组卷。一台（套）设备可组成一卷或若干卷。组成案卷时，通常要将文字材料与图纸分开来组卷。当文字材料或图纸很少时，可将文字材料与图纸组成一个案卷，排列时，文字材料在前，图表在后。卷内文件材料的排列，按技术性文件材料客观形成的工作程序、时间及重要程度依次排列。案卷与案卷之间，按设备档案形成的先后顺序排列。

2. 排列方法

(1) 按单项设备组卷的案卷，其卷内文件材料可按依据性材料、设备开箱验收、设备安装调试、设备运行维修、随机图纸材料顺序排列。

(2) 大型复杂设备可按结构、隶属关系、图纸材料顺序等方法排列。图纸材料有图纸目录的按目录进行排列，无目录的按图。

二、设备仪器文件材料装订

1. 设备仪器文件特点

设备仪器文件材料形式多样、内容复杂、幅面规格大小不一，在进行装订前，要注意对幅面大小不一的文件材料进行托裱（托裱在A4纸）和折叠，对有些文件材料进行必要的修整，使卷内文件材料在规格上基本一致。

2. 装订要求

设备仪器文件材料的装订可采用整卷装订和不装订两种方式。凡是由多份材料组合立卷的，尽量采取“整卷”进行整理装订归档，由于设备文件材料具有大小不一、形式多样的特点，因此设备材料常以不装订的方式，是指以“件”（单份文件）进行整理装订。

3. 装订方法

设备仪器随机文件装订方法与工程竣工文件相同，装订前要除掉材料上的金属物，按A4规格装订。装订时利用棉线采用“三孔一线”的方法进行装订。

三、拟写案卷题名与编制目录

1. 设备仪器档案案卷题名

设备仪器档案案卷题名由水电建设项目名称、设备仪器的名称、牌子及型号、设备仪器文件材料内容组成。题目应简明扼要，尽量控制在50个汉字的范围内。

2. 设备仪器文件编目

设备仪器文件编目与工程项目文件编目相同。注意设备仪器文件采用“整卷”装订和“件装”时，其编页方法不同。

3. 卷内文件日期

设备仪器文件材料没有形成日期的，可不填写日期，如：设备产品说明书等没有文件日期的可不填写。

第七章 项目文件的编目与移交

第一节 项目文件页号的编制

案卷编目是为了固定对案卷系统的整理成果，揭示案卷内文件材料的内容与成分。主要包括：编写卷内文件材料页号、编制卷内目录和卷内备考表、案卷封面和案卷脊背。

2008年修订的《科技档案案卷构成的一般要求》与2000年版的原标准相比，结构上增加了“案卷目录编制”，编目内容上进行一些变动。强调案卷内以件为单位编写页号，已有页号的可不再编；案卷封面删除了档案馆号；卷内目录将文件材料题名改为文件题目、页号改为页数，增加了档号；备考表增加了档号，互见号下移，提出卷内备考表可直接印制在卷盒内底面。

一、项目文件页号的编写

1. 页号编写文法

案卷内科技文件以件为单位编写页号，以有效内容的页面为一页。已有页号的文件可不再重新编写页号。

经排列整理完毕的案卷，其卷内文件应逐页采用阿拉伯数字累计编写页号。卷内文件材料凡有书写内容的页面（包括文字、图表及原图目录）均应编写页号，自第1页开始，按自然号编写，每一页编写一号。编写页号时，可采用铅笔、黑色水笔、打码机编页码均可。案卷封面、卷内目录（不包括原图纸目录）、卷内备考表均不编写页号。

2. 页号编写位置

单面书写的科技文件材料在右下角编写页号；双面书写的科技文件材料正面在右下角、背面在左下角编写页号；图纸页号编写在图纸标题栏外右下角。

3. 成套图样或成册文件页号

成套图纸、成册文件自成一卷时原目录可代替卷内目录；成册文件（如铅印的规程、规范、说明书等小册子）由于文件内已具有打印页码（无论页码在中间或外侧），可不必重新编写页号；当成册文件与散件文件组成一卷时，应排在卷内文件最后，将其作为一份文件著录卷内序号，并将该册文件的“页数”整体按“1 页”著录，应在卷内目录“备注”栏内注明“实际页数”，并在备考表内记录总页数。

4. 案卷之间页号无联系

各保管单位之间（即案卷）不连续编写页号，同一问题一卷装不下，可分为两个以上的案卷，每卷均重新编写页号。

二、编写页号时注意事项

1. 文件的装订与页号编写

文件材料根据装订方式的不同，其页号的编写方法不同。案卷装订分为整卷装订和单份文件装订两种方式。

(1)“整卷”装订时文件页号编写。

同一案卷内，纸张大小相同，版面横、竖一样，且便于装订的，一般情况均采用整卷装订方式，整卷装订时以案卷为单位连续编写页号。这种情况一般是 8 大类文件。

(2) 以“件”装订时文件页号编写。

同一案卷内，纸张大小不同，版面横、竖不一，不便于装订在一起的，可采用以“件”为单位进行装订和页号编写。件装订均从“1”开始编写页号、但应在备考内仍然记录文件材料总页数。

2. 复印件页号的编写

对一些字迹不清、纸张老化或书写材料不符合要求的文件进行复印。如果在一卷中，复印件较少，可把复印件排列在原件之后，不编写页号如果复印件占全卷文件的2/3以上，可把复印件抽出另行组卷，不再重编案卷号和页号，利用原卷号，该复制卷排在原卷后面，在原卷备考表加以说明。

3. 增编页号的情况

（1）编写负页号。

成册文件材料，已有打印页码，但编页之前还有部分文件材料没有编写页码，可采取标注“－1”、“－2”、“－3”……顺次往前编写负页号，并在总页数里加上新编的页数。

（2）增加新页号。

成册文件材料，已有打印页码，但是在标有页码的文件材料之后还有几页未编写页号，故采取此方法：顺着前面的页号往下编，并在总页数里加上新增加的页数。

第二节　卷内目录的编制

一、卷内目录

1. 卷内目录的作用

卷内目录是用以著录卷内文件材料的详细情况，排列在卷内文件首页之前。卷内目录由序号、文件编号、责任者、文件题目、日期、页号和备注等组成。

2. 卷内目录的填写

6～9大类科技档案卷内目录均按以下要求填写：

（1）序号：采用阿拉伯数字从“1”开始依次编号，标注卷内文件顺序。一份文件编一个序号，文件的附件不编序号。

（2）责任者：应填写文件材料形成者或第一责任者的全称或通用简称。合同、协议等文件应填写甲乙双方名称。

(3) 文件编号：填写文件材料的文号、图纸的图号。没有编号的不填。

(4) 文件题目：填写文件材料标题或图纸图名的全称。文件题目不能随意更改或简化，没有题目或原文件题目不能揭示文件内容的，由立卷人根据文件内容拟写题名。没有名称的要加标题，用［ ］标明。外文资料的题名应译成中文。

(5) 日期：填写科技文件材料的形成日期。例如：文件日期一般以8位阿拉伯数字标注，填写时省略汉字“年”、“月”、“日”，“年”标注四位，“月”、“日”各标注两位，如20030108。当文件材料日期有起止日期时，以18位标注，如监理日志的日期为20070801～20081230。

(6) 页号：填写每份文件材料首尾页标注的页号，即每份文件的起止页号。注意：《科技档案案卷构成的一般要求》2008年版改为填写页数，原标准是填写页号。由于项目档案一般情况下采取整卷装订，查阅文件时需要了解文件的起始页，因此采用页号。

(7) 备注：注释文件需说明的情况。例如：竣工图有修改时标注“修改”。

二、注意事项

1. 案卷题名与文件题目的区别

案卷题名是由立卷人拟写的，要求能简洁、明了地揭示卷内文件材料内容，文件题目是指该份文件的标题，应照实著录，不能人为添加和修改。案卷题名中必须加入枢纽工程名称，文件题目不能加入枢纽工程名称，注意两者的区别。

2. 起止日期和文件日期的区别

卷内目录中文件日期，是指具体某份文件的形成日期，填写时尽量以 8 位计数，如果某份文件有两个日期时仍以 18 位著录。案卷封面中起止日期是指卷内文件材料的最早和最晚日期，必须以 18 位计数，如果卷内只有一份文件，起止日期也必须以 18 位计数，例如：20070502～20070502。

3. 卷内文件日期的填写

(1) 当卷内文件无形成日期时，可不填写；某份文件有年和月没有“日”号时，以 00 代替，同样为 8 位计数，例如：某文件日期是 2008 年 3 月，该份文件的形成日期记录为20080300。

(2) 在卷内同一份文件，出现几个签字日期时，应以最后一个日期为文件日期，它表示该份文件形成的有效日期。

4. 文件的附件著录

当卷内某份文件具有附件时，可将正件与附件作为一份文件著录，就是说附件不占用卷内目录的序号。方法是将文件的附件排列在正件的下一行并录入附件的标题，整体视为一份文件，并在卷内目录的“备注”标注明“附件”。若附件较多时依次标注附件 1，附件 2。

三、卷内目录字体及格式

1. 卷内目录增加左表题的作用

在卷内目录增加左表题栏：档号、案卷题名。档号的作用是便于对卷内目录的查找，增加案卷题名是为了拟写和检查案卷题名提供方便。

2. 卷内目录格式要求

卷内目录表格一般规定 15 行、7 列；字体规定：页内字体均为宋体；字号规定：“卷内目录”为 20 号宋体套黑，左肩题，“档号、案卷题名”采用 12 号字，标题栏采用 14 号字，表格内的字体一般采用 10 号字，根据文件材料题名内容的需要可作适当调整字号。卷内目录格式如表 7-1 所示。

表 7-1　　　　　　　　卷 内 目 录

档　　号：

案卷题名：

序号	文件编号	责任者	文件题目	日期	页号	备注
1						
2						
3						
4						
5						
6						
7						
8						
9						
10						
11						
12						
13						
14						
15						

第三节　卷内备考表的编制

一、卷内备考表作用

卷内备考表是用来说明卷内文件材料情况，是卷内文件状况记录单，主要内容有档号、互见号、说明、立卷人、检查人，并说明卷内文件的组卷情况。备考表排列在卷内文件末页之后。

二、卷内备考表填写

(1) 说明：6～9大类案卷备考表需要标明卷内文件材料的总件数、总页数等。总件数是卷内文件的件数之和，总页数是卷内文件的页数之和。

(2) 立卷人与立卷日期：应由立卷人签名和填写立卷完成的时间。

(3) 检查人与检查日期：应由案卷审核人签名和填写审核的时间。

注意：立卷人和检查人应为本人亲笔签名，不得使用私章或打印代替。

(4) 互见号：互见号是反映同一内容的其他载体档案保管单位的档号。互见号可以同时填写几种载体的档号，并使用括号表示载体的形式。例如：互见号0110-8063-001（照片）。

(5) 其他要说明的问题：填写该卷文件在组卷和案卷提供利用过程中需要说明的问题，如某份文件材料的缺损、修改、补充、移出、销毁、竣工图修改依据等，若没有就不必填写。例如：卷内某份图纸是根据××设计修改通知进行修改。

三、卷内备考表字体及格式

字体规定：备考表字体统一规定为宋体；字号规定："卷内备考表"为20号字，"互见号、档号"为10号字，备考表内容填写字号为12号。备考表格式如表7-2所示。

表 7-2　　卷内备考表

档号：

互见号： 说明： 　　本卷内保管文件材料______件，共计______页。其中：文字材料______页，图纸______张。 其他要说明的问题：   立卷人：__________ 立卷日期：　年　月　日 检查人：__________ 检查日期：　年　月　日

第四节　案卷封面的编制

案卷封面可采用案卷内封面和案卷外封面任一形式。

一、案卷内封面

1. 案卷封面内容及填写

案卷封面揭示的主要内容有：档号、案卷题名、立卷单位、起止日期、保管期限、密级等。

（1）案卷题名：是指能反映卷内文件主要内容的概括性标题。要求能简明、完整、准确地揭示卷内文件材料的内容，一般以不超过50个字为宜。案卷题名由三部分组成：枢纽工程名称，项目的组件、部件、专业、阶段的名称、代号，卷内文件的概括性名称。案卷题名结构为：枢纽工程名称＋单位工程名称及分部工程名称＋卷内文件内容的概括性标题。

（2）立卷单位：项目档案组卷单位全称或规范简称。

（3）起止日期：填写案卷内文件材料最早与最晚时间。

（4）保管期限：填写文件材料组卷时划定的保管期限。

（5）密级：依据档案保密规定，填写卷内文件的最高密级。档案密级类型有“保密、机密、绝密”，没有密级暂不填写。

2. 案卷内封面印章

（1）档号填写。档号包括项目代号、分类号和案卷号。整卷装订文件可将档号直接打印在内封面左上角，单件文件、图纸在右上角加盖、填写档号章。

（2）在案卷内封面加盖档案“正本”和“副本”章，以示区分工程项目档案的正本和副本。

（3）在案卷内封面上加盖立卷单位的公章（公章盖印在立卷单位名称上），其目的是立卷单位对工程档案的真实性、有效性及整理质量负责。

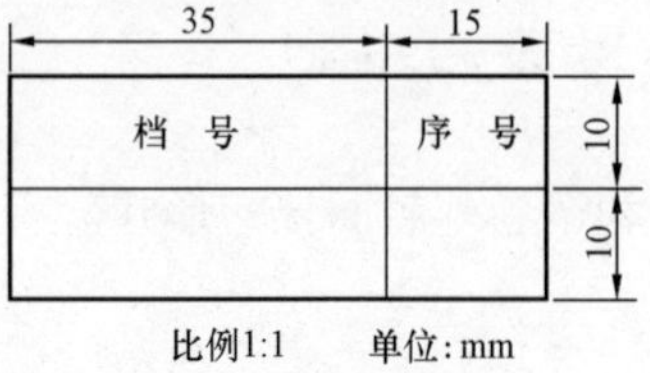

图 7-1　档号章式样图

3. 档号章格式及填写

档号章的外框尺寸为50mm×20mm，其格式如图7-1所示。

档号章由档号和序号两部分组成。序号是指卷内文件的序号。档号章应使用黑色水笔填写，以满足耐久性要求。

4. 案卷内封面字体及格式

对整卷装订的项目文件、图纸均采用内封面。内封面宜采用无酸牛皮纸。内封面字体规定：内封面页内字体均为仿宋体；字号规定：案卷题名为二号仿宋体套黑，其余为小二号仿宋体套黑。格式如表7-3所示。

5. 工程文件及图纸的入盒保管

工程文件应尽量采取整卷装订。工程文件组卷并编制目录后，按内封面、卷内目录、卷内文件材料、备考表的顺序排列整卷装订，并按要求填写档案盒脊后入盒保管。

竣工图组卷编目后，由于图纸不装订，为避免内封面、卷内目录、备考表散落在案卷盒内，故采取将内封面、卷内目录及备考表装订在一起，即采取“小三页”装订法，并将其摆放在盒内图纸之前。

档案卷盒内如果是成册文件，也可将编目表采取“小三页”装订法，并将其摆放盒内各册文件之前。

二、案卷外封面

案卷外封面应印制在卷盒正表面，案卷外封面与案卷内封面的内容要求相同，案卷外封面上不需加盖立卷单位公章。

表 7-3　　**案 卷 内 封 面**

档　　号________________

(案 卷 题 名)

立卷单位________________________________

起止日期________________________________

保管期限________________________________

密　　级________________________________

第五节　案卷脊背的编制

一、案卷脊背内容

1. 案卷脊背栏目

案卷脊背印制在卷盒侧面，脊背栏目应填写的信息有本卷档案的保管期限、档号、案卷题名。

2. 案卷题名格式

脊背上案卷题名的书写一般为“竖写”格式，文字内容从右至左，采取“左右居中方式”竖向填写。注意脊背案卷题名中的“数字符号”要横着方向著录，以便明确为一个“数”。

3. 保管期限

填写本卷文件材料组卷时划定的保管期限。同一卷内应存放保管期限相同的文件，如有不同保管期限的文件，该卷保管期限从长。

二、案卷脊背格式

1. 常用档案盒规格

档案盒规格有六种，档案盒外表规格为 310mm×220mm，厚度为 10mm、20mm、30mm、40mm、50mm、60mm。项目档案常用的档案盒一般选择四种，其案卷脊背相应有四种，分别为：2cm、3cm、4cm 和 6cm。

2. 案卷脊背字体

脊背字体规定：采用宋体套黑或黑体。字号规定：2cm 脊背采用 12 号字，3cm 脊背采用 14 号字，4cm 脊背采用 16 号字，6cm 脊背采用 16 号字。案卷脊背格式如表 7-4 所示。

三、盒脊上增加标识

在盒脊上增加档案“正本”和“副本”的标识，以示区别项目档案的正副本。

表 7-4　　案卷脊背格式

保管期限 永久	保管期限 永久	保管期限 永久	保管期限 永久
档号	档号	档号	档号
案卷题名	案卷题名	案卷题名	案卷题名
正本	副本	正本	副本

第六节 项目档案的移交与检索

一、项目档案移交

1. 参建单位向建设管理单位移交

工程完工并通过竣工验收后，参建单位应根据合同、协议和档案管理规定，向建设管理单位档案部门移交合格的工程档案。参建单位完成档案移交后，与档案部门办理移交手续，以明确移交档案的内容、套数、卷数、图纸张数等。

2. 建设管理单位向生产使用单位移交

工程建设竣工后，建设管理单位档案部门应向生产使用单位移交项目档案时，也应办理移交手续，建设单位向生产单位移交建设工程项目档案时，按企业档案管理要求办理。

二、项目档案移交时间

根据国家的有关规定，项目竣工档案的移交时间为：各施工承包单位应在项目完成后 6 个月内将项目档案向建设单位移交归档。项目正式通过竣工验收后 3 个月内，向生产使用单位办理移交。

三、工程档案移交手续

参建单位完成档案移交并办理移交手续后，方可进行合同工程的完工结算。工程档案移交手续又称为移交清册，移交清册由封面、工程档案审定表、工程档案编制说明及案卷移交目录组成。移交清册格式如表 7-5 所示。

工程档案编制说明需要阐述合同工程项目概况，工程纸质档案及特载档案归档情况。移交清册份数应与移交档案的套数相对应，移交清册由交接双方分别保存，以便查找考证。档案移交后，交接双方在移交清册上签字、盖章。移交清册是合同承建单位办理结算的依据。

表 7-5（一）　　工程档案移交清册

工程档案移交清册

合 同 编 号：

工程名称：________________　移交案卷：正本____卷／1套，副本____卷／2套

移交单位：________________　接收单位：________________

移 交 人：________________　接 收 人：________________

移交日期：________________　接收日期：________________

表 7-5（二） **工程档案审定表**

工程名称	
合同编号	
工程部位	
施工单位	
施工单位 自检意见	自检人（签名） 年 月 日（公章）
监理单位 审查意见	审查人（签名） 年 月 日（公章）
业主工程技术 部门审查意见	审查人（签名） 年 月 日（公章）
业主档案部 门验收意见	档案人员（签名） 年 月 日（公章）

说明：1. 审定内容包括归档文件是否完整、准确、系统，案卷质量是否符合归档要求。

2. 审定竣工档案是否有遗留问题。

表 7-5（三） 工程档案编制与移交

1. 工程档案编制说明。

(1) 工程名称：

分别填写合同名称、合同编号、合同批准日期和批准文号；合同工程总金额；合同工程项目筹建日期：年__月__日；合同工程开工日期：年__月__日；竣工日期：年__月__日。

(2) 建设、设计、监理和施工单位。

分别填写建设单位、设计单位、监理单位、施工单位等。

(3) 合同工程总况。

本合同工程有__个单位工程，单位工程名称是……。合同工程的主要工程范围和主要工程量，含分部工程、单元工程总个数。

2. 工程档案移交归档。

(1) 档案整编依据文件。

1)《科学技术档案案卷构成的一般要求》(GB/T 11822—2008)。

2)《国家重大建设项目文件归档要求与档案整理规范》(DA/T 28—2002)。

3) ……电站档案管理分类方案、实施细则等。

(2) 移交工程项目概况。

本次移交档案的工程名称是……，是单位工程的第__个分部工程档案，该分部工程含__个单元工程。本分部工程的开工时间、完工时间、分部工程验收及单元工程优良率、合格率等。

(3) 项目档案移交归档情况。

1) 纸质档案移交情况。移交纸质档案移交__卷，其中：文件材料__卷，图纸__卷、__张。

2) 电子档案及特载档案移交情况。该工程移交电子文件档号____、电子文件光盘____张、照片档案档号____，含照片材料____张、盘号____；录音(录像)带____盘，档号____、盘号____等。

(4) 档案移交单位。

(5) 档案编制人员：填写该项工程档案整编人员，并加盖单位公章。

表 7-5（四）

工程档案移交目录

项目名称：

序号	档号	案卷题名	立卷单位	案卷起止日期	移交归档文件				套数	保管期限	备注
					件数	总页数	文字（页）	图纸（张）			

四、项目档案的检索

档案检索是通过编制各种检索工具或检索目录，档案人员查找所需要的档案。检索目录主要有以下几种：

1. 案卷目录及其编制

案卷目录是以案卷为单位，按照档案分类号进行编制的检索工具。它既反映了档案整理顺序，也反映了档案在形成过程中的有机联系，具有良好的检索效果。格式如表 7-6 所示。

注意：工程档案移交目录与案卷目录内容填写相同，区别在于工程档案移交目录是按工程项目或合同工程编制，但案卷目录是按档案移交归档后的分类号进行编制。

2. 全引目录及其编制

全引目录又称案卷文件目录，它是以全宗为单位将案卷目录与卷内文件目录相结合的、按一定次序编排而成的一种档案目录。全引目录的产生使库藏档案目录实现了案卷和文件的配套检索。它以全宗内的所有文件为检索单位，是一种常用的检索工具。全引目录有两种格式，如表 7-7、表 7-8 所示。

全引目录（一）是以分类号进行编制，全引目录（二）是以卷内目录为单位进行编制。全引目录检索档案是传统的档案管理手段，但项目档案归档完毕后打印一套全引目录还是有必有的。

3. 档案计算机检索

计算机检索代替了手工检索繁琐的查找劳动，根据档案操作人员的查找指令在数据库中自动搜寻所需的档案材料，并进行调档。计算机管理实现了档案的快速检索，提高了档案管理水平和档案人员的工作效率，减轻了工作负担。计算机不仅可以实现对著录的条目信息进行检索，还可实现对电子文件进行全文检索。

表 7-6 **案 卷 目 录**

档号	案卷题名	立卷单位	起止日期	移交归档文件				套数	保管期限	备注
				件数	总页数	文字（页）	图纸（张）			

表 7-7 全引目录(一)

档号	案卷题名	文件编号	责任者	文件题目	日期	页号	保管期限	备注

表 7-8　　全引目录（二）

案卷题名：				档　　号：		
				保管日期：		
序号	文件编号	责任者	文件题目	日期	页号	备注

第八章

档案的保管与库房管理

第一节　档案的保管与库房设置

一、档案保管

1. 档案保管工作的要求

项目档案的保管，就是按照“集中统一管理”的原则，采用科学的保护技术和保管方法，维护档案的完整、准确、系统、安全。

档案保管工作的基本要求是：保持账物相符；满足不同载体档案材料特殊保管要求，确保安全，延长其寿命；以预防为主，防治结合；突出重点，兼顾一般；处理好档案保护工作与其他业务环节的关系，处理好“藏”与“用”的关系。

2. 档案保管工作的任务

维护档案的完整与安全，既是整个档案工作中必须始终遵循的基本要求，也是档案工作各项业务环节的共同任务。档案保管工作的任务是保护档案的安全，尽可能延长其寿命，为档案利用提供良好的物质条件。主要体现以下三个方面：

（1）维护档案的安全。

维护档案的安全，是指档案作为一种物质存在的形态必须最大限度地使其安全存在下去；不致因为保管的不当或条件的低劣使档案丢失而发生泄密，造成政治上的不安全。

（2）延长档案的寿命。

档案保管工作不仅仅在于防治档案的自然损坏，而且还要从根本上采取更积极的措施，尽可能最大限度地延长档案的寿命。

(3) 防治档案的损坏。

要了解和掌握档案损坏的原因和规律，通过具体工作，采取专门的技术措施和方法，最大限度地消除各种可能损坏档案的不利因素，从而把档案的自然损坏率降低和控制在最小范围内。

3. 档案保管工作的内容

(1) 档案实体保管。

档案实体保管包括档案实体的排架、保护、检查、修复等。

(2) 档案保管制度。

档案保管制度主要有：档案保密制度、检查制度、监督制度、管理人员岗位责任制度、奖惩制度、出入库管理制度等。

二、档案库房的设置

档案库房是档案保管最基本的物质条件，它直接影响档案的保护效果。档案库房作为一种特殊建筑物，库房地址的选择，以及防热、防潮（防水）、防火、防盗等方面都有一定的要求。不少于国家制定的专门设计规范。要求如下：

1. 档案库房选址要求

(1) 档案库房选址。

从安全和长期保管档案的需要出发，防止档案因外界突发环境因素的影响而损毁，档案库房应设置在远离易燃、易爆危险物品建筑等存在安全隐患的场所，并与一般建筑之间保持一定距离，以防火灾波及。库址不应选在工业区，不应设在有污腐蚀性气体源的下风向处，应选择地势较高、场地干燥、排水通畅、空气流通的位置，档案库房上方不得有高压输电线架空穿过，库址周围要留有余地，以便日后扩建。

(2) 档案库房防热与防潮。

档案库内高温的形成主要是由太阳辐射热通过库房屋顶、墙壁、门窗传入，高湿的形成主要是由地下水 、雨水以及湿空气通过屋顶 、墙身、门窗、地面等部位渗入，因此档案库房的防热与防潮，主要应在屋顶、外墙、门、窗、地面等库房建筑的围护结构上采取相应措施。

档案库房在楼层安排上应避免“顶天立地”，若因条件限制档案库房只能设置在地下时，必须采取防热与防潮、防水措施，并设置机械通风或空调设备；档案库房设置在顶层时，屋顶应采取保温隔热措施，并做好防漏水处理。

档案库房外墙隔热防潮措施有：加厚墙体，墙体使用隔热、防水材料，空气间层墙体，设外走廊或环形走廊等。

（3）档案库房防火与防盗。

档案库房应当是单独的防火区。库房区与其他部分的隔墙应有防火墙，材料为耐火极限不少于 4h 的非燃烧体。

档案库房库区应设火灾和防盗自动报警装置，以及对档案无危害的灭火设备；库房区外可设置水消防系统。库房门及底层外窗均应采取可靠的安全防护措施。如有外遮阳设施，应做防盗处理。库房区域不应设置室外楼梯。

（4）档案库房的窗户与门。

档案库房的窗户应尽可能少而小，每开间窗洞面积与外墙面积之比不大于 1∶10 。窗户应为双层窗，要严密、坚固，便于开启，便于密闭，并应有遮阳设施。库房门应坚固、严密、耐火、防潮、隔热。库房门口的台阶与货车车厢高度一致，通道上的门槛与地面持平，为档案的运输带来方便。

档案库房可根据使用性质和需要设大库、中库、小库，各库应有独立的出入口。库房净高不应低于 2.40m。

建造无窗档案库是发展趋势，可以减少能耗，较好地保证库内温湿度的稳定。但无窗库必须配置相应的技术设施。

2. 档案库房楼层承重要求

档案库房楼层地面应满足档案及其装具的承重要求，从库房建筑安全的需要出发，大型企业修建档案库房时，档案库房建筑应符合JGJ 25的要求，楼面均布活荷载一般$5kN/m^2$；采用密集架时，不应小于$12kN/m^2$。一般企业若采用办公楼改建档案库房，特别是安装密集架时，楼面均布活荷载达不到以上要求时，须加固处理。

3. 档案库房面积要求

档案库房面积应满足档案工作发展的需要，留有存储空间。在修建档案库房时，根据水电工程建成后应归档的档案库藏量和投产发电后企业每年的档案增量，考虑充分的库房面积，以满足今后较长时期的档案存储需要。大型企业通常应满足今后20年的存储需要，一般企业应满足今后10年的存储需要。面积过小，用不了几年空间就占满了，面积过大，又会造成资源的浪费。同时，在预测面积时要认真结合本企业未来的发展趋势、档案数量的增长趋势，以及纸质档案向电子档案转变等方面的趋势，准确地做出判断。

三、档案装具的配置

1. 档案柜架要求

作为存放档案的载体，档案柜架应具有保护档案的功能，档案柜架应牢固耐用，一般应具有防火、防盗、防尘作用。在选择柜架时，各企业根据自身档案实际选择存放档案盒和底图的适当比例，避免分配不均。多数非纸质档案档案载体比纸质档案的保存条件和环境要求更高，应选择恒温、恒湿的环境摆放柜架。存放磁性载体的档案柜应具有防磁功能，或摆放在具有屏蔽功能的空间。

档案柜架有木制和金属两种。木制装具不符合防火、防虫的要求，现已很少使用。金属装具有利于防火、防虫，在档案保管中普遍采用。金属装具也有两类：一类是组合式档案柜（又称五节柜）；另一类是密集型活动档案架（简称密集架），密集架可以节省档案库房空间，但对地面承重要求较高。

档案存放应依据档案实体选择柜架，纸质档案一般选择密集架；底图不宜折叠，底图可选择多层抽屉的金属底图柜；录音带、录像带、计算机光盘、磁盘、磁带等选用专门的防磁金属柜等装具。档案装具的质量要求，可参照《档案装具》（DA/T 6—1992）和《直列式档案密集架》（DA/T 7—1992）的规定。

2. 档案盒的要求

采取卷盒来保管案卷是目前一种比较好的方法，它能够防光、防尘、减小机械磨损，同时便于管理。档案人员在选择档案盒时，注意符合相关标准要求。文书档案盒应符合 GB/T 9705、GB/T 22 的要求。科技档案盒要符合 GB/T 11822 的要求，照片档案盒要符合 GB/T 11821 的要求。

四、库房保护设备的配置

档案库房“八防”要求：防火、防盗、防潮、防光、防鼠、防虫、防尘、防污染，因此，库房需配置相应的设施设备。

1. 库房保护设备

（1）库房保护设备的基本要求。

档案库房应配置温湿度监控设备、灭火器材、防光窗帘、防盗门窗等必要的设施。

（2）库房保护设备的其他要求。

1）根据档案库房管理需要可配置除尘器、消毒柜、除湿机、增湿机、空气净化器等设备。

2）有条件的企业应配置自动报警、自动灭火、温湿度自动调控、监控等设备，以提高档案库房保护的现代化管理水平，增强档案库房保管安全系数。

2. 档案库房保护设备装置

（1）温湿度监控调节装置。

温湿度记录仪表作用是记录档案库房温湿度的变化。目前国内温湿度测量设备有普通温湿度计、干湿球温湿度计、日记（周记）温湿度记录仪、智能温湿度记录仪、多路温湿度自动测控仪等，特别是计算机温湿度管理系统，能进行库房温湿度自动检测，数据的记录、采集、储存，温湿度数据即时显示，定时或根据要求设定温度、湿度的自动调控，可根据需要打印任意时间内的温湿度数据或变化曲线图表，提高了档案保护的现代化管理水平。

（2）库房防火、防盗监控装置。

库房防火、防盗监控装置主要有无线红外探测器、烟感火灾探测器、自动报警器、气体消防设备。

（3）空调设备。

档案库房应配备空调设备，以保证适宜的温度。空调设备主要有单体空调、中央空调。

（4）除湿（增湿）设备。

潮湿（干燥）地区档案库房应配备除湿（增湿）设备。例如：北京地区冬季春季气候干燥，需要用加湿设备；但在夏季雨季湿度较大，需采用除湿设备，以保证档案库房空气潮湿和干燥程度适宜。

（5）库房空气净化装置。

利用净化设备与中央空调组成一体，具有大面积除尘、灭菌、去异味等空气净化功能。

3. 档案库房设备的维护

空调、除湿或增湿设备应定期检修、保养，温湿度记录仪表应按设备要求定期校验。

五、档案管理技术设备配置

（1）配备档案整理工作所需要的装订机、打印机等设备。

（2）配备档案修复、利用需要的数码照相机、摄像机、复印机、阅读机等设备。

（3）配备信息化管理需要的计算机、服务器、扫描仪及工程图纸扫描仪、光盘刻录机等设备，以及容灾备份设备、应急电源。

（4）根据需要可配备CAD绘图仪、复印机、工程图纸复印机、缩微机等设备。

第二节　库房柜架与档案实体排列

一、档案柜架的排列与编号

1. 档案柜架排列

（1）柜架排列。档案柜架应排列整齐，横竖成行，便于档案管理、人员通行，档案取放和检查。

（2）空间适度。档案柜架应避免直接靠墙，目的是防潮和冷热传导。档案柜架应与墙壁保持一定距离（一般柜背与墙不小于10cm，柜侧间距不小于60cm），便于档案的搬运和取放。

（3）便于通风降温：有窗户的档案柜架的排列，应与窗户垂直，以免强烈光线直射，无窗户库房柜架的排列，纵横均可；无论有无窗户库房的柜架排列，都要注意不要妨碍通风。

2. 档案柜架的编号

（1）档案柜架编号的意义：为便于库房内的档案管理和能够迅速地存取，档案库房内所有档案柜架应进行统一编号。

（2）档案柜架编号方法：自档案库房进门口起依次编柜架号，每个柜架的栏从左向右编号，每栏的格自上向下编号，如从柜号001、002、003、……依次排列。

二、档案实体的排列

1. 档案实体的存放

(1) 档案实体按正本（存档）与副本（借阅）划分区域存放，并在档案库房内标注正本与副本区域的档案索引。

2. 档案实体的排列

(1) 档案入库前一般应消毒、除尘、去污，以防止有害物质、虫霉进入库房内；受损的档案应及时修复或补救。

(2) 档案实体的入库根据档案柜架的编号进行，从密集架的第一列排放到最后一列，排列原则是从上到下、从左到右。

(3) 新建档案库房竣工后，应经 6～12 个月干燥后才能将档案入库。

(4) 档案盒要求整洁，脊背粘贴条的颜色要求一致。

(5) 档案实体排架工作完成后，若有新增案卷形成，则直接排列在相应案卷之后，不进行插卷。

(6) 档案盒应竖立，而不应横倒或斜歪。横倒或斜歪使档案盒受压，导致归档文件变形、受损。如一层档案柜架中档案盒未排满，可用书立挡住。

3. 排架时应注意的问题

(1) 正确的排架方法。

进入档案库房，从面对的第一列（排）柜架开始，从左边（面对的左手边）第一组柜架依次向右边柜架排，一列（排）排完后，再排后面或背面的第二列（排）；同一组柜架中从最上层开始依次向最下一层排；同一层柜架中，从左向右排。

(2) 常见的错误排架。

1) 柜架摆放错。正确的摆放方法是柜架与窗户成垂直摆放，以便通风和采光；柜架不能放在阳光直射的地方。

2) 档案盒摆放不对。档案盒不能叠放，致使盒内档案受压、不便通风。

第三节　档案实体与库房技术管理

一、档案实体管理

1. 档案实体上架

档案实体的入库一般采取分类入库上架，即档案材料按“分类号”进行入库排列上架。

2. 档案分类标引与库位管理

为了正确进行快速调档，对项目档案库藏档案建立档案分类标引，并编制库位平面图，以提高检索效果。分类标引，首先要对排放在密集柜上的档案标识其分类号，其次根据各柜架分类号绘制档案库房平面布置图，进行库位管理。就是以大小不等的矩形表示库房内各种档案柜架，并将各类档案的分类号标识在矩形框内。

3. 档案出入库管理

（1）档案的出入库登记。

做好档案的出入库登记，入库档案的杀菌处理等。

（2）档案实体与档案代理卡。

档案实体移出档案库房时，应使用档案代理卡，档案代理卡又称档案代卷卡，其作用是将已经上架排好的档案暂时移出库外时，为了便于库房管理人员掌握档案的流动情况和安全检查，填制一种卡片放在原档案盒内（借阅的档案应保留原档案盒），并将档案盒摆放在原存放位置。

当案卷调出量大并且频繁时，如不使用代理卡，往往容易发生混乱以至无法查出短缺的档案，可能造成虽从档案管理系统软件中检索到档案，但柜架上没有档案实体。档案代理卡格式如表 8-1 所示。

表 8-1

档 案 代 理 卡

档号：

序号	题名	借阅 日期	借阅人	借阅单位或 部门名称	经手人姓名 （移出）	归还日期	档案人员签字 （接收）

二、档案库房技术管理

1. 库房管理原则

档案库房技术管理应贯彻“以防为主，防治结合”的原则，切实做好温湿度控制和调节，防治有害生物、防尘、防火、防盗、照明管理和档案保管状况检查等方面的工作。

2. 库房管理任务

(1) 库房存放位置与排列顺序管理；

(2) 库房温湿度的调节与卫生保洁；

(3) 档案库房进出的控制；

(4) 库房的安全保护。

3. 库房温湿度控制

(1) 库房温湿度定义。

温度是指衡量物质冷热程度的指标；湿度表示空气潮湿和干燥的程度。档案库房应温湿度适宜，无虫霉滋生。

(2) 档案库房温湿控制范围。

1) 纸质档案库房的温度应控制在14～24℃±2℃，冬季不低于14℃，夏季不高于24℃，库房温度日变化幅度不超过±2℃；相对湿度应控制在45%～60%±5%，库房湿度日变化幅度不超过5%。

2) 其他档案库房温湿度范围。

金属唱片档案库房温度18～20℃，相对湿度<50%；

塑料唱片档案库房温度<20℃，相对湿度50%；

录音磁带档案库房温度15～22℃，相对湿度40%～60%；

黑白胶片及其照片库房温度10～20℃，相对湿度55%～65%；

彩色胶片及其照片库房温度13～17℃，相对湿度55%～65%；

缩微品档案库房温度15～25℃，相对湿度25%～40%。

（3）库房温湿度的测记。

库房温湿度应定时测记，一般每天记录两次，掌握温湿度变化的情况，随时予以控制调节。注意积累库房温湿度变化的记录材料，每年进行一次综合分析，以便掌握库内外温湿度变化规律，制定综合管理计划。温湿度登记表如表 8-2 所示。

表 8-2　　　　温湿度登记表

库房＿＿＿＿　　　　＿＿年＿＿月

日期	时间	温度	相对湿度	记录人	日期	时间	温度	相对湿度	记录人
1					16				
2					17				
3					18				
4					19				
5					20				
6					21				
7					22				
8					23				
9					24				
10					25				
11					26				
12					27				
13					28				
14					29				
15					30				

4. 库房的虫霉防治与除尘

（1）防虫。这里“虫”是指损害档案的生物，包括危害档案的微生物和害虫。微生物主要指细菌和霉菌，害虫指烟草甲、档案窃蠹、黑皮蠹、毛衣鱼等。

（2）消毒柜的作用。有条件的档案室，应设消毒柜，以对新进的档案进行冷冻消毒、除尘后方能入库。

（3）建立定期虫霉检查制度，发现虫霉及时处理。

（4）配备吸尘器，加密封门或过渡门，除尘与防污防尘相结合。有条件的档案室可设置空气过滤装置，防止污染气体进入库房。

5. 库房的防火与防盗

（1）防火。档案库区必须配备适合档案用的消防器材，并按设备要求定期检查、更换。档案库房内严禁明火装置、严禁使用电炉及存放易燃、易爆物品。

（2）防盗。档案库房宜安装火警报警装置，防盗窗及防盗报警装置，并有切实可行的防盗措施。

6. 库房的照明

（1）档案库房宜选用白炽灯作人工照明光源，照度不超过100 勒克斯。如采用荧光灯时，应对紫外线进行过滤。

（2）档案库房不宜采用自然光源，有外窗时应采用有防紫外线窗帘或窗板等遮阳措施。

（3）档案在任何情况下均应避免阳光直射。

7. 库藏档案保管的检查

（1）对库藏档案应经常进行日常检查，发现问题及时报告，并采取措施予以处理。

（2）每年定期对库藏档案进行一次抽样检查，以便掌握库藏档案保管情况。

三、企业档案的鉴定与销毁

企业应定期对已到保管期限的档案进行鉴定。经档案鉴定委员会鉴定，仍需继续保存的档案应重新划定保管期限；对保管期满确无保存价值的档案应登记造册，填写销毁清册，经企业法人代表人批准后进行监督销毁。销毁清册永久保存。

原则上，基建项目档案在该建筑未推倒前不能销毁；设备仪器档案在设备仪器未报废前不能销毁；科研档案在未有新的更新课题成果前不能销毁。即使有了上述情况后，有的档案也不能销毁，一定要慎重。鉴定后需继续保管的文件材料，应重新组卷后入库上架。

第九章 电子文件的收集与整编

第一节　电子文件的形成与积累

一、电子文件归档的必要性

随着计算机技术和网络的飞速发展，人类社会进入了信息时代，企事业单位和党政机关部门等对信息的利用和依赖逐步加强，特别是近年来，WEB 技术已成为信息管理的新手段，为企事业单位的办公自动化提供了新途径。与此同时，人们对档案的管理和利用也提出了新的要求，希望可以在办公室通过计算机上网直接调阅档案和查询资料。传统的档案管理模式是档案利用者只能到档案室才可进行纸质档案的查阅，而今，信息化建设已成为世界发展的大趋势，是推动经济社会变革的重要力量，档案信息化已成为企业现代管理的需求。

水电建设工程是国家重点建设项目，项目档案是工程建设的重要组成部分，是国家的重要财富，是水电建设者劳动和智慧的结晶，是项目稽查和审计的重要依据，是维护资产和权益的凭证，是工程建成投产运行管理、维修改造的保障，也是工程竣工验收、达标投产考核的重要内容。传统档案的归档管理模式和档案利用已不能满足现代电力生产的需求，因此，管理和利用好项目档案，是新形势下对档案工作的要求，也是企业现代化管理的需要。因此，项目档案只有从一开始就实行“双轨制”归档，才能为水电企业档案工作实现信息化建设打下基础。为此，应将永久和长期保存的文本、图像、图形形式的工程文件以纸质档案和电子档案两种方式归档。

档案信息化就是运用信息技术对归档文件、数据信息资源及档案材料进行采集、整合、维护、处置和提供利用服务的管理过程和工作方式，利用计算机及网络技术开发信息资源，为电力生产服务。电子档案也应实行集中统一管理。

二、电子文件的形成与积累

项目文件大多是在计算机上形成的，这为项目档案实现“双轨制”归档奠定了基础，实行电子文件归档，首先要注意平时对电子文件的积累，没有电子版本的纸质文件，如部分竣工图、收文等应采取将纸质档案电子化的方法进行归档。

对于设备仪器文件归档时，应同时收集其说明书、设备图纸等的纸质和电子版本。对引进技术和购置设备，外商提供资料、图纸的载体形式仍要求纸质和电子两种方式。在设备仪器合同中应明确提出电子文件的必要条件，如设备电子文件归档范围（产品合格证、说明书、原材料质检记录等）、系统环境、工作平台、文件格式等，并要求移交电子文件光盘或其他载体时，附上电子文件内容说明和注意事项。

三、电子文件归档鉴定

电子文件的归档前要对其进行鉴定，对具有重要凭证性、依据性和查考利用价值的项目档案应按照归档范围进行保存其电子文件。

第二节　电子文件归档范围及要求

一、电子文件归档范围

水电工程项目文件按阶段分为工程准备阶段文件（含立项、可研、审批、招投标、勘察、设计等文件）、施工阶段文件（含施工文件和监理文件）、竣工文件、竣工验收文件四个阶段，因此，应对各阶段形成的电子文件进行收集。工程建设过程产生的文件，根据《国家重大建设项目文件归档范围和保管期限表》，结合自身工程实际，对具有长期、永久保存的项目文件要求以纸质和电子两种载体方式进行归档。对于工程建设过程中的手写原始记录文件，如施工日志、监理日志、灌浆记录等可只归纸质文件，不必归档电子文件。竣工图均要求归档电子版，尽量以CAD制图版本进行归档。

电子文件形成并按归档要求进行经整理后向建设单位档案部门移交就形成了电子档案。

二、电子档案归档要求

1. 电子文件存储载体

电子文件归档就是将把符合归档条件的电子文件，按照档案管理要求的格式存储到可长期脱机保存的载体上，电子文件存储载体类型有磁带、磁盘、光盘等，一般以光盘存储电子文件，因为光盘具有信息存储密度高、与计算机联机能力强、影像还原效果好、便于大量复制拷贝、运用范围广等特点。

光盘作为新型的存储载体，比磁盘有良好的抗干扰能力和结构稳定性，有利于归档电子文件的长期保存，因此，利用光盘刻录仪，将归档电子文件转储到光盘上长期保存。

光盘有只读式光盘、一次写入式光盘和可擦拭光盘三种。只读式光盘在一次性写入信息后只能读出信息而不能追加记录或擦除信息；一次写入式光盘可写入一次多次读出，可以追加记录但不能擦除原来的信息；可擦拭光盘可多次写入、擦除和重新写入信息。注意工程电子文件的存储光盘应采用只读式光盘，使电子文件信息一次性写入后，只能供使用者读出信息而不能追加记录或擦除信息。由于光盘基片背面涂着反射层（怕划伤），存储介质又是用染料（怕紫外线，怕阳光）制成，因此要特别注意不要划伤光盘的背面，不要让光盘多见光。

2. 电子档案归档套数

由于电子文件材料在使用中易损坏等原因，因此至少应归档2套（需异地保存时归档3套）。一套用作封存，另一套用作提供利用（第3套作异地保存）。

3. 电子档案归档时间

电子文件在其形成并经整理后，首先实行电子档案的逻辑归档。逻辑归档可实时进行，经档案部门检查满足归档要求后再实行物理归档。物理归档应随纸质档案的移交定期完成归档。

4. 电子档案归档要求

电子文件在形成的各个环节应填写文件信息登记表，其作用是采集电子文件形成时的支持软件、背景信息和元数据。

（1）水电工程各参建单位（文件形成单位）应定期把经过鉴定符合归档条件的电子文件经整理后向档案部门移交，并按档案管理要求将其存储到符合保管期限要求的脱机载体上，电子文件材料的归档，要求及时准确、数据完整、内容真实、编目规范、账物一致、手续清楚。

（2）电子文件归档时，应对电子文件的基本技术条件进行检测。检测内容包括：硬件环境的有效性、软件环境的有效性及其信息记录格式、有无病毒感染等。

（3）电子文件形成单位应对归档电子文件的真实性、可靠性、完整性和可用性负责。

三、电子档案归档方式

电子档案的归档采取逻辑归档（在线式）和物理归档（卸载式）两种方式，归档电子文件收集齐全并进行整理后，先实行其逻辑归档，检查电子档案符合要求再实行物理归档。

1. 逻辑归档

电子文件在收集齐全并完成整理后，形成单位应定期把经过鉴定符合归档条件的电子档案向建设单位档案部门移交。

2. 物理归档

(1) 电子文件的形成单位在完成电子档案的逻辑归档后，按照档案管理要求的格式将其存储到符合保管期限的脱机载体上。电子文件形成单位应定期完成电子档案的物理归档。

(2) 光盘刻录时采用整盘刻录方式，不得使用多段刻录。

(3) 光盘存储要求。电子文件归档载体中除存有电子文件材料外，还应同时存有相应的符合规范要求的说明文件和电子文件目录。其中说明文件为纯文本文件（TXT 格式），目的是对存储载体的合同工程概况、电子文件归档情况进行说明，其内容包括合同工程名称、合同编号、开完工时间、电子文件归档内容、制作人、检查人、制作时间、检查时间等。归档的电子文件目录为表格文件（用 EXCEL 电子表格制作），应著录电子文件题目及文件编号等信息。

(4) 存储电子文件的载体或装具上应贴有说明标签。

四、电子档案的移交

接收电子档案时，应对电子文件的真实性、完整性、有效性等方面的检验，经检验符合要求，方可办理交接手续，双方签字盖章。参建单位在完成电子文件的数据采集并整理移交归档后，原电子文件形成单位或部门应保留时间至少 1 年。

第三节　电子文件的类型及收集

一、电子文件的类型

1. 常见电子文件类型

(1) 字（表）文件：指采用计算机文字处理技术形成的文字文件、表格文件等。

(2) 图像文件：指用扫描仪、数码相机等外部设备录入的静态图像文件，如各种原件画面文件、照片等。

（3）图形文件：指采用计算机辅助设计（如CAD绘图）或绘图产生的静态图形文件（如设计模型、图纸、图画等），归档时注意对设备依赖性、易修改性等，不要遗漏相关软件及各种数据信息归档。

（4）影像文件：指使用动画软件生成的二维、三维动画或使用视频设备（如数码摄像机等）录入或多媒体设备获得并经计算机处理的动态图像文件（如演示、动画文件等）。

2. 其他类型电子文件

（1）声音文件：指用数字音频设备录入或用编曲软件生成并经计算机处理的声音文件。

（2）数据文件：指用计算机软件硬件系统进行信息处理等过程形成的各类参数、管理数据等。数据文件一般以数据库的形式存在。

（3）多媒体文件：指用视频或多媒体设备获得的以及用计算机多媒体技术制作的文件，其中包含声音、图像、图形、影像等两种以上的复合信息形式。

（4）程序文件：计算机使用的或在某一软件平台上开发的系统软件、支撑软件和应用软件及软件的版本等。

（5）超文本文件：指采用WEB技术制作的浏览器文件。

（6）命令文件：是指为处理各种事务用计算机语言编写的程序，是一种计算机软件。

3. 电子文件性质代码

T—文本文件；I—图像文件；G—图形文件；V—影像文件；A—声音文件；M—多媒体文件；P—计算机程序；D—数据文件。

二、电子文件的收集

1. 文字文件收集

文字文件收集时应注明文件存储格式、文字处理工具等，收集的重点是定稿电子文件和正式电子文件。文字文件以WORD、EXCEL版本为通用格式，纯文本文件以TXT为通用格式。

2. 图像文件收集

图像文件收集时应注意转换为通用文件格式，图像电子文件一般以PDF、TIFF、JPEG为通用文件格式。

3. 图形电子文件收集

图形电子文件收集时应注明软硬件环境和各种相关数据及相应软件版本，一般以较低版本（如CAD为2004版本）为通用格式。

4. 影像电子文件收集

影像电子文件收集其压缩计算方法和相关软件，影像数据以MPEG、AVI、WMA为通用文件格式。

5. 音频电子文件收集

音频电子文件收集时应注意收集其属性标识、参数和非通用格式的相关软件，音频电子文件以WAV、MP3为通用文件格式。

6. 多媒体电子文件收集

多媒体电子文件收集时应保证参数准确，数据完整，视频或多媒体音像数据以MPEG、AVI为通用格式。

第四节　电子文件分类、整理与移交

水电工程项目档案按阶段分为立项、设计、施工、竣工四个阶段，因此，需对各阶段形成的电子文件进行分类整理。这里介绍施工阶段电子文件的分类、整理与移交。

一、电子文件的分类

电子文件按“项目—阶段”分类。对施工阶段的电子文件以“合同工程或工程项目”为单位进行分类整理。

二、电子文件的整理

这里重点介绍施工阶段电子文件的整理方法。

1. 电子文件整理原则

电子文件的整理原则要遵循工程项目文件的成套性特点，保持电子文件之间的有机联系，因此项目档案以“合同工程或工程项目”进行分类整理。

2. 电子文件整理方法

按分部工程整理归档，一个分部工程分配一个档号。同一分部工程电子文件以“件”为单位进行整理。

3. 保管期限的划定

电子文件保管期限与纸质文件的一致。当盘内电子文件保管期限不同时，保管期限从长。

4. 电子文件存储方法

以“合同工程或工程项目”为单位进行组盘。规定一张光盘只刻录一个合同工程的电子文件，当一张光盘刻录一个合同项目容量不够时，可刻录在两张以上的光盘上。但不要把两个合同工程电子文件存储同一光盘。

三、电子文件物理归档

电子文件物理归档应在电子文件形成的各个环节进行登记并进行电子文件的脱机保存。脱机保存时应对电子文件进行编目，目的是对载体内储存的文件材料进行脱机查找。编目包括电子文件内封面、信息登记表、卷内目录、卷内备考表。

四、电子档案移交检验

对准备移交的电子文件载体及其技术环境进行检验，合格率达到100%时方可进行交接。

1. 移交方检验

以物理归档（卸载方式）移交电子档案载体时，应对其载体（光盘）的完好情况进行检查，主要包括：载体有无划痕、整洁无损、有无病毒等，数据完整、内容准确、编目规范、检索条目等著录信息与登记一致，如果文件形成单位采用了某些技术方法保证电子文件的有效性和完整性，则应把其技术方法和相关软件一同移交给接收单位。

2. 接收方检验

接收电子档案光盘时，检验的项目有：载体（光盘）有无划痕、是否清洁无损、有无病毒，核实归档电子文件的真实性、完整性、有效性，审核电子档案手续是否完备；核实电子文件登记表、软件、电子文件说明、电子文件编目是否齐全，对特殊格式的电子文件，应核实其相关的软件、版本、操作手册等是否完整；检验电子文件编目的规范性、核实电子文件条目信息著录的准确性等。如果形成单位采用了某些技术方法形成的电子文件，则应把其技术方法和相关软件一同交给接收单位。

3. 电子档案的移交

建设单位应按照归档要求及检验项目对归档电子文件进行逐一验收。对检验不合格者，退回形成单位重新制作，并再次对其进行检验。检验合格后，方可办理移交手续。

第五节　电子文件的登记与编目

电子文件在其形成的各个环节就开始登记；其作用是采集电子文件形成时的支持软件、背景信息和元数据。电子文件信息登记表应与电子文件在同一存储载体中保存。

一、电子文件信息登记表的登记

电子文件信息登记表以一个“合同项目”电子文件为单位进行登记。电子文件信息登记表格式如表9-1所示。

表 9-1　　　　项目档案电子文件信息登记表

档　　号：

案卷题名：

<table>
<tr><td colspan="3">形成单位</td><td colspan="3"></td></tr>
<tr><td colspan="3">制作日期</td><td></td><td>载体数量</td><td></td></tr>
<tr><td colspan="3">载体类型</td><td></td><td>载体套数</td><td></td></tr>
<tr><td colspan="3">制作地址</td><td colspan="3"></td></tr>
<tr><td colspan="3">联系电话</td><td></td><td>联系人</td><td></td></tr>
<tr><td rowspan="4">设备环境特征</td><td colspan="2">硬件环境（主机内存大小、CPU型号、硬盘容量、网络服务器型号、厂商等）</td><td colspan="3"></td></tr>
<tr><td rowspan="3">软件环境（型号、版本等）</td><td>操作系统</td><td colspan="3"></td></tr>
<tr><td>数据库系统</td><td colspan="3"></td></tr>
<tr><td>相关软件（文字处理工具、浏览器、压缩或解密软件等）</td><td colspan="3"></td></tr>
<tr><td rowspan="5">文件记录特征</td><td colspan="2">记录结构（物理或逻辑归档）</td><td></td><td>载体编号</td><td></td></tr>
<tr><td colspan="2">字表文件版本格式</td><td></td><td></td><td></td></tr>
<tr><td colspan="2">图形文件版本格式</td><td></td><td></td><td></td></tr>
<tr><td colspan="2">图像文件版本格式</td><td></td><td></td><td></td></tr>
<tr><td colspan="2">影像文件版本格式</td><td></td><td></td><td></td></tr>
<tr><td rowspan="2">文件交接</td><td colspan="5">移交人（签名）
年　月　日</td></tr>
<tr><td colspan="5">接收人（签名）
年　月　日</td></tr>
<tr><td>备注</td><td colspan="5"></td></tr>
</table>

1. 文件特征

(1) 形成单位：电子文件立档单位全称及部门名称。

(2) 制作日期：填数据复制到光盘的日期，以8位计数。

(3) 载体类型：填存储载体的类别及型号，如光盘CD-R。

(4) 载体数量：填写电子文件载体的数量，如光盘2张。

(5) 载体套数：填归档电子文件移交的套数，如2套。

(6) 制作地址：填电子文件形成部门的地址。

(7) 联系电话：填电子文件形成单位或形成部门的电话。

(8) 联系人：填电子文件形成单位制作人员的姓名。

2. 设备环境

分为硬件环境和软件环境。

(1) 硬件环境。计算机型号、处理器型号、主机内存大小、硬盘容量。

(2) 软件环境。操作系统：如Windows XP。

数据库系统：如ORACLE、SQLSERVER等。

相关软件：如文字处理系统，Microsoft office Word XP。

浏览器：如NET Framework。

3. 文件记录特征

(1) 记录结构：逻辑结构或物理结构。

(2) 载体编号：填光盘盘号，如D1-1。

(3) 字表文件格式：如WORD、EXCEL2003版本。

(4) 图形文件格式：如TIFF文件格式。

(5) 图像文件格式：如AutoCAD2008版本。

(6) 影像文件格式：如MPEG或AVI文件格式。

4. 文件交接

分别由移交人与接收人签名。

二、内封面的编制

电子文件内封面格式如表9-2所示。

（1）内封面上加盖档号章和立档单位的公章。档号章盖在案卷内封面的右上角，立档单位公章盖印在单位名称上。

（2）案卷题名：水电项目工程名称、单位工程或合同工程名称电子文件构成。

（3）载体编号：填项目档案归档电子文件光盘盘号。

（4）起止日期：该存储载体归档文件的最早日期及最晚日期。起止日期必须以18位计数，如20080102～20090325。

（5）保管期限：电子文件保管期限与纸质档案保管期限相同。

三、卷内目录的编制

一个合同工程的电子文件，以文件材料的“件”为单位逐行登记各份文件材料题名等条目信息。卷内目录是在电子文件形成后填写，该表一行填写一份文件材料的相关信息。电子文件卷内目录格式如表9-3所示。各项填写如下：

（1）序号：填写同一工程项目光盘内电子文件材料流水号。

（2）文件编号：纸质文件材料的编号，有则填，没有则不填。

（3）责任者：形成该份文件材料的责任单位。

（4）文件题目：填写该份文件材料的题名。

（5）文件类别：填该份文件格式及其后缀名，如Microsoft office tifumwnt scanning (. tif)。

（6）页数：填写该份电子文件材料的页数。

（7）文件日期：填该份文件材料形成日期，以8位计数。

（8）备注：填写前几项的补充说明，一般不填。

四、卷内备考表的编制

电子文件卷内备考表如表9-4所示，填写如下：

（1）载体类型：如光盘CD-R，DVD-R。

（2）载体数量：如光盘2张。

（3）载体编号：填写光盘盘号。如若第一个合同工程项目电子文件有2张光盘，则为D1-1、D1-2。

表 9-2　　电子文件内封面

档　　号____________ **（案 卷 题 名）** 立档单位____________ 载体编号____________ 起止日期____________ 保管期限____________

表 9-3　电子文件卷内目录

档　　号：

案卷题名：

序号	文件编号	责任者	文件题目	文件类别	文件日期	页数	备注

表 9-4　　电子文件卷内备考表

档　　号：

本卷情况说明： 　　本盘电子文件载体类型________，载体数量________张/套，载体编号________。盘内载体存储电子文件材料________件，其中文字材料________件，图形材料________件，图像材料________件，影像材料________件。 其他要说明的问题： 制 作 人： 年　月　日 检 查 人： 年　月　日

（4）载体存储文件材料300件。其中文字材料150件，表格材料100件，图形材料20件，图像材料30件。

五、案卷目录的编制

电子文件案卷目录组成项目电子文件检索目录，对归档存储的项目电子文件进行检索，格式如表9-5所示。各项填写如下：

（1）档号：指某项目电子文件分配的档号。按合同工程项目电子文件移交顺序进行序号排列，排列案卷号。

（2）立档单位：指合同工程项目电子文件形成单位。

（3）案卷题名：由水电建设工程名称、单位工程或合同名称电子文件组成。

（4）载体盘号：项目物理归档电子文件的光盘编号。

（5）移交时间：指本项目电子文件物理归档时间。

（6）光盘张数：该项工程电子文件的光盘张数。

（7）光盘套数：移交项目档案电子文件光盘的套数。

（8）文件总件数：归档电子文件材料的总件数。

（9）文字材料件数：归档电子文件中文字文件材料件数。

（10）图形文件数：归档电子文件中图形文件材料件数。

（11）图像文件数：归档电子文件中图像文件材料件数。

（12）保管期限：取该项目内纸质文件材料最长保管期限。

（13）备注：需要说明的问题。

六、电子文件编目的作用与入盒

电子文件编目构成电子文件检索目录，其目的是不需要打开光盘便可对盘内电子文件进行脱机查阅，通过电子文件卷内目录可查阅工程项目电子文件归档情况。通过案卷目录可对归档的合同工程项目电子文件进行查阅，以便于提供档案利用。电子文件编目表，按内封面、卷内目录、备考表顺序进行小三页装订后，装入档案盒内。

表 9-5　电子文件案卷目录

档号	立档单位	案卷题名	监理单位	载体编号	移交时间	光盘		总件数	各类文件材料件数				保管期限	备注
						张数	套数		字表	图形	图像	影像		

七、电子文件交接手续

建设管理单位档案部门对准备接收的合同工程电子档案进行逐一检查验收。检验合格后，移交双方应将检验结果分别填入《归档电子文件移交、接收检验登记表》的相应栏目，双方签字、盖章。登记表移交份数与电子文件移交套数相同。归档电子文件移交、接收检验登记表如表9-6所示。

表9-6　　归档电子文件移交、接收检验登记

档　　号：

案卷题名：

立档单位		
光盘盘号		
检验项目	移交单位	接收单位
载体外观检验		
病毒检验		
真实性检验		
完整性检验		
有效性检验		
技术方法与相关软件说明登记表、软件、说明资料检验		
移交人： 年　月　日		
接收人： 年　月　日		

第六节　计算机管理档案与电子档案利用

一、计算机管理档案

传统模式的档案管理是利用档案全引目录对其进行的手工管理与检索，这种管理模式，给档案人员带来较大的工作量，因此，实现档案的现代化管理是社会发展的必然趋势，也是现代企业档案管理的需要，引进计算机技术对工程项目档案进行现代化管理与检索，提高了档案管理水平及工作效率。

随着计算机技术和网络技术的发展，档案管理现代化不仅要求能实现档案在加工、存贮、检索方面的自动化，并进一步向数字化、局域网方向发展。因此，建立局域网和档案管理系统网络，档案利用查询用户可通过局域网进入档案管理系统软件查阅档案总目录，从而获取库藏纸质档案的条目信息，并根据其信息到档案室提取所需的纸质档案。

二、电子档案的利用

电子文件的归档为电子档案的利用奠定了基础，档案工作者应进一步做好电子档案利用工作。传统档案的归档与管理模式，使档案信息单独以纸质档案形式存放在档案室，档案利用者要到档案室才能完成档案材料的查借阅。

建立局域网和档案管理系统网络，设立电子档案数据中心，统一窗口，开放利用，形成一个统一的档案利用平台，实现了信息共享，使工程建成投产后的生产运行维护人员在工作现场就可通过计算机上局域网进入档案管理系统查阅图纸、设备说明书等生产技术文件。同时企业管理人员也可通过局域网和档案管理系统，查阅文书档案材料的内容，这样，使项目档案工作与生产实际应用直接联系起来，充分发挥档案的作用，更好地为电力生产和企业管理服务。

档案查询用户对电子档案的利用，需采取安全保密措施对其身份进行认定和权限控制，应根据使用需要对档案查询用户进行用户查阅使用权限的开放。

三、档案管理系统软件要求

(1) 档案管理系统软件的配置应满足本单位的实际工作需要，并适应企业信息化建设发展的需要。

(2) 档案管理系统应具备档案编目、数据管理、检索浏览、借阅管理、统计汇总、权限设置、安全保密、系统维护等基本功能，并能辅助实体档案管理信息的需求增扩其他相应功能。

(3) 档案管理系统应能与各信息系统之间接口，并能接收和兼容各信息系统生成的电子文件。

四、档案管理网络服务器管理

为确保档案管理网络服务器的安全，应采取可靠的备份和恢复措施，要求做到：

1. 数据异地备份

档案管理服务器不仅要在服务器本身的硬盘上进行备份，同时还要在服务器以外的其他硬盘载体上进行数据备份，当档案管理服务器的硬盘发生损坏时，能够及时利用其他硬盘上的备份镜像还原，把损失降到最低。

2. 数据备份间隔时间

工程项目档案的归档数据量大，档案管理网络服务器的存储数据增加速度快，因此要求档案管理网络服务器的数据备份间隔时间不能太长，一般一天一次，最长不要超过一周时间备份一次。

五、维护电子文件的真实性和安全性

维护电子文件真实性和安全性的技术主要有：加密技术、签署技术、消息认证、身份验证、防火墙。

第七节　电子光盘的保管与利用

一、电子光盘的保管

1. 电子光盘保管方式

保管归档的电子光盘要采用专门的保护设备和保护技术手段。电子光盘可放入光盘档案盒，再按光盘档案盒的编号依次排列上架，或者将归档电子光盘规范直立地排放于防磁柜内。避免大量堆叠且相互挤压，以防光盘翘曲，在使用过程中应避免摩擦和划痕造成光盘的损伤。

2. 保持良好的温度、湿度环境

高温会使光盘氧化、变形或老化，潮湿会使光盘片基霉变，光盘存放的环境温度选定范围在 17～20℃；相对湿度选定范围在 35％～45％。光盘存放时应远离强磁场（距离强磁物 10m 以上）、强热源，并与有害气体隔离。

3. 注意避光

光盘材料的塑料保护层对紫外光线极为敏感，阳光的直射会使光盘过早老化。因此，光盘要十分注意避光。

二、电子档案光盘的利用

（1）归档电子文件的封存载体一般不应外借，未经批准任何单位或个人不允许擅自复制电子文件。

（2）电子文件利用时应遵守保密规定。对具有保密要求的归档电子文件采用联网方式利用时，应遵守国家或单位有关保密的规定，必须设有稳妥的安全保密措施。

（3）利用者对归档电子文件的使用应在权限规定范围

之内。

三、电子文件载体的检验

1. 电子档案有效性保证

档案部门应每年对归档电子文件的读取、处理设备的更新情况进行一次检验登记，对存储载体的寿命、存储载体的兼容性、电子文件的兼容性等情况进行抽查。当设备环境更新时应确认库存载体与新设备的兼容性，如不兼容，应进行归档电子文件载体的转换工作，原载体保留时间不少于 3 年。

2. 归档电子文件管理的检验

不管磁盘还是光盘，定期复制是当前延长电子文件寿命的有效措施。档案部门应对磁性载体每满 2 年、光盘每满 5 年时，进行转储一次，转储后的载体与原载体进行同样编号保存。磁带电子档案，每年应倒带一次，磁性载体电子档案，应每 4 年转存一次，原载体保留时间不少于 4 年。

3. 归档电子文件管理的登记

档案部门应对归档保管的电子文件进行定期检验，并将检验结果填入归档电子文件管理登记表。电子文件管理登记表如表 9-7 所示。

表 9-7　　　　**归档电子文件管理登记表**

<table>
<tr><td>归档电子文件
设备情况登记</td><td colspan="2"></td></tr>
<tr><td>新设备兼
容性检验</td><td colspan="2"></td></tr>
<tr><td>磁性载体
转存登记</td><td colspan="2"></td></tr>
<tr><td colspan="2">填表人：

年　月　日</td><td>审核人：

年　月　日</td></tr>
<tr><td colspan="3">单位或部门意见：

单位或部门（盖章）
年　月　日</td></tr>
</table>

第十章 声像材料的收集与整编

第一节 声像材料的收集与整理

一、声像档案与声像材料

1. 声像档案

(1) 声像档案。

声像档案是指机关、团体、企事业单位及个人在各种社会活动中直接形成的、具有保存价值的，以磁性材料、感光材料为主要载体的，以声像为主要反映方式的历史记录。

(2) 声像档案的作用。

作为档案保存下来的声像记录材料，主要作用是为宣传报道服务、广泛交流信息、为科学研究服务、艺术欣赏价值。

2. 声像材料

声像材料是以照片、录像带、录音带、幻灯片、磁盘、光盘等为载体记录信息，并辅以文字说明的历史记录。声像材料包括企业管理声像材料和工程现场声像材料。

声像材料与声像档案的关系，好比文件与档案的关系。

3. 声像档案的种类

声像档案的种类主要有：照片档案、唱片档案、磁带录音、磁带录像、光盘档案、影片档案等。

二、声像材料的形成与收集

1. 企业管理声像材料

企业管理声像材料产生于企业各项职能活动中，如企业在宣传、新闻、广播、电视、文化艺术、科研等各项重要活动产生的声像材料，企业管理声像材料随着企业的存在而产生。

2. 工程现场声像材料

工程现场声像材料是参建各方在工程建设过程中形成的、反映建设工程管理活动、工程原始地貌、奠基仪式、工程建设演变过程、竣工落成、交付使用等重要活动中所形成的、具有凭证和查考价值的声像材料。

三、声像材料归档范围与要求

1. 归档范围及保管期限

凡是本单位在公务活动时产生的具有凭证和参考价值的照片、录音带、录像带、光盘等材料，应当作为声像材料归档保存。

（1）企业管理声像材料。

指反映单位建设面貌的声像材料，历届领导班子成员、劳模等照片，反映企业发展的宣传、新闻报道等重大活动、重要会议声像材料，生产技术活动和职能活动、文娱体育活动，企业科研活动等的声像材料，声像材料一般应长期保存。

（2）工程现场声像材料。

工程声像材料的建档应与工程建设同步，工程建设过程中形成的声像材料主要包括：

1）反映本单位主要职能活动、重要建设面貌和历史面貌的声像材料，永久保存。

2）反映上级领导、社会知名士等视察本工程、参与项目建设重大活动的声像材料，永久保存。

3）反映参建单位、工程建设过程中重要会议（工作会、专题会、表彰会）形成的声像材料，永久保存。

4）反映工程建设形象和主要工序的声像材料，永久保存。

5）记录工程建设过程中重要工作节点、重点环节、重要部位、重大工作成果的声像材料，永久保存。

6）记录工程建设过程发生的重要事件、重大事故、典型设备损坏、事故、自然灾害等异常情况的声像材料，永久保存。

7）反映工程的原始地貌、奠基仪式、竣工落成、交付使用的声像材料，永久保存。

8）工程参建单位领导班子成员、劳模等照片，永久保存。

9）工程建成投产企业生产技术主要活动的声像材料，长期保存。

2. 归档职责与归档时间

（1）企业重要职能活动和重大事件形成的声像档案，由企业宣传部门负责拍摄、积累，并辅以文字说明，并在形成后1个月内整理归档。对较为重要的声像材料，归档时间灵活掌握，做到及时跟踪，尽快收集。

（2）工程现场声像材料，由承建单位负责拍摄、积累，并辅以文字说明，随工程项目完工后3个月内整理归档。

3. 归档原则与归档要求

（1）声像材料归档原则。

声像材料的归档实行“谁主办、谁负责”的整理原则，声像材料应由形成单位整理归档。声像档案归档应一式两份。

（2）声像材料归档要求。

1）声像材料质量要求。归档的声像材料必须是原版、原件、图像清晰、准确、系统，重点突出，具有代表性，并附有文字说明。要求声像材料的内容与文字说明相符、音像效果清晰。照片材料整理应写明文字说明及照片六要素。

2）照片材料归档要进行选择和鉴别。在一次会议中如形成了若干张照片，并不是张张归档，可选择典型的、有代表性的、质优的，反映项目建设过程不同阶段或会议不同议程、不同角度的重要照片归档。

四、声像材料的整理与保管

1. 声像材料的整理

声像档案的整理应遵循有利于保持声像档案的有机联系，便于保管，有利于提供利用的原则。声像材料包含照片、录音录像带、光盘等特殊载体档案，作为三大类别的属类，应根据其记录格式和载体特殊性，以盒（或盘）为单位分别进行整理、编号、编目。

2. 声像材料分类与立卷

企业声像材料按“年度—问题（或事由）”分类。工程现场声像材料按“合同工程”分类。声像材料分类后以盒（盘）组成保管单位，以“问题或事由”进行组盒（盘），并进行档号分配和立卷，并拟写文字说明、排列、编制目录。

3. 声像档案接收

接收声像档案时，先检查归档声像材料是否完整、准确、系统、配套，音响、画面是否清楚。对有局部划伤、断残裂者，应及时修补、黏结；生霉、发潮的要及时冲淡、风干。

4. 声像档案保管与鉴定

(1) 声像档案应与纸质档案分库（柜）保管，专柜存放。声像档案按照不同载体类别分开排列保管。声像档案库房除具备一般档案库房的安全保管条件外，应远离能够形成磁场的电器设备、设施。声像档案的册、盒、带等应采用竖放保存方式，以防重压。

(2) 磁性载体应选择防磁设施保管（如防磁柜）。磁性载体定期检查，应每三、五年复制一次，并根据技术和设备的条件情况及时对磁性载体文件进行转换，因为随着技术更新换代，很多载体的数据现已无法被新的设备读取了，若不及时转换数据信息，即便保存再好，也找不到相匹相的设备来读取，只能废掉。

(3) 永久保存的声像档案应多重备份，具有珍贵价值和历史意义的数码照片应冲洗照片保存。

(4) 原版声像档案不得外借。对多次使用和已污损的声像材料要及时修补，未经鉴定和批准，任何人不得私自冲洗、翻拍（录）、清磁、涂改、清洗。

(5) 声像档案的鉴定、销毁、统计、利用工作，按有关规定执行。

第二节　照片材料的形成与收集

一、照片材料及其形成

1. 照片材料

照片材料是国家机构、社会组织或个人在社会活动中直接形成的、以静止影像为主要反映方式的、具有保存价值的历史记录。照片材料与照片档案好比文件与档案的关系。

2. 照片材料的形成

照片材料分为企业管理照片材料与工程照片材料两类。

(1) 企业管理照片材料：企业管理照片产生于企业管理主要职能活动和企业日常工作中，它随着企业的存在而逐年产生。

(2) 工程照片材料：水电工程照片材料产生于工程建设现场，它随着工程建设的开始而产生，也随着工程建成竣工投产结束。

3. 照片档案的作用

照片档案是一种形象真实性、审美性和易传播性的档案信息。照片档案自产生以来，始终为人们广泛的利用，它除了借阅、复制外，还有展览、咨询、宣传以及编辑画册出版。工程建设照片材料具有重要的历史价值和保存价值。

二、归档原则与归档要求

1. 归档原则

照片材料遵循“谁形成、谁整理、谁归档”的原则，各单位或部门应对其形成照片材料进行收集、整理，并拟写照片说明后移交归档。

2. 归档要求

照片材料要求其内容真实，主题鲜明、影像清晰、画面完整，对存有真伪疑义的照片应采取必要措施进行鉴定。照片冲洗加工后，由摄影者或承办单位进行整理并编写照片说明后及时归档。传统照片应注意纸质照片与底片一同归档，数码照片不仅要归档纸质照片，还需将数码照片及照片编目等材料制作成光盘，以便脱机保存。

3. 归档职责

（1）企业管理照片材料：是企业在其职能活动中形成的，如企业宣传报道、科技、生产技术等，企业管理照片材料由企业宣传部门负责拍摄、积累，并在其形成后 1 个月内归档。

（2）工程建设照片材料：是反映与工程建设有关的重要活动、记载工程建设过程的照片材料，由各参建单位收集、整理后随其他载体档案一同归档，任何单位或个人不能据为己有。

三、照片材料的收集

1. 收集要求

归档的照片材料要求其完整性、全局性、科学性、一致性、规范性。

2. 收集范围

（1）企业管理照片收集。

1）反映单位新闻、科技、生产技术、艺术等主要活动和工作成果的照片材料。

2）领导人、著名人物参加与某单位、某地区有关的重大公务活动的照片材料。

3）某单位组织或参加的重要外事活动的照片材料。

4）记录某地区地理、古迹、自然风光和民间风俗的照片材料。

5）与其他载体（如实物档案）有密切联系的照片材料。

6）其他具有保存价值的照片材料。

（2）工程建设照片收集。

1）施工单位收集范围。反映工程建设现场实际的照片，例如：反映施工前旧貌、开工仪式、工程进度、重要工作节点、隐蔽工程、施工工艺、主要工序、施工质量、坝体混凝土取芯及灌浆取芯的芯样、工程建筑及构造物工程完工、竣工仪式照片，以及机电设备和金属结构的射线探伤底片等。

2）监理单位收集范围。反映工程建设安全、质量、进度、事故及现场施工管理情况的照片材料，例如：重大事故、工程重大缺陷、设备缺陷状况、典型设备损坏和事故、重要进度节点、重要部位、主要工序、施工质量、重要活动、重要工作节点、工程施工进度的照片等。

3）建设单位收集范围。反映国家、省、市领导视察工程、题词、工程建设重要会议（工作会、专题会、表彰会）、重大活动、重大成果、工程阶段验收、竣工验收仪式及交付使用、工程建设形象、重要隐蔽工程部位及自然灾害等照片材料。

第三节　照片材料的分类与整理

一、照片材料的分类标准

企业管理照片材料与工程建设照片材料的分类标准是有区别的。具体分类方法如下：

1. 企业管理照片材料的分类

企业管理照片材料按照“年度—问题（或事由）”进行分类整理。把同一年度下，以同一问题或事由的照片材料组为一卷，跨年度的照片材料以照片产生年度归档。

事由的确定：事由是指一件具体的事，或一个具体的问题，或一段较为紧密的工作过程，或一次活动、一次会议。

2. 工程建设照片材料的分类

工程建设现场照片材料按“合同项目—阶段”进行分类整理。以合同结合项目，以单位工程或分部工程进行分类，并按分类项目进行档号分配，把相同或相近的照片组为一卷，通过互见号，保持照片档案与其他载体档案的相互联系。

二、照片材料的整理

照片材料整理原则是有利于保持照片材料之间的有机联系、有利于照片的保管和提供利用。该原则包括三层含义：

1. 有利于照片材料联系

照片整理要保持照片材料之间的有机联系，一是要注意保持同一类、同一组照片间的联系，把相同或相近的照片组为一卷，把不同的照片分开；二是要保持照片与其他文件材料的联系，通过注明照片档案的互见号，保持照片与其反映的会议、活动、工程项目、设备仪器等纸质档案材料的有机联系。

2. 有利于照片档案保管

由于照片与底片的保管要求不同，严格地说应分别组卷，但基于目前底片材料不多，一般采取将底片随同其照片材料对应组卷保管。底片与照片的装具、固定方式、冲洗去尘等方面都应适合其保管条件；照片材料与其底片的装具均应尽量遮住光线，以防紫外线等对照片造成损害。

3. 有利于照片档案利用

照片整理应注意其成套性，一是指照片、底片（传统照片）、说明缺一不可；二是应将同一内容的照片组为一卷，并编写照片说明。照片材料的保管期限一般情况下为长期，视具体情况确定其保存价值。

三、整理方法与档号结构

1. 企业管理照片整理与档号结构

（1）企业管理照片材料整理。

反映本单位主要职能活动、重要历史面貌、各级领导人视察本工程或参与本项目工程重大活动、工程建设重要会议，反映工程建设全过程以及建设形象、自然灾害等的照片材料。企业管理类照片按“年度—问题（事由）”的方法分类整理。

（2）企业管理照片档号结构。

企业管理照片档号结构为：项目代号＋年度＋案卷号。

说明：项目代号——水电建设工程的项目代号；年度——企业管理职能活动各年度产生的照片材料；案卷号——按“问题（事由）、时间”整理排列的序号。

（3）保管期限的划定。

根据照片材料反映的事由内容，确定其保存价值，进而确定其保管期限。保管期限分别为：永久、长期、短期。

（4）照片的排列。

纸质照片材料的整理首先按各年度，再按问题（事由）进行分类、整理，结合照片材料形成时间、重要程度进行排列。

（5）照片的编号。

对按“事由”进行整理立卷后的照片材料编写档号、页号，在同一档号内照片材料按拍摄时间先后顺序从“1”开始编写页号，照片的档号和页号编写在照片背面右下角。

（6）照片册号。

各年度的照片册统一从“01”开始编写照片档案的册号。

2. 工程建设照片整理与档号结构

（1）工程建设照片材料的整理。

反映工程的原始地貌、奠基仪式、重要工作节点、重点环节或部位、重大工作成果竣工落成、交付使用以及工程建设过程中发生的重要事件、重大事故、典型设备损坏和事故等其他异常情况的照片材料，按“合同项目—阶段”进行分类整理，以确保照片材料的有机联系原则。

（2）工程建设照片材料的档号结构。

以“合同工程或单位工程、分部工程”为单位分配档号。工程项目内的照片材料，把相同或相近的照片组为一卷。工程照片档号结构为：项目代号＋8063＋案卷号 。

说明：项目代号——水电建设工程的项目代号；8063——工程现场照片材料分类号；案卷号——按“工程项目”移交顺序整理排列案卷序号。

（3）保管期限划定。

同一合同项目形成的照片档案与纸质载体档案，其保管期限应一致。照片材料在加工、收集时已进行了选择，因此照片档案的保管期限一般划为永久或长期较为妥当。

（4）照片材料的排列。

以合同工程项目进行分类整理立卷，再按工程建设过程照片材料的拍摄时间进行排列并编写页号，工程施工前原始地貌、项目施工工序、竣工面貌顺序排列等。

（5）照片材料的编号。

在合同工程项目内进行照片材料的档号、页号编写，各档号内以自然数“1”开始编写页号。照片材料的档号和页号编写在照片背面右下角。

（6）照片册号。

按合同工程照片档案的移交顺序从“01”开始编制册号。

四、照片材料文字说明

各类照片说明的填写方法相同。照片材料必须填写文字说明，否则成为“瞎照片”，不便于利用。照片说明分为单张说明和组合说明。

单张照片说明。

（1）照片说明的格式要求。

1）题名：注明归档照片内容的主题，要求简明、概括。

2）照片张号：3。

3）底片张号：3（照片与底片统一编号）。

4）互见号：填写反映同一内容的纸质档案保管单位或电子档案的档号，并用小括号括起。

5）拍摄时间：指照片的拍摄时间，以 8 位阿拉伯数字表示，以 8 位计数，例如：2008 年 6 月 3 日写作 20050603。

6）摄影者：一般填写个人，必要时可加写单位。

7）文字说明：综合运用事由、时间、地点、人物、背景、摄影者等要素，概括揭示照片影像所反映的全部信息或仅对题名内容作补充说明。其他需要说明的事项亦可在此栏表述，例如：照片归属权不属于本单位的，应注明照片版权和来源。

（2）照片说明的内容要求。

照片文字说明内容包括照片题名及照片六要素。

1）事由：照片影像反映的事件、事物的情由。

2）时间：事件发生或事物变化、产生的时间和拍摄时间。

3）地点：被摄物所在的具体地点。

4）人物：照片影像上主要人物的姓名、身份。

5）背景：对揭示照片影像主题具有一定作用的背景。

6）摄影者：照片的拍摄单位和拍摄人。

（3）照片说明的编写要求。

1）综合运用六要素，概括地揭示照片影像反映的全部信息，要求文字简洁，语言通顺，一般不超过200字。

2）一般以照片的自然张为单元编写说明，一组（若干张）联系密切的照片应加写总说明，写总说明的照片其单张照片的说明可以从简。例如：灌浆孔的灌浆取芯照片，按“一个孔”为一组，编写组合照片说明，然后单张照片说明编写时从简。

（4）照片说明的位置要求。

单张照片的说明，可根据照片在照片册内固定的位置，在照片的右侧、左侧或正下方书写。

第四节　照片档案材料的编目

一、照片档案内封面编制

照片案卷内封面格式如表10-1所示。

1. 档号章与立卷单位章

档案内封面上应加盖档号章和立档单位的公章，档号章盖在内封面右上角，立档单位公章盖在立档单位名称上。

（1）档号章的填写。

档号章由档号和序号构成。填写方法如下：

档号：目录代号（0110）＋年度（企业宣传类照片）＋案卷号；或目录代号（0110）＋工程现场声像材料分类号（8063）＋案卷号。

序号：填写照片档案卷内目录的起止张号。

（2）立档单位。

立档单位是指该合同工程照片档案的立档单位。

2. 案卷题名与起止日期

（1）企业管理照片材料案卷题名。

企业管理职能活动照片材料案卷题名指全宗单位名称、事由、照片材料内容组成。

（2）工程现场照片材料案卷题名。

工程现场照片材料案卷题名由枢纽工程名称、单位工程、分部工程、卷内照片材料内容组成。

（3）起止日期指卷内照片档案的最早和最晚日期。

二、照片档案卷内目录编制

1. 卷内目录的作用及格式

照片档案卷内目录用以记录照片材料的信息和内容，起到对册内照片档案材料的检索作用。格式如表10-2所示。

2. 卷内目录条目信息

照片档案卷内目录由照片序号、文件标题、拍摄日期、摄影者、拍摄地点、备注组成。

（1）照片序号：指照片档案卷内目录中的照片序号。从自然数“1”开始编号。

（2）文件标题：照片材料的题名。文件标题应简明概括、准确反映照片的基本内容，要求其人物、时间、地点、事由等要素尽可能全面。

（3）拍摄日期：是指该照片材料的拍摄日期。以8位计数。

（4）拍摄地点：照片材料的拍摄位置所在的地点。

注意：著录照片材料条目信息时，应以照片的自然张或若干张（一组）为单位，大幅照片的著录，应在卷内目录的“备注”栏内注明“大幅”，并在备考表内注明其存放地址。

三、照片档案册内备考表编制

1. 照片档案卷内备考表

备考表栏目包括本卷情况说明、立卷人、立卷时间、检查人、检查时间。照片档案卷内备考表格式如表10-3所示。

表 10-1　　　　照片案卷内封面

档　　号____________________

(案 卷 题 名)

立档单位________________________________

起止张号________________________________

起止日期________________________________

保管期限________________________________

表 10-2　　照片档案卷内目录

档　　号：

案卷题名：

序号	文件标题	拍摄日期	摄影者	摄影地点	备　注

表 10-3　　照片档案卷内备考表

档　　号：

互见号：

本卷情况说明：

本卷内保管照片材料____张、底片材料____张。照片光盘盘号____。

其他要说明的问题：

立 卷 人：

年　　月　　日

检 查 人：

年　　月　　日

2. 其他要说明的问题

填写卷内照片、底片缺损、补充、移出、销毁等情况。对照片、底片立卷后发生或发现的问题，应由有关档案人员填写补充说明，并签名、标注时间。

四、照片芯页的编制

照片芯页的作用是固定照片或底片，并标注照片题名、档号及文字说明。照片芯页的格式如表 10-4 所示。

（1）档号：指该张照片材料的档号。

（2）互见号：指照片档案相对应的其他载体的档案号。

（3）照片文字说明：包括照片题名及照片六要素。

五、照片档案案卷目录编制

以“年度”（企业管理照片）或“合同项目”（工程照片）为单位，进行照片材料的档号分配和立卷归档，并编制案卷目录。案卷目录起到对照片档案检索的作用。

照片档案案卷目录格式如表 10-5 所示。

六、照片档案册脊与光盘档案册脊

（1）照片册脊与光盘册脊。

1）照片册脊内容：照片册脊内容包括照片档号、保管期限、照片册号、照片起止张号。

2）光盘册脊：光盘册脊内容包括电子文件档号、保管期限、光盘册号、光盘起止盘号。

（2）照片档案盒、光盘档案盒册脊，其格式如表 10-6 所示。

七、照片档案册的排列

照片档案册分别按照其档号和相应册号进行排列。即照片档案相册与相册之间档号排列应相连接，按档号顺序进行排列、上架保存。

表 10-4　　照　片　芯　页

题　　名：________________
____
档　　号：________照片号：________
互 见 号：________________
时　　间：________摄影者：________
文字说明：________________
____
____

题　　名：________________
____
档　　号：________照片号：________
互 见 号：________________
时　　间：________摄影者：________
文字说明：________________
____
____

题　　名：________________
____
档　　号：________照片号：________
互 见 号：________________
时　　间：________摄影者：________
文字说明：________________
____
____

表 10-5 照片档案案卷目录

档号	立档单位	案卷题名	照片张数	起止日期	监理单位	照片册号	保管期限	光盘盘号	备注

表 10-6　　　　照片档案盒和光盘档案盒册脊

保管期限	保管期限
档　号	档　号
照片册号	光盘册号
照片起止编号	光盘起止编号

第五节　照片材料的入册与保管

一、照片材料的入册

照片材料的入册又称照片的装盒。一般照片档案盒可装90张或以上张数。册内照片材料的排列按档号和照片拍摄内容的先后置放于照相册内。

1. 企业管理照片材料的入册

按档号排列顺序进行装盒，以“年度—问题（事由）”结合时间入册，按一个事由分配一个档号，同一事由下，再按照片拍摄时间排列。不要将不同年度的照片存放在同一册内。

2. 工程照片的入册

（1）同一合同工程照片装数个照片档案册。

照片材料的整理以“合同工程项目”为单位分配档号和分类整理、组卷，当同一工程在同一照片档案册内装不下时，可按材料的页号依次装入数个照片档案册内。

（2）2个以上合同工程照片装同一照片册。

如果一合同工程照片材料装不满一册时，可将2个以上合同项目的照片材料存放在同一照片档案册内，注意档号连续。

二、照片档案的存放

1. 照片档案盒存放

照片册应立放、不应堆积平放，以免堆在下面的照片或底片受压后造成粘连。

2. 大幅照片的放置

规格较大照片、底片不能装入普通的照片、底片档案册时，可将其放入专用的档案袋、盒中，按照片张号顺序排列。

如竖直放置，应首先将照片固定在专用纸上，再放入袋、盒中。如水平放置，照片的堆放高度不宜超过5cm。大幅照片的放置以竖直放置为宜。

三、照片和底片材料的保管

（1）照片和底片保管。

对同一内容的照片和底片材料尽量统一装册保管，即采取照片和底片组合组卷的方式，实现照片、底片和文字说明三位一体立卷，以便于对其管理和利用。照片与底片组合立卷时，应将照片、底片同一编号，对应存放。照片材料装具应遮住光线，以防紫外线等光线对照片的损坏。

（2）照片和底片保管环境。

底片、照片应恒温、恒湿保存。长期贮存环境，24h内温度的周期变化不应大于±2℃，相对湿度变化不应大于±5％。中期贮存环境，24小时内温湿度的周期变化不应大于5℃，相对湿度变化不应大于±10％。

（3）接触底片的人员应戴洁净的棉质手套，轻拿底片的边缘。

（4）珍贵的、重要的、使用频率高的照片应进行异在保存。

（5）每隔2年应对底片、照片进行一次抽样检查，不超过5年进行一次全面检查。若库房温度、湿度出现严重波动，应缩短检查的间隔周期。检查中应密切注意底片、照片的变化情况（卷曲、变形、变脆、粘连、破损、霉斑、褪色等），亦应注明包装材料的变质问题，并做好检查记录，若发现问题，应查明原因，及时采取补救措施。

四、数码照片材料的储存

1. 采用光盘储存数码照片

数码照片应用“一次写光盘”刻录保存。不得使用硬盘或软盘等保存数码照片。

2. 照片材料的脱机保存

照片材料存入光盘时，一般情况下，将同一工程的照片与其归档的电子文件存储在同一光盘内。当容量不够时，也可分开存储。注意一张光盘只能刻录一个合同工程的照片档案。尽量不要将不同工程的照片档案存储在同一张光盘上，这会不便于光盘的编号。

3. 照片档案光盘刻录要求

数码照片成像后刻入光盘，在光盘内应建立照片文件夹（存放各张数码照片）、并将照片档案的编目及光盘说明文件一起存入光盘。

4. 照片档案的光盘标签

存储照片材料的光盘上应附有标签，标签内应填写立档单位、案卷题名、合同编号、档号、保管期限、刻录日期等。光盘标签格式如图10-1所示。

立档单位	中国水利水电第……工程局有限公司		
案卷题名	……水电站＋×××合同项目＋照片档案		
合同编号		档号	序号
保管期限	长期	0110-8063-001	1～20
刻录日期		密级	

图10-1　光盘标签式样

第六节　射线探伤底片的产生与编目

一、射线探伤底片的产生

射线探伤是无损检验的重要手段之一，通过射线探伤可在底片上获得焊缝中的缺陷性质及沿焊缝纵向、水平方向的缺陷长度、宽度尺寸，通过底片上焊缝缺陷的黑度来准确计算其沿板厚方向的缺陷高度尺寸，从而对焊缝工艺和可靠程度作出评价。

机电设备（座环、蜗壳、机架等）、金属结构（压力钢管、闸门等）中的Ⅰ类焊缝（如纵缝）和Ⅱ类焊缝（如环缝）在完成超声波探伤后，还需抽查部分做射线探伤检测。射线探伤主要采用X射线，射线探伤底片应进行立放保管，保管期限宜采取长期保存。

二、射线探伤底片的整理与编目

探伤底片以“探伤部位”为单位分配档号。以底片“袋”为单位著录卷内条目。射线探伤底片编目，包括内封面、卷内目录、备考表及案卷目录，格式如表10-7～表10-10所示。各项栏目填写如下：

（1）档号结构：项目代号＋声像材料分类号（8063）＋案卷号。

（2）探伤部位：指设备具体的探伤部位或探伤工件。如1号压力钢管××管节纵缝X射线、2号蜗壳××管节环缝X射线。

（3）案卷题名：由枢纽工程名称、探伤部位等组成。如……电站1号机蜗壳××管节环缝X射线探伤底片。

（4）底片编号：底片编号与压力钢管、蜗壳拼装管节编号一致。

（5）文件标题：指每袋底片的题名，由探伤部位、焊缝级别、底片编号和规格组成。焊缝级别指Ⅰ类焊缝或Ⅱ类焊缝。

（6）检测结果：说明是一次性焊接或焊缝返修后射线探伤检测，其检查结果是否正常。

（7）互见号：填写探伤检测报告纸质档案的档号。

表 10-7　　　　探伤底片卷内封面

档　　号________________

(案 卷 题 名)

立档单位________________________________

探伤部位________________________________

起止日期________________________________

保管期限________________________________

表 10-8　　　　　　　探伤底片卷内目录

档　　号：

案卷题名：

序号	底片编号	文件标题	检测结果	探伤时间	底片张数	备注

表 10-9　　探伤底片卷内备考表

档　　号：

互见号：

本卷情况说明：

本卷内保管探伤底片材料____张，其中，环缝片数____ 张，纵缝张数____张。返修总数 ____ 张，其中，一次 ____ 张，二次返修 ____ 张，超次返修 ____ 张。

其他要说明的问题：

立 卷 人：

年　　月　　日

检 查 人：

年　　月　　日

表 10-10　　探伤底片案卷目录

档号	案卷题名	起止日期	底片数量（张）			返修片数（张）			档案柜号	互见号	备注
			总数	环缝	纵缝	总数	一次	二次			

第七节　录音（录像）带的编目

一、录音（录像）带的整理说明

录音、录像带整理时，应对其内容的完整性和载体的完好性进行检验，确保归档声像档案的完整性和有效性。声像材料因载体的特殊性，整理时应考虑材料本身的有效期限，要注明整理后的保存期限和转录、复制时间。

录音带、录像带以盒或盘为保管单位进行分配档号、整理和立卷。声像档案分类号为8063，根据各盘声像材料的形成时间确定案卷号，并拟写归档说明。归档说明应包括录像带档号、内容、拍摄时间、地点、拍摄单位、拍摄者等。声像材料一般应长期保存。

二、录音（录像）带的编目

声像材料以盒或盘进行立卷，只有案卷目录，没有卷内目录。案卷目录组成检索目录。案卷目录格式如表10-11所示。

（1）档号结构：项目代号＋声像材料分类号(8063)＋案卷号。档号章由档号和序号组成。序号指录音(录像)带盘号。

（2）盘号：指录音（录像）带编号。例如：LY(LX)-1。

（3）案卷题名：由全宗名称、盘内声像材料内容组成。

（4）录制人：指声像材料形成单位或部门的具体录制人。

（5）录制日期：指声像材料的录制日期，以8位计数。

（6）播放时长：指盘内文件从开始到结束录制的时间。

（7）载体编号：指录音或录像带盘号。如LY-1或LX-1。

（8）类别、格式、大小：指声像材料的形成类别、存储格式和录制文件大小。存储格式如MP3、WMA。文件大小如100G、100M。

表 10-11　　**录音（录像）带案卷目录**

档号	立档单位	案卷题名	录制人	录制日期	播放时长	声像文件			载体编号	保管期限	备注
						类别	格式	大小			

第十一章

实物材料的收集与整编

第一节 荣誉室、阅览室、岩芯室的设置

一、企业荣誉室的作用与设置

在水电项目建设过程以及建成投产后的企业管理工作中都会形成一些具有保存价值的实物，如奖状等指荣誉性实物、过期失效的印章、著名人物的题词、书画、纪念品实物、钻孔取芯实物等，这些实物具有较高的保存价值。

为了打造企业文化，宣传企业形象，加强和规范企业荣誉档案的管理，更好地收集、保管和开发利用荣誉资源，设置企业荣誉展览室（或称陈列室）是很有必要的。

在企业荣誉展览厅内，将工程建设历程中具有历史价值的照片，包括：历任领导照片如国家、省级、市级领导人物等视察工程的照片，体现工程建设历程和重要工作节点如工程原始地貌、大江截流、下闸蓄水、首台机组发电、工程竣工验收等照片，以及工程建设获取的国家、地方、集团公司的各种奖项等具有保存价值的实物档案进行展示。

企业荣誉室应设置在适于观览的场所。荣誉室是通过荣誉实物、重要活动图片来宣传企业文化的窗口。一般设置于人员流动量大的位置，可临近办公区或外服务区。荣誉室一般有常规陈列展览和专题陈列展览，在空间设计时要留有相应的余地。

二、企业阅览室的作用与设置

为丰富企业员工业余文化生活，提高员工的综合文化素质，营造的学习氛围，提供便捷的学习平台，充实员工业余文化生活，在企业内部建立员工图书阅览室是很必要的。

企业阅览室的选址要考虑档案工作人员的监管和取放档案的方便，并考虑为阅览人员提供舒适的条件。

三、钻孔取芯与岩芯室的作用

1. 钻孔取芯及其作用

水电工程钻孔取芯主要有地质勘探阶段岩体取芯、施工阶段坝体混凝土取芯和少数基础帷幕灌浆后水泥结石芯样取芯。

（1）地质勘探岩体钻孔取芯及其作用。

地质勘探岩体钻孔取芯是指水工建筑物建设之前进行的地质勘察，目的是进行地质岩性鉴定，以确定坝址。地质人员在每个钻孔钻探完成后，都要进行全孔岩芯的照相和编录，有条件还需进行钻孔摄像和综合测井等物探测试，把岩芯实物转化为原始资料并及时归档。钻探任务结束后，重要部位所获得的坝基岩体原状芯样应移交业主单位保管。

（2）坝体混凝土钻孔取芯及其作用。

坝体混凝土质量检查分为坝体混凝土压水试验检查和坝体混凝土钻孔取芯，目的是对坝体混凝土包括常态混凝土和碾压混凝土施工进行质量检验和技术研究，检测坝体混凝土密实度，并进行混凝土物理力学性能检验，确定其防渗情况。

坝体混凝土钻孔取芯，在同时布置有压水孔和取芯孔的坝段内先进行压水试验检查孔施工，完成后再进行取芯孔施工。钻孔获得的坝基混凝土芯样，要求按芯样次序统一编号，填牌装箱，绘制钻孔柱状图并进行岩芯描述。钻进应保证最大限度取得芯样，并对芯样及时标识、编录、拍照和养护等工作，选定合适的芯样保存地点，尤其是长芯样，要提前制定合理的芯样保存和运输方式，以保证长芯样的完好性，防止散失和混装。

(3) 帷幕灌浆钻孔取芯及其作用。

基础帷幕灌浆是采取灌浆在坝基形成一道防渗帷幕，防止基岩渗水，确保大坝正常蓄水运行。帷幕灌浆质量检测，除采取压水试验外，有的重要工程还采取灌后取芯。帷幕灌浆钻孔取芯分为灌前取芯和灌后取芯。灌前取芯是指灌前物探孔取芯，作用是为了分析所在区域的地质情况，如岩石破碎、涌水等，并为设计人员制定该区域合适的灌浆参数作参考。重要的帷幕灌浆工程，还采取灌后取芯，作用是通过对水泥结石芯样的检查，检测和验证灌浆施工效果，同时也对设计制定的灌浆参数进行检验。基础帷幕灌浆先导孔、检查孔以及监理人指示的其他钻孔，应予钻取芯样，对监理指示应予以保存的帷幕灌浆水泥结石芯样，施工人员应按指定的地点存放，防止散失和混装。

2. 岩芯室的作用与设置

一个大型水工建筑物可能有上万米芯样，这些实物样品除少量有代表性的岩样品送试验室检验外，大部分要在原基地存放。为了存放工程建设前后重要部位的钻孔芯样实物，应设置岩芯室。岩芯库房的选址可在较为偏僻的地方。岩芯库房用于存放部分重要的、有代表性的地质钻探岩体原状芯样，坝体主要部位的坝基混凝土芯样和重要部位的基础帷幕灌浆复查获得水泥结石芯样实物。

第二节　实物材料的收集与整理

一、实物材料归档范围

1. 实物材料归档范围

本单位在行使职能活动过程中，形成、获得或者收集的、具有长远保存和利用价值的各类实物，对今后研究历史具有依据和凭证作用，能起到直观地记录历史、留住记忆的作用。实物档案主要包括机关团体、企事业单位荣获上级机关授予的荣誉、赠品、印章（如旧公章）及水电工程建设获得的岩芯实物。

（1）荣誉性实物。荣誉性实物是指本单位或内部机构在各项比赛、评比、检查、考核等各类活动中获得的，由国家、省、市、区等级别及上级单位颁发的各类奖状、奖章、奖杯、奖牌、锦旗、证书、书稿手迹、著作、字画、领导题词及有历史价值的物品。以个人名义获得的奖状、证书等应属于个人所有，不在归档范围。

（2）赠品。指外单位或个人赠送给本单位的牌匾、礼品、馈赠纪念品及社会名人有珍藏价值的纪念品。

（3）印章。包括失效的木印、石印、塑料印、钢印、圆印、方印，党组织印、行政印、财务印等各类单位旧公章。企业管理中，机构撤销或更名后等情况，存在许多失效的旧公章，这些印章曾起过较大的作用，保存起来仍有很大价值。

（4）钻孔取芯实物。钻孔取芯获得的芯样实物应有选择地进行归档，由责任单位收集、编录、照相后移交业主档案室保存。

2. 实物材料归档要求

（1）对属于归档范围的实物材料，企业单位或各部门在实物材料自形成后的1个月内向本单位档案管理部门移交，由于特殊原因，应归档的实物确实需要在有关部门保留一段时间的，也应先移交档案管理部门拍照登记，再办理借用手续。

（2）实物材料移交时，应登记进行，并按规定编制目录后一并移交。归档实物没有明确标明主题和时间的，移交单位或个人有责任对实物材料的主题和时间进行标注说明。

（3）任何部门和个人不能随意将应归档的实物材料据为己

有或转送他人，实物材料应完整、清洁，不得有缺损、污染。

(4) 归档的实物材料应拍成数码照片，随同实物一同移交归档，以便于保管和实物检索。

(5) 地质勘探阶段岩体、坝体混凝土、基础帷幕灌浆复查取芯后，按取芯次序统一编号，填牌装箱，并对每箱芯样拍两张彩色照片，作好钻孔操作详细记录。

二、实物材料的收集

1. 实物材料收集依据

荣誉性实物档案材料的收集，主要是依据上级单位有关表彰决定的文件进行收集。

2. 实物材料移交接收

企业各职能部门或个人，对应归档的实物档案材料进行移交时，档案部门要进行检查，确保实物材料符合归档要求后进行清点接收，并办理手续后交接双方签字。

三、实物材料的整理

1. 实物材料的整理

(1) 整理原则。

荣誉、印章、赠品类实物材料的整理原则：是以“件”为单位进行整理。如一个奖杯为一件，一张奖状为一件，一份纪念品为一件，成套的实物材料以“一件”计。按“一件一号”的原则分配档号和编号，并在归档实物的合适位置粘贴标签。

(2) 整理方法。

为满足实物档案的保管、检索和利用，应对“每件”实物材料按形成时间或接收时间先后顺序进行分类编号、上架排列、集中存放。名人字画、奖状不装订，采取平放或卷放，书稿、著作类实物只编件号，并在目录中注明件数、散装入盒；荣誉奖品（如锦旗奖杯）、证书材料、印章、等实物上应均粘胶纸，编号后散装入盒，其中奖杯不装盒。

归档的实物材料均要编号，并将实物材料的编号写在其粘贴的胶纸标签上，实物标签上的编号应与实物材料、编制的实物档案案卷目录一一对应。

2. 实物材料的保管期限。

(1) 保管期限类型：实物档案保管期限分为永久、长期、短期三种。其中永久为30年以上，长期为30年，短期为10年。

(2) 保存价值鉴定：由于产生的实物材料较少，一般情况下实物材料具有重要的历史价值，应均以长期或永久保存为宜。

——获得全国、省级奖励及国家知名人士的馈赠，永久保存；

——获得集团公司或市级的奖励、馈赠及实物印章，长期保存；

——获得上级单位或区级的奖励和馈赠，长期保存。

3. 实物材料的分类与编号

(1) 荣誉性实物。

1) 荣誉性实物的分类。荣誉性实物采用“类别（形式）”分类法，即按物品类别分为奖状（JZ）、奖杯（JB）、奖牌（JP）及其他（QT）4类。

2) 荣誉性实物的编号。荣誉性实物的编号是在指按“实物形式”进行分类后，再按时间先后顺序进行编号。实物档案的编号由类别号和件号组成，类别号根据各单位的分类方案自行编制。件号从自然数“1”开始编流水号。例如：JZ-1、JZ-2……，JB-1、JB-2……，JP-1、JP-3，QT-1、QT-2……进行分类编号。

3) 荣誉性实物的档号结构。在对荣誉性实物进行编号后，还应对实物档案进行标注档号，实物材料一件为一卷，每件实物一个档号。其档号结构：项目代号＋分类号＋案卷号。分类号按本单位制定的荣誉性实物的“类别”形成实物分类号，例如实物奖状的分类号 SWJZ。

4）荣誉性实物标签。荣誉性实物归档保存时应贴有标签，标签项目有题名、颁奖单位或部门、获奖单位或部门、颁奖时间、档号、奖品编号、奖品种类等组成。标签式样如图 11-1 所示。

题　　名：	……二〇〇七年度先进单位		
颁奖单位：	……集团公司		
获奖单位：	……有限公司		
颁奖时间：	二〇〇八一月	档　　号：	0110-SWJP-001
奖品编号：	JP-001	奖品种类：	奖牌

图 11-1　荣誉性实物标签式样

（2）实物印章的分类与编号。

1）印章的分类。如果单位作废的印章多，可进行分类。一般情况下，水电企业单位作废的旧印章不多，故不需进行分类，直接按归档时间先后顺序排列编流水号，一件一号。

2）印章的编号。实物印章的编号由印章类别号和件号组成，印章类别号由各单位按本单位分类标准编制，按照印章作废的时间顺序进行编号。如编号方法：按印章（YZ）及归档时间编流水号。例如：YZ-1、YZ-2……，编号用不干胶纸贴在印把上。

3）实物印章的档号。在对实物印章进行编号后，还应对实物档案进行标注档号，其档号结构：项目代号＋分类号＋案卷号。如实物印章的档号为：项目代号＋SWYZ＋案卷号。

4）印章档案标签。实物印章归档保管时，印章上应贴有标签，标签内容应有题名、印文、档号、起止时间、印章种类、印章编号、备洗等，印章标签式样如图 11-2 所示。

题　　名：	……公司印章
印　　文：	……有限公司
档　　号：	0110-SWYZ-101
起止时间：	1990 年 3 月 5 日～2001 年 5 月 6 日
印章种类：	园形印章　印章编号：YZ-01
备注：	此印章于……文件下文作废。

图 11-2　印章档案标签式样

四、芯样实物的整理与标识

1. 芯样实物的整理

钻孔芯样实物的整理原则是按取芯孔号进行整理。整理方法是对每箱芯样实物材料进行逐箱编号和标识。

2. 岩芯实物的分类与保管期限

芯样实物分为地质芯样（DZXY）、坝体芯样（BTXY）、灌浆芯样（GJXY）三类。岩芯实物材料的保管期限一般为长期保存。

3. 岩芯实物的档号

岩芯实物材料以合同工程为单位立卷，在对各孔号、桩号及各箱芯样实物材料进行编号后，还应对其标注档号，其档号结构：项目代号+分类号（DZXY、BTXY、GJXY）+案卷号。

4. 岩芯实物的标签

岩芯实物保管时，应对每箱芯样实物进行标识，就是在每箱岩芯实物上粘贴标签，标签内容应有：文件题名、孔号、廊道位置，桩号等。岩芯实物标签式样如图 11-3 所示。

题　　名：	……大坝防渗帷幕灌浆质量复查 1ZWJH-J1 号孔岩芯（第 3 箱）
档　　号：	0110+GJXY+001
孔　　号：	左岸 560 灌浆廊道 1 号帷幕质量复查孔（1ZWJH-J1）第 3 箱岩芯实物
廊道位置：	右岸 612
桩　　号：	F 右 0+105.00
箱　　号：	3

图 11-3　岩芯实物标签式样

第三节 实物材料的编目与保管

一、实物材料的编目

归档实物材料的编目，是指编制实物案卷目录，一般实物材料不必编制卷内目录（岩芯实物除外）。案卷目录编制时，以每“件”为登记单位，案卷目录按实物材料归档的先后顺序编制一个流水号，按分类编号要求，将实物目录著入档案系统。案卷目录装订成册为实物档案检索目录。

1. 荣誉实物案卷目录

荣誉实物以“件”为登记单位著录案卷级目录，案卷目录项目有：序号、档号、题名、奖品编号、颁奖单位、获奖单位、实物类别、获奖时间、备注等。荣誉实物案卷目录如表 11-1 所示。

（1）序号：填写实物的件号。

（2）档号：填写归档荣誉实物材料的档号。

（3）题名：注明归档荣誉实物的内容，要求简明、概括。题名由全宗名称和荣誉名称组成，荣誉名称指获得的荣誉称号。

（4）获奖单位：填写荣誉实物获奖单位及部门名称。

（5）授奖单位：填写荣誉实物材料的制作、颁发单位。

（6）授奖时间：填写荣誉实物的颁发时间。

（7）实物类别：填写荣誉实物材料的类别名称，如奖状(JZ)、奖杯（JB)、奖牌（JP）及其他（QT)。

（8）备注：归档荣誉实物需要说明的情况或其存放位置。

2. 实物印章案卷目录

编制实物印章案卷目录，按照印章归档顺序，以每“个”印章为一个登记单位，分别著录印章序号、印文、印章使用起止时间等。实物印章案卷目录如表 11-2 所示。

表 11-1　　荣誉实物案卷目录

序号	档　号	题名	实物类别	授奖单位或部门	获奖单位或部门	授奖时间	实物编号	保管期限	档案柜号	备　注

表 11-2　　实物印章案卷目录

序号	档　号	题名	登记单位	印　文	印章编号	起止时间	保管期限	案卷盒号	备　注

（1）序号：填写实物印章的件号。

（2）印文：归档实物印章的内容。

（3）题名：注明归档实物印章的内容，要求简明、概括。题名由全宗单位名称、印章的印文名称组成。

（4）起止时间：填写印章起用和作废的时间。

（5）保管期限：印章的保管期限。

3. 岩芯实物的编目

岩芯实物需要编制案卷目录和卷内目录，具体项目如下：

（1）案卷目录。

芯样实物案卷目录以“合同工程”为单位著录，案卷目录由档号、案卷题名、孔数、取芯位置（坝体、廊道或隧洞）、立卷单位等组成。案卷目录格式如表 11-3 所示。

1）档号：指根据取芯检查工程钻孔取芯顺序分配的档号。

2）立卷单位：指大坝混凝土质量复查工程承包单位。

3）案卷题名：由枢纽工程名称、检查工程名称构成。检查工程名称是指物探孔取芯、检查孔取芯、坝体混凝土取芯等。例如：……水电站大坝混凝土质量复查工程。

4）孔数：指钻孔总孔数中设计指定的检查孔数。

5）廊道（或洞）：指检查孔所在廊道的位置。

6）开完工时间：指取芯工程开工和完工日期。

7）芯样箱数：指钻孔取检查工程所获得芯样的总箱数。

8）备注：对取芯检查工程的说明，没有可不填。

（2）卷内目录。

以每箱芯样实物为“件”著录卷内条目信息。由序号、责任者、文件标题、取芯时间、芯样高程、芯样性质等组成，卷内目录格式如表 11-4 所示。

表 11-3

芯样实物案卷目录

档　号	立卷单位	案卷题名	孔　数	取芯位置	开完工时间	芯样箱数	保管期限	备　注

表 11-4　　芯样实物卷内目录

档　　号：

案卷题名：

序号	责任者	文件标题	芯样性质	芯样高程	取芯时间	备注

1）序号：钻孔获得芯样依次排放入芯样箱的顺序号，即箱号。

2）责任者：指大坝混凝土质量复查工程承包单位。

3）文件标题：由检测工程名称、孔号、桩号、箱号组成。例如：大坝混凝土质量复查工程、1ZWJH-J1号孔、F右0+105.00岩芯（第3箱）。

4）取芯时间：对指定检查孔的取芯时间。如×年×月×日×时×分，2009年1月29日23时10分表示为20090129.2310。

5）芯样高程：指定检查孔的取出各段芯样的高程。

6）芯样性质：主要描述所取的芯样结构、性质等。如芯样连续性、密实度、岩层状态等。

7）备注：对取芯的备注说明，没有可不填。

二、荣誉实物的保管

1. 实物档案保管要求

（1）荣誉实物档案实行“实物分散、目录集中”的管理办法。即将实物分散摆放在陈列室，由档案部门统一编制目录。

（2）荣誉实物一般存放入企业荣誉室或陈列室，以供观赏。在陈列室存入3～5年后，可移入档案室保管。移入档案库房保管时，由于荣誉实物载体的形态各异、大小规格不一，因此保管方法也不尽相同。实物档案分为“可折叠”和“不可折叠”两种，其保管方法亦分两种：一是可折叠的贴好标签后折叠放入档案盒中保管；二是不可折叠的则贴好标签后放入专用柜保管。如小的有奖章、证书，可直接放入档案盒内保管，奖状可卷成筒状保管，锦旗也可卷成筒状保管或折叠后放入档案盒保管。较大实物档案，如奖牌、奖杯、纪念品、字画等，无法入盒保管的，可贴好标签后放在专用柜中保管。

（3）实物档案注意防火、防潮、防尘。对实物档案的存入要求保证实物的完整、整洁、干净，陈列室内存放的锦旗、证书等橱柜，要投放防虫剂。金属制品实物档案要防锈蚀。

(4) 建立荣誉实物档案登记和统计制度，每年检查一次，做到账物一致，发现有问题，应在采取补救措施后再行归档。

2. 荣誉实物保管方法

荣誉档案原则上应在可视性强的柜、架上摆放保存。

(1) 可将奖状和奖品实物摆放在展柜中。各单位可视奖状、锦旗的多少确定摆放的级别。例如：可将获省、部级以上的奖状、锦旗摆放在展柜中，其余级别的存入其他柜中保存。

(2) 展柜中的奖状、奖品按类别及编号摆放，最高级别的奖状可摆放在最明显的位置。展柜中的各种奖状、奖品的前边都要摆放一个说明，说明上标注编号。

(3) 对于重要的或易损的实物档案，为防止受损，采取将其拍照并放大成与实物一样大小的照片展示，实物存放入柜中。

(4) 对已移进档案室的荣誉档案，应逐件拍成数码照片，连同其文字说明一同录入计算机并应刻录成光盘保存。

(5) 荣誉档案一般不得外借。特殊情况下，需移出档案库房时，应经有关领导批准，并办理借出手续，按时归还。

(6) 如需将部分荣誉档案长期异地陈列、挂放时，应办理审批手续，并应单独建立移出清册，附加说明。

三、印章实物的保管

印章实物的保管，可将印章盖在纸上，并在印有“印模纸”的下方填写与实体相同的编号，再将印章清洗干净，装在特制的木格盒子里，印模向上，将印有印模的纸一同归档。

四、实物档案的管理与检索

1. 荣誉实物的管理与检索

将荣誉实物拍照后转为数字信息连同其相关文字说明检索信息，实施数字化管理。利用荣誉实物案卷目录检索。

2. 印章实物的管理与检索

将印章实物拍照后，将实物印章的起用文件与作废文件扫描后，并实施数字化管理。利用印章实物案卷目录检索。

3. 芯样实物的管理与检索

钻孔芯样实物存放在岩芯库房，并对逐箱实物进行标识。通过芯样照片实施数字化管理，利用芯样实物的案卷目录、卷内目录进行芯样材料检索。

五、荣誉实物档案的利用

荣誉实物原则上只能使用实物照片，如因工作需要，需借出实物档案，须经处领导批准，写明利用目的，严格履行登记手续。归还荣誉实物时，档案管理人员应对其进行仔细检查，核查无误后方可签字注销。如发现损坏，追究责任。

六、实物档案的鉴定与销毁

1. 荣誉、印章实物的鉴定

对超过保管期限的荣誉档案和印章实物，组织本企业管理人员进行逐一鉴定，确定其存、毁。对需剔除的，参照文书档案鉴定与销毁的管理办法，在履行手续后，分别转交有关方面处理或销毁。

2. 芯样实物的鉴定

芯样实物由业务技术部门负责鉴定，对超过保管期限的芯样实物进行处理。

第十二章 文书文件的收集与整编

第一节 文书文件材料的收集与归档

一、文书档案立卷方式及其改革

1. 文书文件立卷方式

2000年12月，国家档案局发布的《归档文件整理规则》(DA/T 22—2000)，是将文书档案的立卷方式加以改革，实现文书档案的文件级管理，由传统的“立卷”改为“单件”归档。原已立卷的文书档案不再改变，水电建设工程是水电企业文书档案建档的起步，应采用新方法进行整理，即以单件归档。

2. 立卷方式改革原则

改革原则是简化整理，深化检索，提高效率，方便利用。

3. 改革内容和方向

(1) 改革内容。取消立卷，单件归档，统称归档文件整理。

(2) 改革方向。从案卷级管理，到文件级管理。

(3) 改革方式。从手工管理到文件条目信息的计算机管理。将文书档案管理延伸到文件级管理，遵循每份文件的独立特征，直接利用文件材料标题作为档案管理的主要依据，取消了组卷、装订、拟写案卷标题、编排页码、填写案卷目录等工作环节，直接实现“文件级”管理档案，归档文件在处理完毕后可随即归档，减轻了手工劳动和工作压力，使归档工作化整为零，提高档案工作效率，深化档案检索和利用工作，对实现档案的现代化管理起到促进作用；文书文件材料电子文件的归档进一步为实现了文书档案全文数据库打下基础。

4.《归档文件整理规则》的适用与单件归档的条件

《归档文件整理规则》是以“简化整理、深化检索”为宗旨，它与传统的立卷相比较，根本特点就是以“件”为单位，它所提出的方法就是经“件”为整理单位。《归档文件整理规则》对归档文件的概念作了一个界定，专指办理完毕，应作为文书档案保存的各种纸质文书材料。

《归档文件整理规则》的适用范围是文书档案材料，不适用于科技、会计等专门档案、声像材料、电子等特殊载体档案的整理工用。

单件归档是指归档文件以“件”为单位进行编号整理，单件归档的前提是必须采用计算机管理和优秀的档案管理软件。

二、文书档案与文件

1. 文书档案的定义

文书档案是指各单位在从事社会管理活动中形成的、具有保存价值的文件材料，即法规性文件和行政性文件。法规性文件是本单位制定和颁发的，具有法规性和强制性的文件。行政性文件是本单位为贯彻执行法规、在日常政务活动中形成的文件材料。目前，我国党政军机关、部门使用和形成的文件由行政性正式公文和常用事务性公文组成，行政性正式公文的种类有：命令（令）、决定、公告、通告、通知、通报、议案、报告、请示、批复、意见、函、会议纪要。常用事务性公文是指各机关、企业、事业单位经常使用，但不作为正式公文向外发出的内部文件。简单地说，就是各单位制发的“红头文件”和“白头文件”（如总结、领导讲话、情况汇报、合同、协议等）。

2. 文件的定义及其分类

（1）文件的定义：文件是法定机关、团体、企事业单位和个人在各种活动中，为互相联系和处理事务等实际需要，用文字、图表等方式直接记录下来的具有完整体式和处理程序的信息材料。即在公务活动中形成，包括收文、发文、内部文件等公文，以及私人活动形成的私人文件。

（2）文件的分类：文件按使用范围分为通用文件、专用文件。文件按行文方向分为上行文、下行文、平行文；按来源分为发文（本单位拟制的，包括外发文、内发文）和收文（外单位来文）；按密级分为对外公开、国内公开、内部使用、秘密、机密、绝密。按文件性质作用分为规范性、领导指挥性、公布性、陈述呈请性、商洽性、证明性；按体式分为红头文件、白头文件、原始记录。

（3）文件的处理程序。

1）发文处理程序（8 个步骤）：拟稿（书写材料、纸张符合要求）—审核—签发（领导写明意见并签名，形成定稿）—复核（办公室完成）—缮印—用印（单位或签署领导印章）—登记（在发文登记簿登记）—分发。

2）收文处理程序（7 个步骤）：签收登记（收发人员签收并在收文登记簿上登记来文主要内容、密级、收文时间等，填盖收文章）—审核（办公室人员填写文件处理单并进行审签）—拟办（办公室秘书把来文结合本单位情况对来文提出初步方案和初步意见）—批办（送领导批示，领导参考秘书人员提出的初步方案和意见进行批示，如签署意见“照此办理”、同意等，领导批示是承办的依据）—承办（承办部门或具体人员根据领导的批办意见具体贯彻执行、办理）—催办（对文件承办工作的检查和督促）—注办（将承办者办文的结果向批办的领导和来文机关报告，承办人注明办理情况结果）。

三、归档文件材料的收集

1. 归档与归档文件

（1）归档的定义：各机关、团体企业、事业单位在文件办理完毕后，按有关规定将确定为档案的文件向档案部门移交的过程。文件归档后便形成了档案，归档是文件向档案转移的标志，是文书处理的终点、档案管理的起点。这里办理完毕的文件是指在文书处理程序上已经办理完毕，至于在实际工作中的贯彻执行不一定全部完成，有的可能长期执行。

（2）归档文件：是指立档单位在其职能活动中直接形成的，办理完毕、具有保存价值的各种形式的文件材料。包括收文、发文、内部文件、会议、记录、技术文件、图纸图表、出版物原稿、印模、照片、底片、光盘、录音、录像等。

2. 归档文件的收集

（1）归档文件的来源：文件材料主要来自于4个方面：

1）本机关工作活动形成的文件；

2）上级机关颁发的文件；

3）下级机关上报的文件；

4）同级机关和不相隶属机关抄送的。

（2）归档文件收集范围：本单位的收文、发文、内部文件。

（3）归档文件收集方法。

1）做好平时文件材料收集。

发文收集：有文号的发文，应对照发文登记簿，按文号逐件逐页地清查，注意每份文件的附件、定稿及与之相关的文件材料是否漏掉。无文号的复函、询函、项目等文件材料，根据来文上的留注、复文的内容、立项计划等查询。这是本单位形成的“红头文件”的归档。

收文收集：通过收文登记的文件材料，应对照收文登记簿，逐件清查，并注意与之相联系的复文、办理情况留注等。

2）及时收集。对办理完毕、属于归档范围的文件材料做到随办随归，避免文件材料滞留个人手中，把集中整理变化为平时整理，减轻集中整理的压力和工作量。

3）年终集中收集。这是每年度进行归档之前必须开展的一项工作，尽最大努力搞好文件材料的收集。“红头文件”和“白头文件”是本单位工作过程中形成的立档单位应收集文件材料。

年终注意检查本单位在本年度工作中产生的“白头文件”材料是否收集归档，如会议材料：本单位年度工作会议材料（总结、计划）、表彰材料，专业会议材料，代表发言材料；本单位在上级工作会议上发言、汇报、经验材料、典型材料、交流或发表论文、考察报告；综合材料：会议记录本（党委、党组会议，行政、办公会议）等，各类花名册、登记簿（干部职工、党员、专业技术人员等花名册及主要业务工作登记簿），年报表（业务、党员、人事劳资等各种统计报表），各种介绍信存根（党团组织关系、干部调动、行政事务等）、协议、合同。

3. 文件收集注意事项

（1）文件收集的判断方法。本单位的发文均需归档；收文中，与本单位职能有关的应归档；内部运转文件，注意归档。

（2）严格检查，确保归档文件的齐全和完整。齐全就是归档文件要搜集齐全，不能缺少某些文件材料，缺少了就不能反映一个事物的全过程，看不出事情的来龙去脉，查不出事情发生的原因和处理结果，就不能从事物多方面的内在联系上反映一个事物的全貌，如正本与附件是否齐全。完整是指文件材料不可有头无尾，也不可中间缺页，更不允许按一时的政治需要，任意舍取文件的有关内容。注意重份文件不要。

（3）文件收集时注意文件签批手续。检查文件有没有签批单，签发手续是否完备；注意与纸质档案对应的电子文件等其他载体形式的资料是否收集齐全。

（4）文件形成材料的要求。平时收集时就要逐件检查文件形成使用的纸张、字迹、笔墨是否符合要求。

（5）传真件存档。由于传真件字迹耐久性差，要求复印后将复印件与传真件一同存档。尽管复制件本身在耐久性方面也存在问题，但强于传真件。

（6）稿本的收集。

1）草稿：许多文件都是使用计算机起草的，对无领导批示和签字的草稿，一般不归档，重要或特殊文件草稿需保留归档。

2）定稿：草稿经领导签发或讨论通过形成的定稿必须归档。最后的定稿应与正式发文一同归档，重要文件的重要修改稿也应一同归档。

3）正本（副本）：文件材料的正本（副本）必须保留归档。

4）试行本、暂行本、修订本、不同文字稿本都应归档。

（7）补发文与前文的收集。如前文有误，后又补发文件的，有误的文件不进行归档。

（8）注意账外文件的收集。各种上报的图表、报表、花名册；党员概况统计表及人事统计表；本单位出版的书刊、上报的信息；领导外出开会带回的会议文件；本单位各部门的总结、计划；联合发文的副本都应收集归档。

（9）同一事由文件的收集。同一事由文件如一次活动、会议，特别是请示和批复是否办理完毕并集中在一起，发现有请示无批复或有批复无请示的现象，及时查清原因，询问经办人员。

四、归档原则与归档审查

1. 归档原则与归档时间

（1）归档原则。文件材料的归档原则是遵循“谁形成、谁归档”，即“谁办谁归档”的原则，原因是文件承办人最了解文件的来龙去脉。根据《档案法实施办法》第十二条，每年各单位应归档文件材料由文书或者各部门指定的兼职档案员负责收集齐全并经整理后，按规定向档案部门移交，实行“集中统一管理”，以便于提供利用，任何部门或个人不得据为己有或拒绝归档。

（2）归档要求。要求归档文件齐全完整、系统科学、整理规范、归档及时、手续完备。

（3）归档时间。年初 3 月前完成上年度各部门归档文件的收集，5 月底前形成归档文件目录。6 月底前完成上年底文书文件材料的归档工作。有条件时应“随办随归档”。

（4）归档手续。各部门兼职档案员进行预整理，档案人员检查、指导，经调整、改进后正式向档案部门移交，并办理手续，清点、检验、移交清单、签字。

2. 归档范围与保管期限审查

（1）归档范围审查。企业机关在工作活动中形成的文件材料很多，但并不是所有的文件材料都归档，而是要正确区分归档与不归档的文件材料。在实际工作中，一方面要确保文件的齐全完整，同时又要防止“有文必归”。鉴定文书文件材料的归档范围要坚持“以我为主”的“职能”原则，以突出反映本单位的工作特色；不归档的文件主要有三方面：重份文件、普发性文件、未生效文件。

（2）保管期限审查。根据企业单位事先制定的《机关文件材料保管期限表》，鉴定其保存价值。注意以下几点：

1）文件之间的联系，防止孤立地划分其价值，将密不可分和有必然逻辑联系的放在一起来判定它的价值。

2）考察文件的实际内容，防止从形式上看其价值，如果与本机关主要活动有密切联系、起凭证作用、效益长的文件材料其保存价值较高，反之就低。不论是上级、下级还是本机关形成的文件，主要是看文件内容的重要程度和作用大小。

3）研究文件的各种作用，防止片面地看价值。

4）从长远考虑文件的使用价值，就高不就低。

第二节　归档范围与保管期限的确定

2006年12月18日，国家档案局第8号令公布了《机关文件材料归档范围和文书档案保管期限规定》（以下简称《规定》）。该规定是对1987年《国家档案局关于机关档案保管期限的规定》、《机关文件材料归档和不归档的范围》两份文件的修订和合并，并上升为行政规章。要求各机关文件材料的归档范围和保管期限的确定严格按照《规定》要求，结合本单位工作实际，制定本单位机关文件材料的归档范围和保管期限以及不归档的文件范围。主要按以下几个方面进行。

一、文书材料的归档范围

凡办理完毕具有查考和保存价值的文件均应归档，主要有：

1. 反映本单位基本职能活动和历史面貌的文件材料

凡是反映本单位机关主要职能活动和基本历史面貌的文件材料，即反映本单位历史变迁见证、本公司工作职能活动和基本情况，对本单位机关工作、国家建设和历史研究具有查考和利用价值的文件均属归档范围。

2. 维护权益具有凭证价值的文件材料

指机关工作活动中形成的、在维护国家、集体和公民权益等方面具有凭证价值的文件材料。如本单位签订的合同、协议、房产、机关财务预算等。

3. 需归档的上级、同级、下级单位的重要收文

指本单位机关需要贯彻执行的上级机关、同级机关的文件

材料，以及下级机关报送的重要文件材料。

(1) 上级机关来文。

1) 上级机关制发的属于本机关主管业务的文件材料。

2) 上级机关制发的非本机关主管业务但要贯彻执行或需要办理的文件材料。

3) 上级机关制发的关于本机关机构设置、领导人任免、人员编制等文件材料。

(2) 同级机关收文。

同级机关或没有隶属关系的机关制发的，非本机关主管业务但要贯彻执行或需要办理的、或对本单位机关具有重要参考价值的文件材料。

(3) 下级机关文件。

下级机关报送来的文件材料，包括：有关政策性的、请示性的、反映重要活动、重大问题的专题报告，年度和年度以上的工作计划、工作总结、重要的情况报告、统计材料等。

4. 其他对本机关工作具有查考价值的文件材料

重要材料除了“红头文件”，还有定稿文件也要纳入归档范围，它对“红头文件”起印证作用，即在拟制文件过程中形成的各种文件稿本，应视具体情况而定，如重要性文件（如人代会、党代会）的历次修改稿；各种交接手续，刊物、出版物等；与外单位重要的往来文件；从外单位带回的与本单位有关文件。

二、不归档文件的范围

(1) 上级机关的文件材料中，普发性的、不需本机关办理的。

文件材料不归档。例如：任免、奖惩非本机关工作人员的文件材料，仅供工作参考的抄件，征求意见未定稿的文件等。

(2) 本单位的文件材料。

指本单位临时的、重份的文件，无查考价值和利用价值的事务性、临时性文件，未经签发的文件、电报草稿，一般性文件的历次修改稿（定稿除外）、各次校对稿（主要领导人亲笔修改和负责人签字的最后定稿除外），不需办理的一般性人民来信、电话记录，单位机关内部互相抄送的文件，本单位机关负责人兼任外单位机关职务形成的文件，以参考为目的从各方面搜集的文件，参加非主管单位召开会议带回的不需要贯彻执行和无查考价值的文件。

（3）同级单位的文件材料。

同级机关不需贯彻执行的、不需办理的抄送文件材料。

（4）下级单位的文件材料。

指下级机关提供参阅的简报、情况反映，抄报或越级抄报的文件，抄报备案的一般性文件，越级报送的文件。

三、归档文件注意事项

1. 常多归的文件材料

凡与本公司工作和业务不发生关系，不反映本公司工作和历史情况、或者没有保存价值的文件材料，不进行归档。例如：党政机关发给立档单位的非法规性的一般文件，上级、同级、不相隶属的机关不需办理的文件、抄件，本单位一般文件的草稿，内部抄送的文件材料，不应归档。

2. 常漏归的文件材料

（1）机关内部及直属单位的专业文件材料，如统计部门的普查材料、科技成果材料等。

（2）“白头文件”材料，如合同、协议、简报、刊物、情况报告、历史沿革、大事记、简报、重要文件的修改稿、党组（党委）或行政会议记录等。

（3）会议文件材料，如本机关召开的专业会议，到外单位参加有关本机关主管业务的会议文件材料。

（4）非纸质文件材料，如照片、电子文件等。

四、归档文件保管期限的划分

1. 保管期限种类

《规定》改革了归档文件保管期限的划分方法，将原有的“永久”、“长期”、“短期”三种保管期限简化为“两分制”和“标时制”，改为“永久”、“定期”，“定期”再分为30年和10年。

2. 保管期限的划分依据

归档文件价值的鉴定是归档文件整理工作的难点。根据《规定》，文件材料保管期限的确定应体现“以我为主”的“职能”原则。以“我”形成的文件其保管期限相对较长，以突出本单位文件为主的工作特色。这里的“我”，一是指本单位，包括本单位各部门、直属机关等，尤其指本单位主办的会议、文件其保管期限明显高于其他联合办理单位，其目的是通过相关单位对相同档案划分为不同保管期限；二是指本系统，指本单位同一系统的上级机关。把事关人的档案，其保管期限适当提升，把部分上级机关和下级机关文件的保管期限适当下调。

3. 归档文件保管期限的划分

（1）永久保管的文件材料。

反映本单位主要职能活动和基本历史面貌，对本单位工作、国家建设和历史研究有长远利用价值的档案，其保管期限应定为永久。主要包括：

1）本单位制定的法规政策性文件材料，例如：法、令、决定、指示、纪要、条例等。

2）凡是反映本单位召开重要会议、举办重大活动等大型活动形成的主要文件材料。

3）本单位主要职能活动中形成的重要业务文件材料。

4）本单位关于重要问题的请示与上级机关的批复、批示，重要的报告、总结、综合统计报表等。

5）本单位机构演变、人事任免等文件材料。

6）本单位房屋买卖、土地征用，重要的合同、协议、资产登记等凭证性文件材料。

7）上级机关制发的属于本单位主管业务的重要文件材料。

8）同级单位、下级单位关于重要业务问题的来函、请示与本单位的复函、批复等文件材料。

(2）定期保管的文件材料。

反映本单位一般工作活动，在一定时间内对本单位有查考利用价值的档案。主要包括：

1）本单位机关职能活动中形成的一般性业务文件材料。

2）本单位召开会议、举办活动等形成的一般性文件材料。

3）本单位人事管理工作形成的一般性文件材料，如具体管人的规章制度，人事任免处级以上的是永久，处级以下的是30年。

4）本单位一般事务性管理文件材料，如有关离退休制度等。

5）本单位关于一般性问题的请示与上级机关的批复、批示，一般性工作报告、总结、统计报表等。

6）上级机关制发的属于本单位机关主管业务的一般性文件材料。

7）上级机关和同级单位制发的非主管业务但要贯彻执行的文件材料，如贯彻执行8号令的文件。

8）同级机关、下级机关关于一般性业务问题的来函、请示与本机关的复函、批复等文件材料。

9）下级机关报送的年度或年度以上计划、总结、统计、重要专题报告等文件材料，如下级机关报送的档案统计年报。

(3）定期保管文件材料的标时。

1）凡是反映本单位一般工作活动，在较长时间内对本单位工作有查考和利用价值的，定为30年；凡是在较短时间内对本单位有查考和利用价值的，定为10年。

2）上级下发文件中，与本单位职能活动有关的一般性文件为 30 年；简报和临时事务性通知为 10 年；本级文件中，介绍信存根、简报为 30 年，月计划、临时工作安排，一般事务性便函为 10 年；同级、单位内部文件中，同级机构针对本公司的重要来文为 30 年，同级机构颁发的、需执行的重要文件为 10 年。单位内部报送的工作总结、报告，典型的、重要的为 30 年，一般为 10 年。

第三节　归档文件的分类与整理

一、全宗及其确定

全宗即是指立档单位，是档案学上对立档单位的术语性称呼，全宗是指一个独立的机关、团体或其他的组织、个人在社会活动中形成的档案有机整体。全宗的确定有三个原则：独立的财权（即单独的经济核算单位）、独立的人事权（可以任免单位内部职工）、独立的行文权，符合以上三个条件的单位就认为是一个单独的全宗。全宗号是指立档单位的数字代号，用阿拉伯数字填写。

二、分类标准与文件归类

1. 分类的定义

分类是指依据一定标准，按照文件的来源、时间、内容和形式特征的异同点，对文件进行有层次的区分，并组成具有一定从属关系和平行关系的管理体系。

2. 分类标准的设置

分类是对全宗内的归档文件材料进行分类。水电企业文书归档文件的分类标准一般采取："年度—问题（机构）—保管期限"的分类方法，采取这种分类方法的优点是能反映同一年度的工作情况和归档文件情况，能满足查找同一年度、同一问题或机构归档文件的要求。

（1）“年度—机构—保管期限”。

这种分类方法是首先按年度分，其次按机构分，再按保管期限（永久、定期）分类。例如：某单位 2006 年文书档案分为：

办公室—永久　30 年　10 年；

党群部—永久　30 年　10 年；

计划部—永久　30 年　10 年。

这种分类方法适用于企事业内设机构明确、稳定、职能清晰的大、中型单位。

（2）“年度—问题—保管期限”。

这种分类方法是首先按年度分，其次按问题分，再按保管期限（永久、定期）分类。例如：某单位 2006 年文书档案分为：

党群类—永久　30 年　10 年；

行政类—永久　30 年　10 年；

人事类—永久　30 年　10 年。

这种分类方法适用于企事业内设机构不明确、多变化、职能不是很清晰的或小型单位。

水电企业文书文件材料一般选择第二种分类方案，即选择按“年度—问题—保管期限”分类。

3. 文件材料的分类

（1）文件材料分类原则。

归档文件按本单位机关设置的分类标准（如年度—问题—保管期限），根据《电力工业企业档案分类表（0～5 大类）》进行归档文件材料的分类。结合本单位各年度产生的文件材料情况，采取分类到一级类目或二级类目，由于目前已经实现计算机管理，一般不必分类到三级类目。一级类目的内容：0

（党群工作）、1（行政管理）、2（经营管理）、3（生产技术管理）、4（财务审计）、5（人事劳资）。

计算机管理档案的特点是分类粗、整理事由缩小、装订细。分类粗是指分类到一级类目，最多到二级类目；整理事由缩小表示归档文件排列时，可将事由缩小，便于及时归档；装订细表示著录归档文件的“件”要细分，以便于保管和查阅利用。如装订时，对来文和复文，可不作为一件进行装订。

（2）文件材料分类方法。

1）内容原则：主要根据归档文件材料的内容及其所反映的活动领域进行分类。反映某类“问题（机构）”的文件归入相应类，如反映党群、党务工作的文件均归入0类。

2）涉及两个以上问题或机构的文件，如有侧重，应将其分入主要问题的类目中。

3）归档文件材料整理时首先按分类表进行分类后，再按归档文件保管期限表对每一类文件的保管期限进行划分。

三、归档文件的整理

1. 整理依据

归档文件整理依据是《归档文件整理规则》（DA/T 22—2000）（以下简称《规则》），水电企业文书文件采取以“件”进行整理，单件归档便于归档文件的整理、保管和利用。

2. 整理制度

归档文件在整理之前首先要制定相关制度，确定整理环节，明确整理分工，注重平时积累和加强组织管理等。

归档文件整理应制定的制度有：归档文件整理办法、归档范围与保管期限表、不归档文件处理办法等相关制度。

（1）归档文件整理办法。

1）明确整理要求：确定整理工作环节；规定归档文件整理办法；明确文件整理质量要求。

2）确定归档要求：明确归档时间、归档文件份数等。

（2）文件材料归档范围与保管期限表确定。根据《规定》结合本单位实际情况，制定文件材料归档范围与保管期限表。

（3）不归档文件处理办法。针对不归档文件材料，制定不归档文件材料的处理办法。

3. 归档文件整理

（1）整理概念与过程。

1）整理概念：归档文件整理是将零散的文件材料进行系统化和编目的工作过程。是使之有序化，将同一年度、同一问题（机构）、同一保管期限、同一事由的归档文件集中；将相近机构、相近时间的归档文件靠拢；将不同载体、不同年度、不同问题（机构）、不同保管期限、不同事由的归档文件分开。

2）整理步骤：以“件”为单位进行规范整理。基本步骤包括收集、文件分类、鉴定保管期限、装订、排列、盖归档章、编号、编制归档文件目录、装盒、填写备考表、编写归档文件整理说明、编制归档文件目录册、档案排架。

（2）整理原则。

整理原则是遵循文件的形成规律，保持文件之间的有机联系，区分不同价值，便于保管和利用。将同一事由形成的文件排列在一起，能反映出文件在形成时的客观规律和有机联系。

“事由”是指一件具体的事，或一个具体的问题，或一段较为紧密的工作过程，或一次活动、一次会议。一个“事由”其形成的每份材料均应分别作为一件整理，但排列应集中。注意不能把属同一事由的文件作为一件，如召开一次会议，形成的通知、议程、领导讲话等5份材料应作为5件，不能总的作为1件来处理。

在实际操作中，将收集来的文件材料按本级、上级、下级文件分开，上级、下级文件按收文的时间顺序排列，本级文件按有文件文号、无文件文号、会议文件的顺序排列。

（3）整理方法。

以“件”为整理单位，通常情况下，一份文件就是一件，应注意几种特殊情况文件材料可“作为一件”的确定：

1）可“作为一件”文件的确定：上级的批复与本级的请示，本级的批复与下级的请示，文件正本与不同稿本，正文与附件，正本与底稿，原件与复制件，转发文与被转发文，来文与复文及其他相关文件，多种文字形成的同一文件，未装订的式样相同的表格，不便拆开整理的会议材料或记录（会议材料以一份文件、会议记录以每一次会议为一件），整本的介绍信存根，不同类型报表、名册、图册等每册为一件。刊物正本为一件，底稿为一件，如果底稿太厚可视情况分为若干件；成套文件中的每份文件为一件。请示经过若干次形成的批复，各为一件，可作为同一事由排列在一起。

当批复和请示作为一件时，如果批复和请示作为一份文件进行装订太厚不易装订时，也可分为两件。同样，正文和附件，正本与草稿，来文与复文都可视情况分别装订。不过在文件排序时应相对集中放在一处，若是完成立档工作后才归来的文件也可放在最后，不必改动前面文件的档号。

2）重要文件（如法律法规等）除正本外，在撰写、印刷过程中形成的不同稿本（包括历次修改稿）均需要归档保存，可“作为一件”，如过厚不易装订，其正本与历次修改稿（包括定稿）也可各为一件。

3）正文与文件处理单（包括收文处理签、拟办单、发文稿件、稿头及领导批示的签批条等）一般情况下也可“作为一件”。文件在运转过程中一般都附有文件阅办单，有的阅办单有领导的重要批示或签批条，它真实地记录了文件的形成、办理过程，是归档文件不可分割的重要组成部分，应与文件作为一件，归档章应加盖在阅办单上，编写页号时也要从阅办单（签批条）开始。

四、归档文件的排列

1. 归档文件排列

（1）归档文件排列的定义。

归档文件排列是指文件在分类的最低一级类目，按一定的方法进行大流水顺序排序，确定文件材料排列次序的过程。

（2）归档文件排列原则。

归档文件的排列原则是“事由”原则。归档文件按“事由结合时间、重要程度排列”，强调归档文件必须先按“事由”集中，再按事由结合时间、重要程度的原则进行排列。

按“年度—问题（机构）—保管期限”进行分类后的文件排列，首先集中同一年度归档文件，其次集中同一问题或机构归档文件，再按事由结合时间、重要程度排列。

（3）归档文件排列方法。

首先应将“同一事由”的文件，按文件形成的时间先后顺序或文件重要程度排列起来；其次，再将“不同事由”的文件，按事由形成时间的先后或文件重要程度排列，也可按作者或承办者的级别排列，会议文件等成套文件可集中排列。

将同一事由的相关文件排列在一起，例如：一次请示或报告，批复收到后就视为事由办理完毕。一次会议或一项活动视为一个事由，按事由排列文件即反映了文件之间的联系，又便于存取和检索。

如果在归档结束后，又出现一些零散文件，那么应将零散文件排列在同一年度，同一保管期限的所有文件最后，并在备注栏中注明；或者并入关系密不可分的相关文件作为一件，并在目录备注栏注明“此件为两件”。

2. 归档文件按“事由”排列的优点

（1）按事由排列的归档文件，符合文件的形成规律和文件整理基本原则，符合文件在形成过程中的自然顺序，能反映同一事由的发生、发展及结束过程。

（2）按事由排列的归档文件能提高检索和调档的工作效率。

（3）按事由排列的归档文件能方便整理和利用。

3. 归档文件排序注意事项

（1）可“作为一件”的含义。

这里的“作为一件”是指将文件实体装订在一起，编目时也应视为一个条目。但并不是将同一事由的若干文件作为其中一份主要文件材料的附件装订在一起，这样容易引起检索混乱，难以查找。如会议文件、会议预备通知、会议通知、会议日程、领导讲话、典型经验、会议总结等多份文件，这些文件都归属于某一次会议这个事由，但不要装订在一起，应单份文件装订，按会议日程或时间先后顺序排列。

（2）可“作为一件”文件的排列。

1）当“作为一件”的文件进行排列时，原则是“结论性文件排列在前，依据性文件排列在后”。如请示与批复等作为一件排列时依然是批复在前，请示在后，不要按形成时间排列。

“作为一件”文件的排列：批复在前，请示在后；正文在前，附件在后；正本在前，定稿在后；重要规范性文件的历次修改稿依次排列在定稿之后，原件在前，复制件在后；转发文在前，被转发文在后；批示在前，报告在后（有时批示与报告在同一张上，此时也应将该页批示放在该报告的最前面）；通知在前，报告在后；复文在前，来文在后。非诉讼案件材料的结论、决定、判决性文件在前，依据性文件在后。

2）收、发文及处理单排列。文件处理签、发文稿纸与档案同等重要。发文含正式文件、发文签（发文稿纸）、定稿，为一件。发文稿纸、定稿排列在正文后面，按“正式文件—发文稿纸—定稿”排列。收文含收文处理签、正式文件，为一件。收文处理签排列在收文之前，按“收文处理签—正式文件”排列。

第四节　文件材料的修整与装订

一、文件装订前的修整

为保证文书档案能够长期和有效地提供利用，在装订前对不符合归档要求的文件材料要进行修整。

1. 拆除的金属物

(1) 归档文件上的金属物主要是订书钉等铁、铝金属物。这些金属物易氧化、腐蚀，不拆除会导致归档文件纸张的损坏，影响归档文件的寿命。

(2) 拆除金属物后应及时用新的装订方法将归档文件进行装订，以免归档文件丢失或将归档文件的页码顺序排错。

(3) 以下情况可不拆除归档文件上的金属物。

1) 10 年保管期限的归档文件不必去掉金属物，其原因是短期保存的归档文件上的金属物不会很快生锈。

2) 已装订成册、不便拆除金属物的出版物等成册文件，可不必拆除金属物。

2. 修裱破损文件

当重要文件出现残缺、破损、断裂等情况时需进行修裱。修裱后能使归档文件恢复原貌、增加强度，以延长归档文件的保存期。

3. 复制褪变文件

当重要归档文件发生字迹模糊（如热敏纸、传真件上文字）和字迹褪变（如书写材料用铅笔、彩色笔、圆珠笔或修改的文字）时，会减少档案保存期，因此进行复制归档，为避免粘连，最好采用单面复印。用复印件归档，原件附后。

4. 纸张尺寸不合标准规格文件的处理

公文用纸要求规格统一，尺寸一致，对不符合规格的纸张要进行处理。采取如下措施：

（1）超大纸张的存档。某些特殊形式的文件，如报表、图样等，纸张的幅面大于 A4 或 16 开两种规格。由于档案盒是按照 A4 规格设计的，因此，对于大于 A4 幅面的纸张应折叠，折叠时注意尽量减少折叠次数，避开图表字迹，从上往下折叠，文件页数较多的，应单张折叠，以方便利用。

（2）较小纸张的存档。对小于 A4 或 16 开的文件材料，要视情况托裱成小于 A4 或 16 开的。

（3）装订线外侧有文字的文件材料，即装订侧文字距装订线太近的文件材料，要另加纸裱糊。

二、文件材料装订方法

文件装订，要使用符合档案保护要求的装订材料，将归档文件以“件”为单位固定在一起。装订方式如下：

（1）线订式。线装式主要采用腊线、索线等装订材料，用手工或缝纫机装订。这种装订方式适用于永久或长期保管归档文件材料的装订。装订部位可在文件的左上角或左侧装订、固定。

1）左上角装订部位的对齐方式。归档文件在文件的左上角装订的，其对齐方式应为文件的左、上侧对齐。

2）左侧装订部位的对齐方式。归档文件在文件左侧装订的，其对齐方式应为左、下侧对齐。

（2）粘贴式。粘贴式一般使用桃胶、固体胶、胶水等材料，注意不要使用糨糊，以防虫霉。

（3）订书式。主要使用不锈钢订对保存期限为 10 年的文件材料进行装订。这种装订方式含有金属材料，注意用微波消毒时会因高温而失火。注意不锈钢订要选择档案推荐使用的不锈钢订，禁止使用不符合规范的订书钉。

(4) 封套式。用80g左右的无酸牛皮纸，制成通用的16开、A4幅面的梯形封套，将文件下端套在封套中的方式。

第五节　归档文件编号与归档章编制

一、归档文件编号

1. 编号定义

归档文件的编号是采用某种标识符号，以归档章的形式将归档文件在全宗中的位置进行固定的过程。

2. 编号的作用

(1) 编号是编目工作的起点和基础，其目的是巩固归档文件分类、排列等前期工作的成果。

(2) 通过编号，固定归档文件在全宗内的顺序和位置。

3. 档号作用及档号结构

(1) 档号的作用：档号是档案利用中对档案实体的存取提供的唯一地址号。

(2) 档号的编制原则与结构：文书归档文件是以“件”进行整理和装订，因此，归档文件的编制原则是“一件一号”。

归档文件逐件加盖并填写归档章内的编号项目后，就构成了各“件”的档号。归档文件档号结构可为：“全宗号—年度—分类号—保管期限—室编件号”或“年度—分类号—保管期限—室编件号”。

二、归档章格式及其填写

1. 文书材料归档章

(1) 归档章位置与内容。

归档章应逐“件”加盖并填写。归档章采用红色印泥，统一要求加盖在每份归档文件的首页右上方位置。归档章内的编号项目设置六项内容，其中，全宗号、年度、保管期限、件号等为必备项，并可设置机构（问题）等选择项。

（2）归档章的格式。

归档章采用“表格定位法”，使用表格的位置来确定各方框中内容的方法。方框中的文字表示该框应填写的内容。归档章的规格为：16mm×45mm，格式如图 12-1 所示。

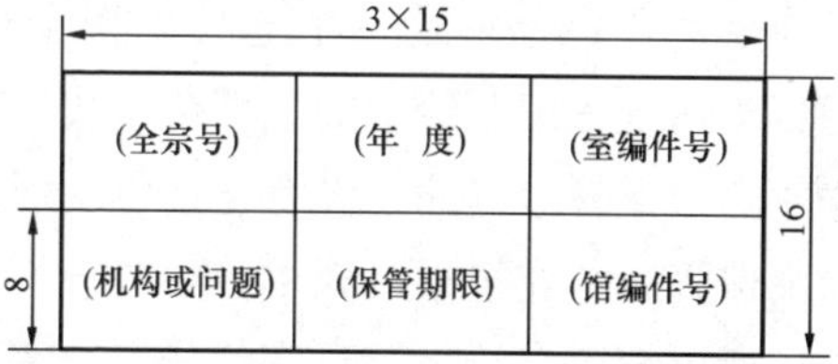

图 12-1　归档章式样（单位：mm）

（3）归档章的加盖与填写。

归档章的加盖与填写有“手工”和“自动”两种方法：

1）在归档文件材料首页“手工”加盖填写归档章。在每份归档文件的首页（如文件处理单）右上方空白处加盖归档章，并用碳素或蓝黑墨水填写各项内容。

2）增加件盒级封面，“自动”填写归档章。归档章的加盖与其编号项目的填写是归档文件整理中工作量较大的环节之一，因此，为节省工作时间及减少工作量，可采取在每份归档文件材料的首页前增加件盒级封面，打印件盒级封面时自动将归档章及其内容打印在“件盒级封面”的右上方。

采用此该方法加盖填写归档章，其优点是节省工作时间，减少档案人员的工作量。缺点是增加了归档文件材料的厚度。

三、归档章及袋号章的编制

1. 归档章的编制

归档章编制是指归档文件依据分类方案和文件排列的结果

在归档文件上注明其内容。其编号项目分为必备项和选择项。

（1）必备项，即每一份归档文件都必须要编制的项目，这些项目指：全宗号、年度、保管期限、件号。

（2）选择项，这个项目主要是问题或机构项，一般情况，根据选择问题或机构的分类层次，填写一级或二级类目分类号。

2. 编号项目的填写

（1）全宗与全宗号：全宗是一个立档单位全部档案的总称。全宗号是档案馆统一编制给定的立档单位代号。由于企业档案一般由企业自行保管，因此，没有全宗号。但是，为便于企业内部的档案保管，企业根据所属单位集中统一管理档案的需要和企业产权变更情况自行设定全宗代号。全宗代号是立档单位编制的数字代号，如011。全宗代号的设定可结合水电建设工程项目编号进行设定。

（2）年度：文件材料的形成或处理年度，以四位阿拉伯数字标注公元纪年。如2009。

（3）保管期限：立档单位在整理归档文件时，依据国家及本单位保管期限表的规定，对归档文件划定的应保存的年限。归档文件保管期限分为永久和定期（30年和10年）两种。

（4）件号：件号是文件材料的排列顺序号。件号包括档案室编件号和档案馆编件号。

1）室编件号与馆编件号定义。

——室编件号：是各单位在对归档文件分类、排列后，按归档文件实体的排列顺序编制的顺序号。

——馆编件号：是指各级档案馆根据接收或整理档案的实际情况另行编制的件号。馆编件号由档案馆根据需要填写。

2）室编件号编制方法：这里件号是指室编件号。件号以年度为界，每年必须从“1”编起，不能跨年度连续编号，各期限分别编流水号。可规定为三位数阿拉伯数字标注，如001。

室编件号编制方法：在同一保管期限，件号都是从“1”开始。归档文件按“年度—问题（机构）—保管期限”分类后，并归类到最后一级类目后，再按归档文件排列顺序从“1”开始编号。即在同一年度、同一问题、在不同的保管期限下，按归档文件排列顺序。即先编“永久”保管期限文件的件号（从1～N号），再编“30年”保管期限文件的件号（又从1～N号），最后编“10年”保管期限文件的件号（又从1～N号）。次年归档文件的编号不连续前一年的归档文件编号，重新开始编号。

也就是说，每年分“期限”分开编三个流水号。件号应“逐件”编制，一份文件一个号，不能多份文件编一个件号，否则会导致文件材料的检索困难。例如：某归档文件编号后，归档章填写如图12-2所示。

011	2009	001
1	Y	

图12-2　归档章的填写

其中：“011”为全宗号，“2009”为年度号，“001”为室编件号，不同保管期限的文件，不允许混编一个流水件号。“1”为问题代号，表示文件材料的归类；“Y”为保管期限；填写时注意馆编件号不编，待进馆时，由国家档案馆统一编制。该份归档文件的档号可为011-2009-1-Y-001或2009-1-Y-001，表示011全宗内2009年行政类、永久保管期限的第1份文件。若档号为011-2009-1-30-001，表示011全宗内2009年行政类30年保管期限的第1件。

归档文件编号时，不应考虑分盒问题，装盒后各盒内文件编号是连续的，如第1盒从001～020号，第二盒从021号开始编起。

3. 袋号章的编制

（1）袋号章编号项目。

归档文件装袋是指将每一“件”文件装入一个文件袋。袋号章由档案部门监制，印在斜口袋上，项目包括档号和页数。统一用碳素墨水或中性笔填写。

（2）袋号章规范格式。

袋号归档章的规格与归档章相同，仍为 16mm×45mm，袋号章规范式样及填写如图 12-3 所示。

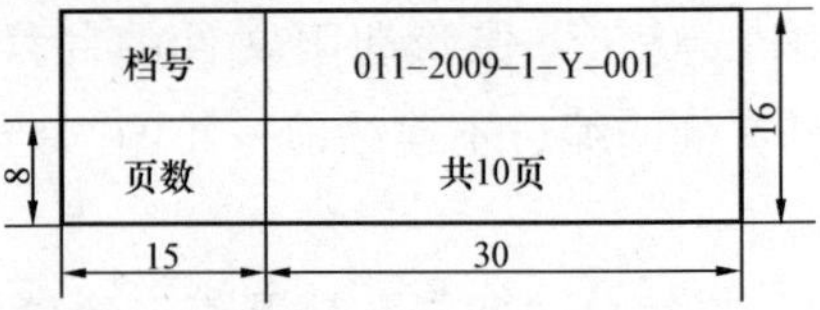

图 12-3 袋号章格式及填写（单位：mm）

“档号”栏，应填写每件归档文件的档号，即全宗号、年度号、问题或机构代号、保管期限代号、件号等项目必须齐全完整。档号的编写方法与前边的一致。“页数”栏填写每件文件的总页数，空白页不计页数，即见字为一页。

第六节 归档文件材料的编目

《规则》中的编目是指编制归档文件目录，依据分类标准和室编件号顺序编制归档文件目录。

一、归档文件页数

1. 页数的含义

归档文件的“页数”，指每“件”归档文件有效页面（即有图文的页面）的总页数。有效页面的总页数，应是各文件页数的相加数，如请示 5 页，批复 1 页，则该件页数为 6 页。文件处理单放在文件最前面，其页数加入总页数。

2. 归档文件的编页

归件文件可采取“编填页数”或“编填页号”的方法。

（1）编填页数。

若归档文件有打印页或以“件”整理并进行装订的归档文件，可不必再逐页编写页号，采取统计每份文件材料的总页数，并将其填写在该份文件材料的首页上。如指被转发文、文件的附件或予以保留的文件处理单、文件定稿等，不论其页面大小、不论原有页码如何编制，应一并计算总的有效页面数，并标示在每“件”归档文件首页的右上角用铅笔编写总页数，归档文件各页不再逐页编写页号。

（2）编填页号。

经排列整理完毕的归档文件材料“逐页”编填页号。编填页号方法可以使用号码机、铅笔、钢笔编写。

注意，文书档案与科技档案材料“页号”编制方法的区别：科技文件材料的页号必须编写在页面正面的“右下角”和有文字反面的“左下角”；而文书文件材料的页号可编写在页面正面的“右上角”和有文字反面的“左上角”，用阿拉伯数字累计编填页号。归档文件逐件从“1”编写页号。

二、归档文件目录及其封面

1. 归档文件目录的编制

（1）归档文件目录作用。

归档文件目录是立档单位按照分类标准和室编件号顺序编制、提供档案利用或管理使用的目录。归档文件目录是常用的手工检索工具，还为实现档案的保管、鉴定、统计和编研等提供条件。归档文件必须按照分类、排列的结果，逐类、逐件编制目录，系统、全面的揭示归档文件的全貌。

（2）归档文件目录格式。

归档文件目录内容包括件号、责任者、文号、题名、日期、页数和备注等项目。归档文件目录一般采用 15 行 7 列，每一行录入“一份文件”的条目信息，并将文件目录以“件”的方式录入档案管理软件。归档文件目录格式如表 12-1 所示。

归档文件目录应与档案盒内文件相对应，因此，在归档文件目录上增加左肩表题—盒号标识。盒号标识内容为：“年度-分类号-保管期限-盒号”。增加盒号标识目的是便于对某盒内文件的调档。装盒的过程实际是一个顺序存放过程，而不管是哪个档案盒，但是增加盒号，使盒内文件的“件号”和盒号相对应，更便于对盒内文件的保管和查找。

(3) 归档文件目录的编制。

1) 件号：填写室编件号时按档案实体的件号顺序填写。

可“作为一件”文件著录（如正本与定稿、正文与附件、原件与复制件、转发文与被转发文、来文与复文等）时，只对排列在前面的文件（如复文）进行编目，填写时为一件，只填写排在前面文件的责任者、文号、题名、日期，但“页数”为“全件”的总页数，并在备注栏中注明“附来文”、“附请示”等，通过检索复文来实现对相应来文的查找。

对同一事由的多份文件则分别编目，如请示与批复、报告与指示、来文与复文作为两件时，这些都应分别编目。

2) 责任者：指发文的组织或个人，即文件的发文机关或署名者。以录用信息名称为标题时，责任者是本单位。

责任者为单位时，填写责任者时一般应使用全称或通用的、规范性的简称。

当文件责任者为个人时，应填写与该文件相应的职务，并在其职务外加“( )”，如（中共贵州省委书记）×××。

多个责任者联合发文时，应选填三个以内的重要责任者。重要责任者一般是本单位或本系统的责任者。

文件上无责任者的要考证并加“[ ]”，如：[贵州省计委]。责任者不能填写起草文件的单位或个人，也不能填写文件承办者。

合同、协议、责任书等，责任者为签字几方。

3）文号：指文件的字号，无文号的不填。填写文件字号时，发文代字、年度、顺序号的各部分都不能省略，如国办发〔2003〕35号。联合发文时，公文处理办法规定只允许主办单位编文号。如有多个发文字号的，一般可只填写主办单位的文号。会议文件、内部刊物、图纸等的编号、刊物的期刊号，不是文号，不能作为文号填写。

4）题名：是指文件材料的标题。著录文件标题时，批复后标注（附请示），重拟标题要用中括号；表彰文件要用小括号列出本单位人员；报表要在标题中写出所属年度。

文件一般只有一个标题，填写时照实著录。

有的文件除题名外，还有并列题名、副题名、说明题名的文字，对于这些题名应分别处理。

当文件没有题名或题名不规范的，应根据文件内容，重新拟写或补充标题，外加"〔〕"中括号附于原标题之后。

当文件标题含义不清，不能揭示文件内容时，应根据文件内容补充题名。补充的内容根据需要，可放在题名的前、中、后。如某份文件是关于加强防洪救灾工作的紧急通知，其标题为"通知"，填写时为"[关于加强防洪救灾工作的紧急] 通知"。

有的归档文件的附件十分重要、独立性强，由于仅对正文编目，易造成这些重要附件的漏检，填写题名时，可将附件题名抄录在正文题名后，外加"( )"，如关于进一步加强机关廉政建设的通知（附：机关干部车规定）。

文件标题上有责任者，应在责任者项中著录，此时一般可省略题名中的责任者。

5）日期：文件材料的形成日期，即文件的落款日期。

文件日期是指填写文件的签发日期。以8位阿拉伯数字标注年、月、日，如20080908。

文件上没写日期的应加以考证并填写，外加“[ ]”，如[20060203]。

文件上的日期有缺年或缺月、日，此时应考证具体日期时，目录没有外加“[ ]”，如2006[0508]；文件考证不出具体日期时，可暂将未考证部分用“0”代替，如20060000。也可仅填年度，无月、日的时间。如2006。

文件上日期记载有误时，应先抄录原日期，再将考证的日期附后，外加“[ ]”，如20060203[20060309]，如考证日期确实准确，也可直接填写20060309，应在备注栏注明。

6）特殊情况文件归档时间的确定。

文件材料的归档时间一般是文件的形成时间。跨年度的工作总结、活动以办结年为归档时间，跨年度计划、规划为文件签发年，特别长的跨年度的活动可分阶段在自然形成年度归档；几份文件作为一件时，归入排在最前面文件的签发年度；文件上没有注明日期的要考证并填写。

统一按文件签发日期（即落款日期）判别文件的所属年度，例如：2006年形成的，“2007年工作规划”应归入2006年；2008年形成的，“2007年工作总结”应归档2008年；2009年生效的法律法规，应归入2008年。

机关单位的某些活动，如召开会议、处理案件等，可能会形成跨年度文件，这样的文件统一在办结年度归档。例如：跨2007年、2008年两个年度的会议形成文件材料，统一在闭幕年，即2008年整理归档；下级单位2008年12月写的请示，上级单位2009年1月收到，则该请示应连同办理过程中形成的其他文件一起归入2009年。

判定“作为一件”的日期，正本与定稿为一件，来文与复文为一件等时，应以装订时排列在前面的文件日期为准。即正本与定稿为一件，以正本日期为准；正文与附件为一件，以正文日期为准，转发文与被子转发文为一件，以转发文日期为准；复文与来文为一件以复文日期为准。

7）页数：每一件文书归档文件的总页数。

页数为画面数，即有文字、图表等信息的页面均为1页。

大于或小于A4幅面的纸张，如8开、A3.32开（收文处理签等）幅面的纸张均算一页。

当几份文件作为一件时，其页数应为各分件材料页数的总和，如正文与定稿为一件时，其页数应为正文与定稿之和。

8）备注：用于填写归档文件需要补充和说明的情况。

归档文件目录的备注项目的填写要尽量控制，以避免目录条目内容杂乱。

应填写的情况主要有：密级、缺损、修改、补充、复制件、声像档案互见号、文件密级、归档后修复、归档后又插入新文件、归档后移出、销毁等。

个别文件的条目需补充和说明的情况较多时，可在归档文件目录备注栏加“＊”，并将其填到备考表中“盒内文件情况说明”部分。

（4）归档文件目录的装订。

归档文件目录规定为同一年度，不同保管期限的文件分别装订一册。归档文件数量特别少时可一年装订一本；归档文件数量特别多时可将同一年度的目录，再按问题（机构）、保管期限装订成几册；档案数量较少的也可将几年的目录表装订一册。

归档文件目录份数：需要打印3套，按年度汇编装订成册，永久在前，定期在后。其中2套存档，1套自留备查。归档文件目录装订成册，单独存放备查，也可放置要档案盒中，目的是增加一个检索目录。

2. 归档文件目录封面

归档文件目录封面中全宗名称不能省略，年度、保管期限、机构或问题等项目可以选择，格式如表 12-2 所示。

三、件盒级封面的编制

1. 件盒级封面及其格式

件盒级封面是对每“件”文件增加的封面，目的是通过档案管理软件打印封面时自动填写归档章及题名。格式如表12-3所示。

2. 件盒级封面的填写

（1）归档章：为节省工作量，采取打印“件盒级封面”时自动将归档章及其内容打印在件盒级封面的右上角。

（2）全宗号：立档单位的全宗代号。

（3）分类号：根据分类表，按问题兼顾机构的原则，填入一级类目，即 0～5 大类。

（4）保管期限：文件材料的保管期限为永久、30 年、10 年。

（5）件号：指文件的排列顺序号。归档文件应依据分类标准和排列顺序“逐件”编号。

（6）年度:文件形成年度,以四位阿拉伯数字标注。如 2008。

（7）文件题名：著录各份归档文件的标题。

四、备考表的编制

1. 备考表的作用

备考表用于对盒内归档文件进行必要的注释说明，包括盒内归档文件收集的齐全程度、文件本身的情况、整理情况等。备考表置于盒内归档文件之后。格式如表 12-4 所示。

2. 备考表的填写

（1）盒内文件情况说明：便于归档文件的管理，填写文件的保管盒号及件号，即年度-分类号-保管期限-盒号（件号）。例如：2008-0-Y-002（020-045），表示 2008 年 0 大类永久保管第2盒内存放的是序号从第20～45份文件。

注意归档文件盒号的作用：盒号虽然不是归档文件的保管单位，但是它对归档文件的调档带来方便，因此，在备考中加以注明盒号，并且盒号与该盒保管的归档文件的号对应。

（2）其他需要说明的情况：填写盒内归档文件整理时需要说明的情况，包括文件收集的齐全完整程度、文件本身的状况，如盒内文件材料收集完整程度、盒内文件的字迹模糊、纸张缺损、复制件、缺底稿、文字修改、补充、移出、销毁等。

归档文件整理时，如某份文件需说明的情况复杂或文字较多，在归档文件目录的备注栏填写不下时，也可在备考表中详细说明，并在归档文件目录的备注项中加“*”号标示。

（3）备考表整理说明。

整理人：负责整理归档文件的人员签名，以明确责任。

检查人：负责检查归档文件整理质量的人员签名。以示对整理质量的监督检查。

整理日期：可填写该盒归档文件整理完毕的日期或整个年度归档文件整理完毕的日期。

注意：备考签名应为手签，不得使用私章或电脑打印。

五、档案盒脊编制

1. 档案盒脊的格式

档案盒可采取“竖放”和“横放”两种方式。根据摆放方式的不同，在盒脊或底边设置全宗号、年度、保管期限、起止件号、盒号等必备项。盒脊格式如表12-5所示。

2. 盒脊的内容填写

（1）全宗号：填写立档单位的全宗代号。

（2）年度：填写盒内归档文件形成年度，如2005。

（3）保管期限：填写盒内归档文件所属的保管期限。

（4）问题（机构）：填写分类表中相应问题（或机构）类目号。

（5）起止件号：用阿拉伯数字填写本盒内归档文件的起止号。即填写盒内“第一件”文件和“最后一件”文件的件号，中间用“—”号连接；如“01—30”，表示盒内第1件到第30件文件。一盒装不下，需另装一盒同一类保管期限的，室编起止件号顺编。如第一盒为“01—30”，第二盒为“31—58”。

（6）盒号的编制：盒号指档案盒的排列顺序号。按年度和分类方案排列顺序编流水号，可编制分年度的小流水号，或编制不分年度的大流水号。一般情况下，将同一年度的归档文件先按“问题或机构”、再按保管期限“永久、30年、10年”的顺序依次编制小流水盒号。

六、归档文件整理说明的编制与存放

1. 归档文件整理说明的编制内容

（1）立档单位情况。指立档单位基本情况，包括立档单位名称、成立时间、职能范围等；内部机构设置情况；主要工作活动和指标任务完成情况；本单位重大事件、重要新闻、重大活动等。

（2）归档文件情况。包括归档文件总件数、各问题（或机构）相应类目文件的归档件数，本单位重大活动形成的文件归档，有无复制件，电子文件的归档，未办理完毕的文件材料等情况。

（3）归档文件整理情况。主要包括归档文件的组织形式，归档文件材料的来源、内容、数量，分类方案、排列、编号方法等。

表 12-1　　　　　　归档文件目录

年度-分类号-保管期限-盒号

件号	责任者	文号	题　　名	日期	页数	备注

表 12-2　　　　归档文件目录封面

归 档 文 件 目 录

全宗名称＿＿＿＿＿＿＿＿＿＿＿＿＿＿＿＿

*年　　度＿＿＿＿＿＿＿＿＿＿＿＿＿＿＿＿

*保管期限＿＿＿＿＿＿＿＿＿＿＿＿＿＿＿＿

*机　　构＿＿＿＿＿＿＿＿＿＿＿＿＿＿＿＿

表 12-3　　件盒级封面

全宗号	年度	件号
分类号	保管期限	

（文件题名）

全宗名称

表 12-4　　　　**备　考　表**

盒内文件情况说明：

2008-0-Y-002（020-045）

其他需要说明的情况：

整理人：

年　月　日

检查人：

年　月　日

表 12-5　　　　档案盒脊格式

<table>
<tr><td colspan="2"></td></tr>
<tr><td colspan="2">全宗号</td></tr>
<tr><td colspan="2">年度</td></tr>
<tr><td colspan="2">保管期限</td></tr>
<tr><td colspan="2">* 机构（问题）</td></tr>
<tr><td rowspan="2">起止件号</td><td>室</td></tr>
<tr><td>馆</td></tr>
<tr><td colspan="2">盒号</td></tr>
<tr><td colspan="2"></td></tr>
</table>

档案盒竖脊

<table>
<tr><td colspan="2"></td></tr>
<tr><td colspan="2">全宗号</td></tr>
<tr><td colspan="2">年度</td></tr>
<tr><td colspan="2">保管期限</td></tr>
<tr><td colspan="2">* 机构（问题）</td></tr>
<tr><td rowspan="2">起止件号</td><td>室</td></tr>
<tr><td>馆</td></tr>
<tr><td colspan="2">盒号</td></tr>
<tr><td colspan="2"></td></tr>
</table>

档案盒横脊

2. 归档文件整理说明的编制要求与存放

（1）编制要求。归档文件整理说明必须每年编制一次，当立档单位机构职能稳定、分类方案和整理方法固定后，归档文件整理说明可从简编写，只需注明每年、各类归档文件的份数。

（2）归档文件整理说明的存放位置。归档文件整理说明应放在本年度归档文件目录最前面，便于查阅归档文件时阅读。

第七节　归档文件的装盒与排架

一、归档文件的装盒

装盒是将归档文件按“室编件号”顺序装入档案盒。

1. 装盒要求及方法

以“件”整理的归档文件入盒，是指归档文件应严格按照件号顺序依次装入档案盒中，盒满另装。文件装盒是指将同一年度、同一类别、同一保管期限的归档文件装在一个档案盒内。当文件材料是按“年度—问题（机构）—保管期限”分类的，首先装完同一年度的0类（或党群）“永久”的归档文件，第一盒装不完则装多盒；其次用另一空盒装同一年度的0类（或党群）“30年”保管期限的归档文件，一盒装不完装多盒；再用另一空盒装0类（或党群）“10年”保管期限的文件，一盒装不完装多盒；装完后再依次装其他类目或机构的归档文件。

2. 装盒时注意事项

（1）不同年度、不同类目、不同保管期限的归档文件不能装入同一档案盒中，具体如下：

1）不同年度形成的归档文件不应放入同一档案盒（临时机构按结束年归档的除外）。对跨年度的请示与批复，放在复文年；没有复文的，放在请示年；跨年度的规划放在第一年；跨年度的总结放在后一年；跨年度的会议文件放在会议开幕年，其他文件的立卷按照有关规定执行。

2）在按问题（机构）分类的情况下，同一年，不同类目号的文件即不同问题（机构）的归档文件不应装入一盒。

3）同一年、同一类、不同保管期限文件不应放入同一档案盒。

（2）确定档案盒的厚度。

根据最低一级类目归档文件的厚度选择相应的档案盒，使档案盒基本装满，同一类目文件装入一盒，一盒放不下再装第二盒。档案盒只是归档文件的装具，不具备保管单位的作用。

（3）装盒注意三者保持一致。

装盒后，件号的顺序、归档文件目录各条目的顺序、归档文件实体的顺序三者应保持一致，以保证检索到文件条目后能对应找到文件实体。档案利用完毕后归位时，要注意将其按件号顺序装入相应档案盒中，否则，以“件”为单位进行管理时，归位错误，将很难再找回。

（4）归档文件目录与备考表。

归档文件目录可放入盒内、也可不放入盒内；备考表必须放在盒底，用以对盒内归档文件进行必要的注释说明。

二、档案盒的排架

1. 排架的要求

（1）档案保管要求。

1）档案盒尽量横放，即将盒底向外摆放（使用50kg隔版密集架时不能横放）。这样能够增加归档文件与档案盒间的接触面，减小归档文件的弯曲度，减少归档文件折损。

2）档案盒在柜架中不应排得过满，过满后会形成挤压，致使归档文件受损和不易空气流通。

3）对库房进行温湿度调控，使库房中的空气、归档文件、档案盒、档案柜架、库房墙壁、地面等的温湿度达到要求。

（2）档案利用要求。

归档文件排架应注意以下几点：

1）尽量使同一个问题或机构的归档文件排一处，以便于对档案实体的存取。

2）库房内和柜架中档案盒的摆放应有规律，易于理解、符合大多数人的习惯。

3）档案应放在易于存取的高度。

4）在库房及柜架安装指引卡，以编制档案存放地点索引。

2. 排架方法

文书档案排架按“年度—问题（机构）—保管期限”排架法。即先按年度排架，同一年度的文件再按档案盒号（盒号是指同一年度编制流水号）的顺序依次排架。

这种方法的优点是符合归档文件形成的规律，能集中同一年度的归档文件材料，还能相对集中同一问题或机构的归档文件，利用同一年度、同一问题或机构归档文件时较为方便。缺点是档案移交或鉴定销毁时工作量大。

三、文书档案移出代理卡

文书档案材料只归档一套，因此一般情况不借出档案室，但因工作需要须借出文书档案时，应经档案部门领导批准，办理借阅登记手续后方可借出，并在规定的时间内归还。文书档案借阅移出档案室，应填写文书档案移出代理卡。注意具有保密性质的文书档案须经上级领导批准方可借出。文书档案移出代理卡格式如表 12-6 所示。

表 12-6　**文书档案移出代理卡**

档号	文件题名	借阅人	借阅部门	借出日期	档案人员签名（移出）	归还日期	档案人员签名（接收）	备注

第八节　文书材料电子文件的归档

一、文书电子文件及其归档目的

文书电子文件，是指在企业机关公务活动中，以制发纸质公务文书为目的，应用办公自动化设备形成，存储在各类磁性介质上的数字形式的文件。电子文件是为了制发公文，在办公电脑和相应的字表处理软件中形成的，以 WORD 文档、EXCEL 文档等文本格式存在，可以通过打印等方式形成纸质公文的电子文件。它是纸质公文的电子版。

要求文书档案以电子文件形式归档，是指将永久和定期保存的归档文件材料的电子文件，一方面以纸质形式归档；另一方面以电子文件形式存储到脱机载体上，实行“双轨制”归档，归档文书电子文件目的是为了实现对文书档案的现代化管理与信息共享服务。

二、内部文件电子文档

内部文件是指本单位发文，以“年度—问题（机构）—保管期限”进行组盘。若企业归档文件材料不多，则以年度进行组盘。为确保归档文件组盘时统一规范，由档案部门在接收归档文件时集中完成，组盘时，建立盘内文件目录和文书档案编制说明，便于对文书档案的利用与保管。

对于无纸办公的企业，除归档电子文件外，还应归档一份纸质档案。因为纸质档案其载体和记录的信息是结为一体的，保住了纸质文件的形体，以文字记录的信息就得以保存。而电子文件其信息与载体是可分离的，信息与载体的可分离性使电子文件信息随时面临着被修改、盗窃，甚至被销毁的危险。

三、外来文件电子文档

外来文件是指收文，使用扫描仪将纸质文件转成为图像文件进入网络，提供查阅。收文电子文件的归档，应根据其文件的重要性，确定其密级和保管期限。

第九节　电力工业企业档案分类表（0～5大类）

一、分类表使用说明

（1）分类表是按问题兼顾机构的原则进行编制的，党、政、工、团的文件应该分开。因此，即使同是机要保密工作，党委与行政要分开；同是信访工作，党委、纪检、行政的也要分开。

（2）分类表中类目的设置由于兼顾了组织机构，因此出现了某些类目交叉的情况。

（3）本分类表基本上按问题分类，但不可能列举所有问题，因此，有的类目是用文件划分的。

（4）为了整理和利用方便，分类表将某些内容或性质相同的档案适当集中。

二、水电企业文书文件的分类

水电企业文书文件材料的分类是依据《电力工业企业档案分类表（0～5大类）》（见表12-7）进行的。目前电力企业已实行档案的计算机管理与检索，因此，统一以“件”进行归档文件整理。根据各水电企业建设规模，一般情况下，水电企业每年产生的文书文件材料的数量有限，分类过细不利于文件材料的保管与利用，因此，归档文件材料可采取分类到一级类目，最多到二级类目，不必将其分类细划到三级类目。

一级类目为：0为党群工作、1为行政管理、2为经营管理、3为生产技术管理、4为财务审计、5为人事劳资。

表 12-7　　　　　　　　主　　表

0　党群工作
01　党群工作综合
02　党务工作综合
020　工作计划、总结
021　党委会、民主生活会、政工会议记录、报告
含党委学习中心组学习记录
022　党员大会、党员代表大会文件
023　党委指示、决定、报告、通知
024　党委调查研究形成的材料
025　党委专题总结、报告
如清查、核查、两清工作
026　争先创优和表彰先进
027　机要、保密工作
028　信访工作材料
029　党务工作大事记
03　组织工作
030　组织工作计划、总结、规定、通知等
031　组织设置
机构级别、待遇、领导关系变动、启用印信等
032　党员管理
组织生活、组织关系介绍信及存根、党籍、党龄
033　整党建党
思想、组织、作风整顿，党员入党、转正
034　干部管理
党内干部任免、选举、审查、考核、考绩，党委领导分工
035　党费管理
039　统计报表、党员名册
04　纪检工作
040　纪检工作计划、总结
041　纪检会议记录
042　关于纪检工作的指示、通知、报告、会议纪要等
043　党风建设

续表

044　党员民主评议材料
045　案件处理和处分
046　纪检信访工作材料
049　统计、报表
05　宣传、统战工作
050　宣传工作计划、总结
051　宣传工作的指示、通知、会议纪要
052　党员轮训和党课计划、小结、教材
053　理论学习、时事政策教育和精神文明建设、政治思想工作会议入此
054　反映本单位活动的剪报、广播稿、本单位办的报刊
058　统战工作文件
059　简报
06　工会工作
060　工会工作计划、总结、通知、会议纪要等
061　工会会议记录、职代会、工代会文件
062　组织工作、机构设置、干部任免、会员管理等
063　企业民主管理和班组建设
含干部评议材料、管理方面的合理化建设
064　职工教育
065　劳动竞赛和评选劳模、先进材料
表彰厂、局和领导班子、行政各部门竞赛评比及办法均入此，表彰外单位的入各专业，如农电、三电
066　工会财务管理
067　劳保福利、职工休养入此
068　文体、宣传和女工、调解工作
069　统计、报表、简报
07　共青团、青年工作
070　团、青工作计划、总结
071　团委会议记录、团代会文件
072　团、青工作的规定、通知
073　组织工作
机构设置、干部任免

续表

074 团员管理

组织生活、组织关系介绍信及存根、团籍、团员处分

075 团费管理

076 青年工作

077 竞赛比武和评比先进材料

评选优秀团员、团干部、新长征突击手等

078 文体、宣传活动材料

079 统计、报表、团员名册、简报

08 协会、学会工作

政治思想工作研究会、电机工程学会、企协、科协、文协、体协等

080 年度工作计划、总结

081 机构、章程、会员管理

082 协会、学会工作的通知、规定

含技术咨询服务的规定、评比先进等

083 学术活动和论文

084 技术咨询服务的合同、协议

085 刊物

089 统计、报表、名册

1 行政管理

11 行政管理综合

12 行政事务

120 行政工作计划、总结、通知、规定、办法等

各专业的工作计划、总结入各专业，各行政科室车间计划、总结入此

121 上级和本厂、局长（经理）办公会、行政办公会、生产（计划）调度会记录，纪要、决定

122 厂（局）长负责制、任期目标和长远规划文件

123 企业整顿、企业升级等企业管理、行政管理文件

经济承包、厂规厂法、单项升级及办法入此，双文明建设达标亦入此，下属单位单项升级入各专业

124 工商行政管理、法律事务

含企业登记，经济合同、协议、营业执照和各项证书

125 厂签报单（各科室、车间给厂部的报告和批复）

续表

126 文秘、机要、保密工作

文书处理、印信，无线电管理等入此

127 信访工作和人大、政协提案的答复

128 修志工作、大事记

129 简报

全厂（局）简报入此，各专业简报入各专业

13 武装保卫

130 机构设置、干部任免和经济民警配备

131 民兵和征兵和人防工作

132 治安管理

危险物品、枪支弹药、交通管理、内部治安、电力设施保护、户口管理等

133 消防工作

134 刑事案件处理及历史案件复查

135 保卫工作的通知、规定、办法等

139 统计、报表、名册、简报

14 监察

140 监察工作计划、总结

141 监察会议记录

142 监察工作的指示、通知、报告、会议纪要

143 行业作风

144 案件处理和处分材料

149 统计、报表

15 医疗卫生

150 医疗卫生工作的计划、总结、通知、规定

151 卫生宣传、防病治病

152 计划生育

159 统计、报表

16 后勤福利

160 后勤福利工作的通知、规定、会议纪要

161 房地产管理

162 职工住房分配与管理

163 生活管理

续表

	食堂、浴室、招待所、托儿所、幼儿园管理
164	车辆、道路管理
	行政、生产车辆管理入此
165	绿化管理
166	用水、用电、用汽管理
169	统计、报表
17	外事工作
170	外事活动的计划、总结
171	外事工作的通知、规定
172	接待工作
2	经营管理
21	经营管理综合
22	计划统计
220	生产、基建计划、总结及计划调整
	基建工程下马入此
221	计划管理规定、通知等
222	技术经济指标完成情况分析
223	月度计划任务书或月度作业计划
228	统计工作
	含工业普查、房屋普查等
229	统计报表及统计资料汇编
	固定资产报表入此
23	物资管理
230	年度物资分配计划、含采购计划
231	物资管理的通知、办法、规定
232	重要物资供应文件
	招标、投标、合同、协议、来往函件
233	定额管理
234	价格管理
235	仓库管理
	含清仓利库
239	统计、报表

续表

24　用电、供热营业
240　用电营业规章
用电、供热营业的计划、总结、规章、通知、会议纪要等
241　电力公配及负荷管理
用电构成、用电分析、主要产品耗电定额、倒供电等
242　电费、电价、热价管理
243　三电管理
安全、节约、计划用电
244　用电、供热监察入重大用户管理
重要用户名单、用户重大事故、供用电合同、协议等
245　业扩与用电贴费
246　集资办电与加工电管理
247　余热发电和小水、火电管理
249　统计、报表
25　农村电网和农电管理
250　农电规划、计划、目标管理、总结
251　农电管理的规定、通知、会议纪要
252　农村电网整改
253　农电工管理与农电联站
254　农电经费、物资管理
255　农村电气化、标准乡建设
256　农电安全
259　统计、报表
26　产品销售
260　产品销售计划、总结
261　销售管理的规定、通知
262　产品销售合同、协议、函件
263　市场分析和用户调查
264　广告宣传
265　售后服务
269　统计、报表
27　多种经营

续表

270 计划、总结、报告
271 通知、规定、报告等
272 机构设置干部任免和经营项目更改
机构成立、撤销、更名、工商行政登记等
273 财务管理
274 劳资管理
275 合同、协议及有关函件
279 统计、报表
3 生产技术管理
31 生产技术管理综合
32 规划、基建管理
320 长远规划
含城网发展规划
321 勘测设计管理
资格认证、设计招标、投标等
323 基建工程管理的规定、办法等
征、租土地、建筑市场管理等
324 工程项目管理
注：本单位不立项，对下属单位项目的批复与其请示
325 工程概预算定额管理规定及外包管理
含外包队伍资格认证、招标投标、外包合同
326 企业定额
含预算、资金、消耗材料、工具定额
329 统计、报表
33 生产管理
330 设备技术管理的通知、规定、办法等
设备可靠性管理、设备评级与可调出力、设备异动、完善化、备品定额管理、固定资产管理等
331 生产技术管理的通知、规定、办法等
332 检修、调度、运行管理
检修三年滚动规划、计划、总结、技术改进措施、运行方式、电网、电压、负荷管理、继电保护

续表

333　三项费用工程计划、总结、报告、批复
　　设备更新改造、技术措施、零星购置
334　四项监督和过电压保护
　　金属、绝缘、化学、仪表及其他生产技术监督和网络活动
335　节能管理
　　含节水、节电、节煤、线损
336　燃料管理
　　含煤码头、铁路专用线管理
337　带电作业
338　水电站管理
　　移民政策、水库维护、抗震加固等
339　统计、报表
34　施工管理
340　施工及设备管理工作的计划、总结
　　设备可靠性管理、设备评级与可调出力、设备异动、完善化、备品定额管理
341　施工调度会议、设备工作会议文件
342　施工技术及设备管理的规定、办法、条例、通知等
343　设备订购、报废
　　含设备选型、经济效益预测、订购合同
349　统计、报表
35　安全环保
350　安全技术管理通知、规定、通报、会议纪要等
351　安全技术措施、总结
　　含事故措施、安全教育等
352　迎峰度夏和防自然灾害
353　压力容器管理
354　事故报告、调查分析
　　含设备、人身、交通等非生产事故及障碍、未遂事故
355　特殊工种考核
356　环境保护的通知、规定、会议纪要
357　环保调查和污染治理
　　含大气、水、噪声污染及费用和赔偿

续表

358 粉煤灰综合利用
359 统计、报表、简报
36 科技管理
360 科技计划、总结、长远规划
361 科技管理的通知、规定、会议纪要
362 科技管理合同、协议
注：针对具体项目的入科研档案
363 技术革新和合理化建议
364 现代化管理
365 专利管理
366 学术论文、出国考察报告、汇报、专题总结、专题材料
369 统计、报表
37 质量管理
370 全面质量管理规划、计划、措施、总结、通知等
含工程质量规划、措施、总结
371 全面质量管理办法、规定、培训、考试、检查
372 工程质量监督办法、规定、通知、考核
373 产品与工程创优材料
374 产品、工程质量回访及反馈
375 QC 小组活动
376 质量保证系统（QA）文件材料
379 统计、报表
38 标准计量
380 标准工作通知、规定等
381 计量工作通知、规定等
含计量收费协议等
382 生产技术规范
上级和本单位颁发的规程、制度、条例、办法等
383 本企业技术标准
384 本企业管理标准
385 本企业工作标准
党、工、团工作标准亦入此

续表

389	统计、报表
39	信息工作
390	关于信息工作的通知、规定等
391	计算机应用和管理
392	本企业编制的计算机软件、盘片材料 注：分库保管
393	档案工作
394	图书资料工作
395	情报工作
399	统计报表
4	财务审计
41	财务审计综合
42	财务管理
420	财务管理制度、规定、办法、通知 各种补贴标准亦入此
421	流动资金核定、结算
422	固定资产的新增、报废、调拨 含清产核资、设备保险
423	专项资金的提取、分配 更改、大修、科技资金、福利、奖励基金等
424	生产财务和成本 含财务收支计划、经济分析、增收节支、利润、年度财务决算等
425	基建财务
426	税收 含财政、税收、物价大检查、能源交通建设基金、预算调节基金、教育基金等
427	价格管理 电价、热价、煤运加价
428	债券、国库券的认购
429	控购及费用开支及收费标准 含养路费、过桥费等
43	会计账务

续表

430 报表
431 账册
432 工资单
433 凭证
434 会计档案移交、销毁清册
44 审计工作
440 审计工作的通知、规定、计划、总结等
441 专项审计的通知、报告、结论、决定、证明材料
各专项审计应分开立卷，概、预算审计入工程
442 下级报送备案的审计文件材料
449 统计、报表
5 人事劳资
51 人事劳资综合
52 机构、编制
520 机构设置
成立、撤销、合并、更名、改变隶属关系、级别等，各种行政的临时机构亦入此
521 编制
53 人事管理
530 干部管理的规定、办法、通知等
531 干部待遇
工资、级别、落实知识分子政策
532 干部教育培训
533 干部调配和人才交流
大、中专毕业生分配、军队转业干部安置、干部调动介绍信存根亦入此
534 干部考察、审查
含出国人员政审
535 干部奖惩
536 干部任免、聘任、选拔、录用
含后备干部培养
537 干部离、退休退职及其待遇
含离、退休干部申报表、审批材料
538 干部职称评聘

539　统计、报表、干部名册、离休干部名册

54　劳动管理

540　劳动管理的规定、办法、通知等

541　劳动定额和指标申请、就业

工人招聘录用、含合同工临时工、退役人员安置、农转非

542　调配

含职工调动介绍信及存根、工资转换证、厂内调动通知单

543　退职、退休规定、名单、审批表

含辞退、留职停薪

544　各级岗位责任制、经济责任制的材料

545　班组建设和技师评聘

含班组长和重要岗位人员的任免

546　奖惩

547　安全保险、劳动保护、福利

含劳保统筹

548　劳务出口

549　统计、报表、职工名册

55　工资管理

550　劳动工资计划、总结、会议纪要

551　工资管理、工资改革

含调资、定级、工龄计算、落实政策补发工资等，职工奖励性调资升级、调动后待遇规定亦入此

552　奖金、津贴

含工程考核奖励

56　教育培训

560　教育、培训计划、规划、总结

561　教育、培训经费

562　学校教育管理

含大、中、小学，职工技术教育等

563　职工技术培训和继续教育

569　统计、报表

注：各三级类的“9”统计、报表要求将填报的通知和说明等均入此，并根据不同保管期限组卷。

第十三章

会计档案的归档与保管

第一节　会计档案的归档

一、会计档案及其作用

1. 会计档案的定义

会计档案是指机关、企业、事业单位或其他经济组织在经济管理活动中产生的会计凭证、会计账簿和财务报告等具有保存价值并作为历史记录保存起来的会计核算专业材料，它是记录和反映单位经济业务的重要史料和证据。

2. 会计核算材料

会计核算是对会计对象进行连续、系统、完整的记录和计算。会计核算材料归档是会计档案收集工作的首要环节，在归档中要遵循会计核算工作规律，力求做到会计档案齐全、完整和准确。

3. 会计档案的作用及特点

会计档案是国家档案的重要组成部分，也是各单位的重要档案，它是一个单位经济活动的记录和反映。通过会计档案，可以了解每项经济业务的来龙去脉；可以检查一个单位是否遵守财经纪律，在会计资料中有无弄虚作假、违法乱纪等行为；会计档案还为国家、单位提供详细的经济资料，为国家制定宏观经济政策及单位制定经营决策提供参考。会计档案具有专业性、整体性、广泛性、固定性、专指性的特点。

二、会计档案的归档

1. 会计档案归档职责

根据财政部和国家档案局印发的《会计档案管理办法》

（财会学〔1998〕32号）第六条规定："各单位每年形成的会计档案，应当由会计机构按照归档要求负责整理立卷，装订成册，并编制会计档案保管清册。"达到归档时间时会计机构应向本单位档案部门移交统一保管。未设立档案机构的，应当在会计机构内部指定专人保管。出纳人员不得兼管会计档案。

2. 会计档案归档范围

会计档案主要内容是会计凭证、会计账簿、财务报告等。

（1）会计凭证。是用来记录经济业务，明确经济责任、作为记账依据的书面证明。会计凭证是会计核算活动中最初形成的、最重要的会计核算材料，应归档保存。会计凭证分为原始凭证，记账凭证、汇总凭证、其他会计凭证。

（2）会计账簿。是以会计凭证为依据，连续、系统、全面地记录经济业务的簿籍，是编制财务报告的重要依据。会计账簿是会计核算的主要材料，应归档保存。会计账簿分为：总账（或称总分类账）、明细账（如现金日记账，银行存款账、经费支出明细账）、固定资产账、辅助账簿（或称备查账簿）等。会计账簿有三种形式：订本式、活页式和卡片式。

（3）财务报告。是根据日常会计核算材料定期编制的、综合地反映一定时期的资产、负债和所有权益状况，以及某一特定时期经营成果和现金流动情况的书面文件。财务报告是非常重要的核算材料。财务报告分为月报、季报、年报。财务报告都应归档，归档时注意会计报表、附表、附注及相关编制说明、文字补充材料为财务报告的组成部分，应一并归档。

（4）其他会计资料。根据《会计档案管理办法》（财会学〔1998〕32号）的规定，银行存款余额调节表，银行对账单等其他会计核算专业材料也应归档。银行对账单是各单位核对银行账目的重要依据，要妥善保管，以便检查、核对。另外，会计档案清册（包括会计档案移交清册、保管清册、销毁清册）

也属归档范围。

3. 会计档案归档时间

会计档案归档时间是指会计机构将会计核算材料整理后向本单位档案部门移交的时间。根据《会计档案管理办法》（财会学〔1998〕32号）要求："当年形成的会计档案，在会计年度终了后，可暂由本单位会计机构保管1年，期满之后，应由会计机构编制移交清册（目录），移交本单位档案部门集中统一保管。"

4. 会计档案归档要求

（1）归档的会计凭证、会计账簿（除订本式账）、财务报告等的装订须做密封处理。会计账簿、财务报告按会计工作规定需有经手人员、主管会计签字盖章，以保证其准确性。

（2）移交档案部门保管的会计档案，原则上应当保持原卷册的封装。个别需要拆封重新整理的，档案人员应当会同会计机构和经办人员共同拆封整理，以分清责任。

（3）归档移交会计核算材料时，会计机构和档案部门要逐卷认真清点，严格交接手续，双方签字。

三、水电工程会计档案的管理与移交

根据《会计档案管理办法》（财会学〔1998〕32号）要求，会计档案应纳入各单位档案集中统一管理的范畴，由会计机构负责将当年形成的会计档案，按照归档要求进行整理立卷，装订成册，保管1年之后，编制会计档案移交清册，移交向本单位的档案部门。

建设管理单位在项目建设期间形成的会计档案，应当在水电工程竣工决算后移交给建设项目接受单位（生产管理单位），并按规定办理交接手续。

注意：水电项目建设期间产生的会计档案，即便是保管期限满时后也不得进行销毁。

第二节　会计材料整理、分类及保管期限

一、会计材料的整理

1. 整理的内容

会计档案的整理工作，就是将零散的会计文件，通过科学的分类、组合、立卷、排列和编目，组成一个有序体系的过程。

2. 整理的职责

会计核算材料的整理，是会计工作的一部分，会计人员对会计核算材料的真实性、准确性负有一定的法律责任。档案人员应参与会计档案的分类、整理方案的确定，并进行档案业务指导，但不应介入会计核算材料的整理、组卷工作，更不能包办代替。

3. 整理原则

会计核算材料的整理原则是遵循会计材料的形成规律，保持会计文件材料相互之间的有机联系，分门别类的进行整理立卷，便于会计档案的保管和利用。

二、会计材料的归类

1. 会计材料的分类标准

水电企业独立核算单位会计材料通常按："会计年度—形式（凭证、账簿、报表、其他）—保管期限"进行分类。

这种分类方法是把全宗内的全部会计材料首先按会计年度区分开，再把一个会计年度内的会计材料按"凭证、账簿、报表、其他"分为四类，针对这四类会计材料再根据保管期限的长短依次排列（期限长的在前，期限短的在后）。一个会计年度产生的会计材料在排列之后，再统一编写案卷流水号，即一年编一个案卷流水号，并形成一本案卷目录。

这种分类方法简便，容易掌握，分类与保管统一，便于查找和利用。此分类方法适用于单位预算会计、企业会计。

2. 会计材料的归类

会计材料按照《电力企业档案分类表（0～5类）》中4类目（财务审计）内的43类目（会计账务）进行归类。

（1）430类目（报表）：财务报告类，包括月度、季度、年度财务报告（包括会计报表、附表、附注及文字说明）其他财务报告。

（2）431类目（账册）：会计账簿类，包括会计总账、明细账、日记账固定资产卡片、辅助账簿、其他会计账簿。

（3）432（工资单）。

（4）433类目（凭证）：会计凭证类，包括原始凭证、记账凭证、汇总凭证、其他会计凭证。

（5）434类目：会计档案移交清册、保管清册、销毁清册。

（6）其他类目：包括银行存款余额调节表、银行对账单、其他应当保存的会计核算专业资料等。

三、会计档案保管期限

1. 保管期限种类

根据会计档案管理办法，会计档案保管期限分为“永久、定期”两种。定期分为“25年、15年、10年、5年、3年”五种。保管期限的计时从会计年度终结了后的第一天算起。

2. 会计档案保存时限

会计档案的保存时限是根据《会计档案管理办法》（财会学〔1998〕32号），结合本单位实际情况进行确定。主要情况如下：

（1）永久保存的会计档案。

立档单位在会计核算中形成的、记述和反映会计核算的，对工作总结、查考和研究经济活动具有长远利用价值的会计档案，应该永久保存。属于永久保管的会计档案有年度决算报表、涉及外事和对私改造的会计凭证、账簿等。

（2）定期保管的会计档案。

只在一定时期内具有查考作用的会计档案，可以定期保存。属于定期保管的主要是会计账簿、凭证和月份报表等。

会计凭证，一般不需要永久保管，保存一定时期（通常保存 15 年）基本上可以满足查找利用的需要。会计凭证，每月每天都会产生，应进行日清月结，数量很大，如果要作为永久保存，既无需要，也不可能。

会计账簿，也不需要永久保存，保存 15～25 年即可。这主要是因为会计账簿中的一些项目和数字已被会计报表所代替，会计账簿保存一定时期（比如 15～25 年）已经很少有人再去查找。

3. 会计档案保存时限划定

（1）会计凭证类。原始凭证、记账凭证、汇总凭证：15 年；涉外会计凭证：永久。

（2）会计账簿类。银行日记账、现金日记账：25 年；总账、明细账、辅助账簿：15 年；涉外会计账：永久。

（3）会计报表类。年度财务报表：永久；月、季度财务报表：5 年。

（4）其他类。会计移交清册：15 年；会计档案保管清册、会计档案销毁清册：永久。

第三节　会计材料的组卷

一、组卷的定义

会计材料的组卷首先要按类别分开，即会计凭证、会计账簿、账务报告、银行对账单等不要混杂，每一类别的材料按照形成的会计年度或时间顺序，结合数量的多少，根据不同的价值，组成若干个保管单位。

二、会计材料的组卷

1. 会计凭证材料的组卷

会计凭证材料组卷时需要按月分开，不同月份产生的凭证不要组合在一起。每月的凭证，按凭证编号和时间顺序排列，可组成一卷或数卷。

(1) 排序。按记账凭证材料的编号顺序排列，防止漏号、颠倒。

(2) 折叠。记账凭证所附的各种原始凭证材料（如收据、发票等）要折叠粘贴整齐、规范。

(3) 拆除金属物。订书钉、大头针、回形针等金属物易发生氧化以至影响会计凭证的保管，应拆除。装订采用线绳或塑钉等，凭证的厚度一般在1～2cm。

(4) 会计凭证装订。包括装订部位、装订方式和装订方法。

1) 装订部位：会计凭证材料的装订部位一般在凭证的左上角，有的地方规定在左侧装订。

2) 装订方式：会计凭证装订方式有两孔一线或三孔一线装订法。当在凭证材料“侧面”装订时一般采用三孔一线装订法，当在凭证材料“左上角”装订时一般采用两孔一线装订法。

3) 装订方法：会计凭证有以下两种装订方法。

左上角装订法：要求每本凭证材料左、上侧对齐，即左上角的两条边要直，无毛边，呈直角。注意有凭证封面和无凭证封面在装订方法的区别。

左侧装订法：要求将一本凭证的左侧、下侧对齐后，在凭证的左侧钻开三个等距离孔，穿线后实行三孔一线打活结，再贴上凭证封面。

（5）会计凭证封面的填写。凭证外面一般有封面，填写凭证封面要项目齐全、规范清楚，并加盖填写档号章。封面采用牛皮纸印制，封面规格略大于所附记账凭证。每本封面上要填写立档单位、凭证名称、起止日期、册数、记账凭证号、财会主管（签章）、经办会计（签章）、保管期限等。需永久保存的会计凭证，应在案卷备考表和案卷封面的空白处注明凭证编号、内容摘要，以防会计档案鉴定销毁时将其销毁。

2. 会计账簿的组卷

同一会计年度内会计账簿，按账簿种类组卷，把不同名称种类的账簿分别组卷。一般一本账为一卷。要求如下：

（1）各类账簿的扉页，应反映账簿的应用、交接使用状况，归档前应按要求逐项填写清楚。内容包括：单位名称、账簿名称及编号、账簿册数、第几册、启用日期及起止页数、经管人员及日期、交接记录、会计主管人员及单位负责人的签章等。

（2）固定式账簿组卷。对于订本式账簿，整理立卷应保留原有面貌，不要拆除空白页，账内要有连续页码，但一般在记录账页的最末一行的上下分别划一条红线，以示结束；此外，在会计备考表中详细注明已使用账页的页数和空白页数。账簿封面要加贴不干胶的标签，并填写规范。

（3）活页式账簿组卷。对于活页式账簿，在会计年度结束后，要将空白页撤除；编制页码，把同业务的账页装订在一起，用牛皮纸做封面和封底，将其装订成册。装订的会计账簿应牢固、平整，不得有错页、掉页、空白纸及折角、缺角等情况。账簿进行密封装订后在密封处加盖经手人员章或账务专用章。保管期限为25年的账簿要在封底加上备考表并填写。

(4) 账簿封面和填写。账簿封面填写应规范，内容有单位名称、案卷题名、保管期限及档号、账目的种类等，并有会计主管人员和装订人（经办人）签章。

3. 财务报告的组卷

财务报告首先要按会计年度组卷，不同年度的财务报告不要混杂组卷。财务报告是由会计报表、会计报表附注和财务情况说明书组成，组卷时不要分开；其次要注意区分不同的保管期限，如年度财务报告的保管期限是永久，就要与月度、季度的财务报告分开组卷，因为其价值不同。要求如下：

(1) 检查核对。会计报表装订前按编报目录核对是否齐全。

(2) 案卷组合。年终决算报表要单独装订，季报和月报可根据张数的多少，装订成一卷或数卷。财务报告的文字材料是对会计报表的分析和说明，必须与会计报表组合案卷，以保持其内容的密切联系。案卷需要编制页码。

(3) 财务报告的卷内排列。卷内文件排列顺序为：会计报表封面、会计报表编制说明、各种会计报表（按会计报表的编号顺序排列）、财务报告的必要文字说明、会计报表的封底。

(4) 填写卷内目录和备考表。卷内目录栏目一般有：序号、财务报告名称、编报单位、填报日期等。永久保管的财务报告案养卷要在封底前加填“备考表”，备考表栏目一般有：卷内情况说明、组卷人、主管会计、组卷时间等。

(5) 装订。按组合时分出的卷数采用三孔一线方式在财务报告左侧装订，结头在财务报告的背面，注意将财务报告的下边和左边对齐压平，防止折角，如有损坏部位应修补后再进行装订。同时案卷装订的密封处要加盖财务专用章。

(6) 封面与脊背填写。财务报告装订好后，贴上财务报告封面。封面正面的栏目一般有：编号、密级、财务报告名称、编报单位及单位负责人、填报人、审核人的签名或盖章、填报日期等。封面脊背的栏目一般有：报告的年度、总页数、档号、保管期限等。

三、会计档案案卷题名

会计档案应逐卷填写案卷题名，案卷题名有三部分：会计核算单位、会计年度、会计核算材料，又称为三要素。

第四节　会计档案的接收与保管

一、会计档案的移交与接收

财务部门应有专人负责保存会计档案，定期整理归档的会计资料，按顺序立卷整理登记。期满后向档案部门移交入库。财务部门移交会计档案应当编制移交清册，以标明移交会计档案的名称、案卷号、册号、起止时间和档案编号、应保管期限和已保管期限等。移交本单位档案部门保管的会计档案，原则上应保持原卷册的封装。个别需要拆封重新整理的，档案部门应当会同会计机构和经办人员共同拆封整理，以分清责任。

会计部门与档案部门交接会计档案时，双方应按照会计档案移交清册所列内容逐项点清交接，并由交接双方的部门负责人监交。交接完毕后，交接双方经办人和监交人在会计档案移交清册上签名。当会计人员或档案人员变动或会计机构改变等，会计档案需要移交时，须办理交接手续，并由接收人，移交人签字或盖章。

二、会计档案移交清册的编制

1. 会计档案移交清册

会计档案移交清册又称会计档案案卷目录，它是会计档案保管清册，也是会计档案的基本检索目录。

2. 案卷目录的编制

编制会计档案案卷目录通常按会计凭证、会计账簿、会计报表和其他会计资料分别编制。保管期限不同的案卷，分别编制案卷目录。

(1) 案卷目录栏目。

案卷目录的著录栏目有案卷号、类别、案卷题名、起止日期、页数、保管期限、存放位置、备注等。填写要求如下：

1) 案卷号：填写该卷档案案卷流水号。在一本案卷目录中，案卷号不重、不漏、不空。

2) 类别：填写该卷的类别名称。如账簿、凭证、报告等。

3) 案卷题名：填写该卷的案卷题名，题名的三要素要完整。

4) 起止日期：填写该卷档案所涉及文件材料的有效起止时间。如20050112～20051226。

5) 页数：填写该项卷档案的有效页数。例如记账凭证，应填写该项卷该月的起止凭证号，如1～28。

6) 保管期限：填写该卷档案保管期限。如“永久或25年”。

7) 存放地点：填写该卷档案存放的地点，如1库房10柜。

8) 备注：填写该卷档案需要说明的问题。一般不填，当会计档案归档后有变化时再填写。

(2) 案卷目录格式，如表13-1所示。

表13-1　　　　会计档案案卷目录

案卷号	类别	题名	起止时间	页数	保管期限	存放地点	备注

立卷人（签字）：　　　　档案保管人（签字）：

（3）案卷目录的装订。

会计档案案卷目录一般用塑料或硬纸封面装订，装订工具一般可用线索、鞋带、账钉等。

3. 会计档案卷盒及表格要求

会计档案卷盒及其有关表格的项目设置、规格、质量要求，按《会计档案案卷与格式》（DA/T 39—2008）标准执行。

三、会计档案的排列与编号

会计账务的案卷，因其形状大小不同，可以分开排架。接收入库的会计档案登记后，可上柜架固定其存放位置。案卷在柜架上的排列顺序是从左到右，从上到下。

1. 会计档案的排列

（1）按“年度—类型—保管期限”排列。

把一个会计年度形成的全部会计档案分为“凭证、账簿、财务报告、其他”四大类，再按保管期限降级依次排列。

这种排列方法的优点是：①一个会计年度形成的会计档案排列在一起，便于按年度查找会计档案；②可以充分地利用档案库房和装具。缺点是：①由于每年度的档案有四类，而凭证、账簿、报表的外形尺寸不同，案卷的排列不够美观，上架后会出现有高有低、有大有小；②由于是按年度编制案卷号并形成案卷目录，目录一年一本，结果造成目录过多。

这种方法适用于会计档案形成量比较大的单位，如大型企业、金融单位、总预算单位等，如果会计档案的形成量不足百卷，就不宜采用这种方法。

（2）按“类型—年度—保管期限”排列。

全部会计档案先按凭证、账簿、财务报告、其他四类分开后，每类之下的档案再按会计年度排列，每一年度内的档案根据保管期限的长短依次排列。四个类别的档案分别编制四个流水号，每年度可顺延，形成四本案卷目录。

这种排列方法的优点是：① 由于一个类别的档案集中排列，保持了类别的连贯性，便于按类别查找档案；② 由于按类别集中排列档案，每类档案的外形基本一致，排列美观，排放整齐。缺点是：① 不便于按年度查找档案；② 由于案卷号是每年顺延，所以各类档案实体排列之后，需要预留出较充分的空位和空间。

这种方法适用于大多数中、小型单位，即会计档案的年形成量不大的单位。它也是目前大多数单位选用的方法。

2. 会计档案编案卷号

(1) 编大流水号。一般的企业单位应编大流水号。即凭证、账簿、财务报告分别编各年度累计的大流水号。

(2) 编小流水号。会计档案特别多的单位，可编小流水号。即同一年度同一类型的会计档案案卷都从“1”开始编案卷号。

第五节 会计档案的利用与销毁

一、会计档案的利用

建立健全会计档案查阅、复制登记制度，会计档案一般不得借出，如有特殊需要借出会计档案必须经本单位负责人及会计部门负责人签字批准，档案人员方能接待进行会计档案的借出利用。财务人员因工作需要查阅会计机构保存的会计档案时，必须按规定及时归还。若要查阅已经入库的会计档案，必须办理有关借阅登记手续。查阅或者复制会计档案的人员，严禁涂改，拆封和抽换会计档案。

外单位人员因工作需要利用会计档案时，应持单位介绍信，经企业单位负责人及财务部门负责人签字同意，并在财务人员的带领下方可到档案室进行会计档案的查阅，由档案人员进行详细登记其查阅会计档案人员的工作单位，查阅日期、会计档案名称及查阅理由后方能提供利用。

二、会计档案的销毁

会计档案保管期满后需要销毁的，由会计档案管理人员提出销毁意见，并编制会计档案销毁清册，由单位负责人和财务部门负责人在会计档案销毁清册上签署意见。

销毁会计档案时，应由企业单位、审计部门、会计部门、档案机构共同派人员监销。监销人在销毁会计档案前，应当按照会计档案销毁清册所列内容清点核对所要销毁的会计档案。销毁后，应当在销毁清册上签名盖章，并将监销情况报告本企业单位负责人。

对于保管期满但未结清的债权债务原始凭证和涉及其他未了事项的原始凭证，不得销毁，应单独抽出立卷，由档案部门保管到未了事项完结时为止。单独抽出立卷的会计档案应当在会计档案会计销毁清册和会计档案清册中列明。

第十四章 水电建设工程达标投产考核

第一节 开展达标投产考核的必要性及依据

一、开展工程达标投产考核的必要性

为确保水电工程建设的安全、质量，严格控制工程投资，科学合理安排工程进度，促进水电工程建设管理水平提升，充分发挥投资效益，水电建设项目有必要开展达标投产考核工作。

水电工程达标投产要求重视过程与重视结果相统一，达标投产的关键在于过程控制，只有确保每个过程质量，结果质量才会有保证；同时要求工程内在质量与外观质量相统一，不仅要保证内在质量的坚固耐久、安全可靠，而且要求通过精细化管理，重视局部、细节的技术处理，注重工程外观的精细程度。

近年来，我国水电建设项目通过开展达标投产活动，各方面工作取得了显著成效：参建各方的质量意识、创优意识得到增强，工程建设管理和工程施工精细化水平得到进一步提高，工程建设质量有了质的提升，工程安全文明管理水平上了新的台阶，工程档案的完整性、系统性、准确性和归档的及时性、规范性得到了加强，工程整体移交质量和水平得到了明显提高，同时也锻炼和提高了水电工程建设队伍的素质，使我国水电建设进入一个崭新的阶段。实践证明，从 1999 年至今，经过十多年来对水电建设工程达标投产工作的开展，已显示出其强大的生命力。

二、达标投产考核目的和依据

水电建设工程达标投产目的是为了全面提高工程建设质量水平和整体移交水平，使工程尽快发挥效益，确保工程长期安全稳定运行。开展达标投产是电力集团公司对每个水电工程建设的基本要求，水电工程达标投产考核工作应依据国内各电力集团公司制定的《水电建设工程达标投产考核办法》进行的。

电力集团公司《水电建设工程达标考核办法》的制定是以国家、电力行业颁发的有关水电建设的现行标准、规程以及项目批准的有关文件、设计资料、合同等为主要依据，坚持“安全可靠、经济适用、符合国情”的原则。

第二节　达标投产考核方式

一、考核方式

水电建设工程达标投产考核工作要求工程建设重视过程管理，一般采取“年度考核”与“竣工考核”相结合的考核方式，或进一步采取阶段性检查等方式。考核分自检、复检两个阶段进行，自检由项目管理单位组织，复检由集团公司组织。

二、年度考核与竣工考核

1. 年度考核

项目“年度考核”工作是整个水电建设工程达标投产考核的重要组成部分。项目法人组织工程参建各方进行自检，并写出自检报告后，提出复检申请，由集团公司或委托二级单位组织检查，提出考核报告。

2. 竣工考核

竣工考核应在项目主体工程完建后12个月内并经一个汛期运行检验，符合集团公司申报竣工达标投产规定的基本条件后，由项目法人向集团公司提出达标投产竣工考核申请。集团公司根据项目法人的申请和竣工自检报告，组织考核组进行考核并提出竣工考核意见。

第三节　达标投产考核项目与程序

一、考核项目

水电建设工程达标投产考核从六个方面进行，分别为：

(1) 安全文明施工管理；

(2) 土建工程施工质量与工艺；

(3) 金属结构工程质量与工艺；

(4) 机电工程质量与工艺；

(5) 工程档案；

(6) 综合管理。

二、申请工程项目达标投产考核的必备条件

各电力集团公司制定的工程项目达标投产考核的必备条件有所不同，通常要求具备以下条件：

(1) 按照设计规定要求完成了工程的全部建筑和安装工程，威胁工程安全稳定运行的所有重大问题都得到解决。

(2) 按照《水电建设工程安全鉴定规定》的要求通过了竣工安全鉴定，工程通过竣工阶段质量监督和工程消防专项验收，具备枢纽工程专项验收条件。完成了机组的整套启动、相关调试及性能试验项目，并移交商业运行。

(3) 工程的建设期，未发生一次性10人及以上群死群伤事故和其他重大及以上的责任事故。

(4) 各单元工程质量评定必须全部合格，且分部、分项工程优良率不低于70%（重要的分部、分项工程优良）。单位工程优良率：建筑工程不低于80%，安装工程不低于90%。

(5) 同期建设的环保、水保项目运行正常，通过专项验收

或具备验收条件并得到集团公司主管部门确认。

三、竣工阶段达标投产考核程序

竣工阶段达标投产考核分“自检、复检”两个阶段。

1.“自检”阶段

在各参建单位做好自检工作的基础上，由项目法人或工程建设单位负责主持并组织检查组对工程参建单位（设计、施工、监理、调试、生产等单位）进行检查。按照集团公司考核标准的要求，分别由六个专业工作组进行考核，并提出工程竣工阶段达标投产自检报告后，报告达标投产考核领导小组，认为满足达标投产必备条件时，负责向集团公司上报达标自检报告，并申请达标投产考核复检。

2.“复检”阶段

集团公司收到申请报告后，确认该项工程符合集团公司达标投产考核标准后，组织达标投产考核复检组，在规定时间内对工程进行复检。项目法人或工程建设单位负责迎检工作。

四、考核与评分办法

达标投产年度考核和竣工考核，当次考核项目得分率均在80％及以上为合格。

多数集团公司评分结果采用分项得分率和总得分率。年度考核结果直接采用当次得分率，竣工考核结果采用当次得分率和历次年度考核得分率加权平均值各占一定比例之和。

五、达标投产奖励

达标投产复检组的复检结果，在经集团公司审核认定后，通过达标投产复检的水电建设项目，由集团公司审批并统一颁发奖牌，同时根据申报单位的建议，对建设、设计、监理、施工、运行等单位分别颁发证书。

第四节　工程档案达标投产考核

一、工程档案达标投产考核验收

1. 考核检查要求及形式

工程档案考核验收前要进行检查指导，解决主要问题，确定检查指导日期要与考核验收之间留有一定的时间间隔，以便于档案工作的整改。考核检查主要从六个方面要求工程项目档案工作，分别是：档案的完整性、系统性、准确性、及时性、规范性和安全性；考核检查形式采取质询、抽查案卷，抽查案卷的数量与工程规模、复杂程度有关，一般抽查案卷的数量不少于100卷；检查内容要求全面覆盖，突出重点，重点抽查项目前期管理性文件、隐蔽工程文件、竣工文件、质检文件、重要合同、协议，重点部位、重点设备文件等。

2. 考核检查把握两个关键

一是强调项目档案形成的过程管理与结果同等重要，检查档案基础管理工作与检查案卷质量相结合。项目法人单位及考核验收组都要注意避免“重案卷整理、轻基础管理”的倾向。二是原则性要求与工作实际相结合。在遵循档案工作基本原则的前提下，结合实际工作灵活处理。原则是在维护档案材料原貌、保持文件的有机联系、便于档案利用和安全保管的前提下，建立与工程相适应的档案管理制度，如分类编号、归档范围等。

二、档案考核的主要内容

1. 档案基础管理工作

（1）项目法人单位是否认真执行国家档案管理有关的法律、法规，档案工作是否纳入工程建设的目标管理程序、纳入工作计划、纳入工程管理保证体系、纳入有关管理人员的职责范围。

（2）建立档案工作领导负责制，是否建立档案工作分管领导责任制、各技术部门领导责任制等并采取有效的考核措施。

（3）检查档案工作是否贯彻执行集中统一管理，档案管理规章制度建立与执行情况，档案部门对参建单位进行检查、监督、指导和培训情况，档案工作与项目建设同步管理进行情况。

（4）是否配备了与工程相适应的专、兼职档案人员并经过档案专业上岗培训。项目档案归档责任是否明确，控制措施是否有力。

（5）是否配置了确保档案工作正常开展所需的硬件设施，如是否配备了计算机、复印机及声像器材等必备的办公设备和档案库房设备，且性能优良，满足档案工作需要。

（6）检查档案工作是否采用了现代科学管理手段，现代化管理使用以及提供档案利用情况，项目文件材料收集、整理、案卷编制质量、档案归档及时情况等。

2. 项目档案的完整、系统、准确情况

（1）检查是否按照《国家重大建设项目文件归档要求与档案整理规范》（DA/T 28—2002）进行归档，检查项目档案的完整、系统、准确性。

（2）项目文件材料的收集和整理是否符合《国家重大建设项目文件归档要求与档案整理规范》（DA/T 28—2002）及《科学技术档案案卷构成的一般要求》（GB/T 11822—2008）的要求。

3. 移交归档的及时性

（1）各工程有关的全部文件材料应在工程完工或竣工后 6 个月内移交；检查工程项目完工并通过竣工验收和项目档案移交情况。

（2）机电设备文件、竣工图、初期运行文件，应在机组投产后3个月内移交（与本机组相关资料）情况；检查机组的工程竣工及试运行资料的归档情况。

4. 档案整理案卷质量

检查项目档案时，采用质询和现场查验、抽查案卷的方式。抽查档案的数量应不少于100卷，抽查库藏工程档案的重点为项目前期管理性文件、隐蔽工程文件、施工文件、竣工文件、竣工验收文件、监理文件、竣工图等。

5. 档案库房的安全检查

（1）档案库房是否采取防火、防盗、防有害生物和温湿度控制措施，是否满足“八防”要求。

（2）是否实行了档案库房实行与阅览、办公用房三分开。

（3）档案柜架、卷盒、卷皮等档案装具是否符合标准要求。

（4）归档文件形成材料是否符合耐久性要求。

（5）是否采取有效措施保证档案信息安全和保密。

三、考核验收意见主要内容

项目建设概况；档案工作管理情况，保证档案完整、准确、系统采取的控制措施，项目文件收集、整理、归档及时及完成情况，竣工图编制完成及质量情况，库房档案库房排架及安全防护措施，档案在工程建设管理及试运行中的作用，对项目档案完整性、准确性、系统性、及时性、规范性及安全性评价等结论性意见；存在问题、整改意见与建议。

第五节　工程档案自检工作

一、自检工作的开展

建设项目预验收前，建设管理单位应组织设计、施工、监理、生产管理等单位的项目负责人、工程管理、工程技术负责人及档案人员，依照国家《重大建设项目档案验收内容及要求》和集团公司《达标投产考核办法》的要求进行档案自检工作，并做出档案自检报告。自检工作必须本着实事求是的原则，由项目公司组织档案专业小组根据考核办法的要求，认真检查档案工作基础管理、档案归档率、归档范围、案卷质量等情况，并根据自检发现的问题进行整改，并要求闭环。

二、自检报告编写内容

(1) 项目档案工作管理情况。

包括档案工作管理体制、领导负责制、档案管理制度建立情况、对参建单位档案工作的监督、检查、指导情况、档案工作与工程建设同步管理及项目档案管理登记工作情况、项目文件形成、收集、整理和归档情况，采用先进信息技术实现档案资料管理情况，档案人员及档案设施、设备配置情况等。

(2) 项目档案的完整、系统、准确情况，项目文件及竣工图编制的质量情况，档案归档及移交情况、案卷质量检查等。

(3) 项目档案的安全保管情况。

(4) 竣工档案在施工、建设管理、试生产中发挥的作用。

(5) 存在的主要问题及整改措施。另附档案自检评分表。

附录1　科学技术档案案卷构成的一般要求

（摘编自 GB/T 11822—2008）

1　范围

本标准规定了科学技术档案案卷的组卷原则和方法、案卷和案卷内文件材料的排列、案卷的编目、案卷的装订、卷盒、表格规格及其制成材料的质量要求。

本标准适用于一般科学技术档案的案卷整理。专业性较强和非纸质载体科学技术档案的整理可参照本标准。

2　规范性引用文件

略。

3　术语与定义

下列术语与定义适用于本标准。

3.1　科学技术文件材料　scientific and technological records

记录和反映科学研究、生产运营、项目建设活动和设备仪器运行、维护及其管理工作的文字、图表、声像等不同形式文件材料的总称，以下简称科技文件。

3.2　科学技术档案　scientific and technological archives

国家机构、社会组织以及个人从事各项社会活动形成的，对国家、社会、本单位和个人具有保存价值的，应当归档保存的科技文件，以下简称科技档案。

3.3　案卷　files

由互有联系的若干文件组合而成的档案保管单位。

3.4　卷内文件目录　inner-file item list

登录卷内文件题名和其他特征并固定文件排列次序的表格，排列在卷内文件之前，以下简称卷内目录。

3.5　卷内备考表　file note

卷内文件状况的记录单。

3.6　档号　archival code

以字符形式赋予档案实体的用以固定和反映档案排列顺序的一组代码。

3.7　案卷目录　file list

登录案卷题名、档号、保管期限及其他特征，并按案卷号次序排列的档案目录。

4　案卷组织

4.1　组卷原则

遵循科技文件的形成规律，保持案卷内科技文件的有机联系和案卷的成套、系统，便于档案的保管和利用。

4.2　组卷要求

4.2.1　案卷内科技文件应齐全、完整，签章手续完备。

4.2.2　案卷内科技文件的载体和书写印制材料应符合档案保护要求。

4.3　组卷方法

4.3.1　针对具体项目的管理性科技文件应放入所针对的项目文件中，按阶段或分年度组卷。

4.3.2　科研课题、产品、建设项目、设备仪器方面的科技文件，应按其项目、结构、阶段或台（套）等分别组卷。

4.3.3　成册、成套的科技文件宜保持其原有形态。

4.3.4　通用图、标准图可放入相应一项目文件中或单独组卷。其他涉及这些通用图、标准图的项目，应在卷内备考表中注明并标注通用图、标准图的图号和档号。

4.3.5 底图以张或套为保管单位进行整理。

4.3.6 产品局部或零部件变更、建设项目和设备仪器在维修和维护中所形成的科技文件，宜采取插卷方式放入原案卷中；亦可单独组卷排列在原案卷之后，并在原案卷的备考表中予以说明和标注。

4.3.7 产品升级换代、建设项目后评估、改扩建或重建所形成的科技文件应单独组卷排列。

5 案卷和案卷内科技文件排列

5.1 科技文件宜采取按系统、成套性特点进行案卷或卷内文件排列。卷内文件一般应文字材料在前，图样在后；译文在前，原文在后。

5.2 案卷内管理性文件按问题结合时间（阶段）或重要程度排列。一般应印件在前，定稿在后；正件在前，附件在后；复文在前，来文在后。

5.3 科研类案卷宜按课题可行性研究立项、方案论证、研究实验、总结鉴定、成果和知识产权申报、推广应用等阶段排列。

5.4 产品类案卷宜按产品设计（含初步设计、基础设计、技术设计）、工艺、工装、制造、定型等工作程序，或按产品系列、结构等排列。

5.5 建设项目类案卷宜按项目前期、项目设计、项目施工、项目监理、项目竣工、项目验收及项目后评估等阶段排列。

5.6 设备仪器类案卷应按设备仪器立项审批、外购设备仪器开箱验收（自制设备仪器的设计、制造、验收）、设备仪器安装调试、随机文件材料、设备仪器运行、设备仪器维护等阶段或工作程序排列。

6　案卷编目

6.1　卷内科技文件页号编写

6.1.1　案卷内科技文件以件为单位编写页号，以有效内容的页面为一页。

6.1.2　已有页号的文件可不再重新编写页号。

6.1.3　卷内目录、卷内备考表不编写页号。

6.2　案卷封面编制

6.2.1　案卷封面应印制在卷盒正表面，亦可采用内封面形式（封面式样见图 A.1。虚线内为提示项，下同）。

6.2.2　案卷题名，应简明、准确地揭示卷内科技文件的内容，主要包括产品、科研课题、建设项目、设备仪器名称或代字（号）、结构、阶段名称、文件类型名称等。

6.2.3　立卷单位，应填写负责组卷部门或单位。

6.2.4　起止日期，应填写案卷内科技文件形成的最早和最晚的时间——年、月、日（年度应填写四位数字，下同）。

6.2.5　保管期限，应填写组卷时依照有关规定划定的保管期限。

6.2.6　密级，应填写卷内科技文件的最高密级。

6.2.7　档号，由全宗号、分类号（或项目代号或目录号）、案卷号组成。

全宗号：需向档案馆移交的档案，其全宗号由负责接收的档案馆给定；

分类号：应根据本单位分类方案设定的类别号确定；

项目代号：由所反映的产品、课题、项目、设备仪器等的型号、代字或代号确定；

目录号：应填写目录编号；

案卷号：应填写科技档案按一定顺序排列后的流水号。

6.3 案卷脊背编制

6.3.1 案卷脊背印制在卷盒侧面，脊背式样见图 A.2。

6.3.2 案卷题名、保管期限、档号，填写方法同 6.2。

6.3.3 案卷脊背项目可根据需要选择填写。

6.4 卷内目录编制

6.4.1 卷内目录应排列在卷内文件首页之前，式样见图 A.3。

6.4.2 序号，应依次标注卷内文件排列顺序。

6.4.3 文件编号，应填写文件文号或型号或图号或代字、代号等。

6.4.4 责任者，应填写文件形成者或第一责任者。

6.4.5 文件题名，应填写文件全称。文件没有题名的，应由立卷人根据文件内容拟写题名。

6.4.6 日期，应填写文件形成的时间——年、月、日。

6.4.7 页数，应填写每件文件总页数。

6.4.8 备注，可根据实际填写需注明的情况。

6.4.9 档号，填写方法同 6.2.7。

6.5 卷内备考表编制

6.5.1 卷内备考表式样见图 A.4。

6.5.2 卷内备考表应标明案卷内全部文件总件数、总页数以及在组卷和案卷提供使用过程中需要说明的问题。

6.5.3 立卷人，应由立卷责任者签名。

6.5.4 立卷日期，应填写完成立卷的时间。

6.5.5 检查人，应由案卷质量审核者签名。

6.5.6 检查日期，应填写案卷质量审核的时间。

6.5.7 互见号，应填写反映同一内容不同载体档案的档号，并注明其载体类型。

6.5.8 档号，填写方法同 6.2.7。

6.5.9 卷内备考表，应排列在卷内全部文件之后，或直接印制在卷盒内底面。

6.6 案卷目录编制

6.6.1 案卷目录式样见图 A.5。

6.6.2 序号，应填写登录案卷的流水顺序号。

6.6.3 档号、案卷题名、保管期限，填写方法同 6.2。

6.6.4 总页数，应填写案卷内全部文件的页数之和。

6.6.5 备注，可根据管理需要填写案卷的密级、互见号或存放位置等信息。

7 案卷装订

7.1 案卷内文件可整卷装订或以件为单位装订。

7.2 以件为单位装订的应在每件文件首页空白处加盖档号章。

式样见图 A.7。档号填写方法同 6.2.7，序号填写方法同 6.4.2。

7.3 案卷内超出卷盒幅面的科技文件应叠装。图纸折叠方法见 GB/T 10609.3。破损的科技文件应修复。

8 卷盒、表格规格及其制成材料

8.1 卷盒式样见图 A.6

8.2 卷盒规格和制成材料

8.2.1 卷盒外表面规格为：310mm×220mm。脊背厚度可根据需要设定。

8.2.2 卷盒宜采用 220g 以上的单层无酸牛皮纸板双裱压制。

8.3 表格规格和制成材料

8.3.1 案卷目录、卷内目录、卷内备考表表格规格为：297mm×210mm。

8.3.2 表格宜采用 70g 以上白色书写纸制作。

8.4 表格字迹应清晰端正

附录 A
(规范性附录)
案 卷 编 目 式 样

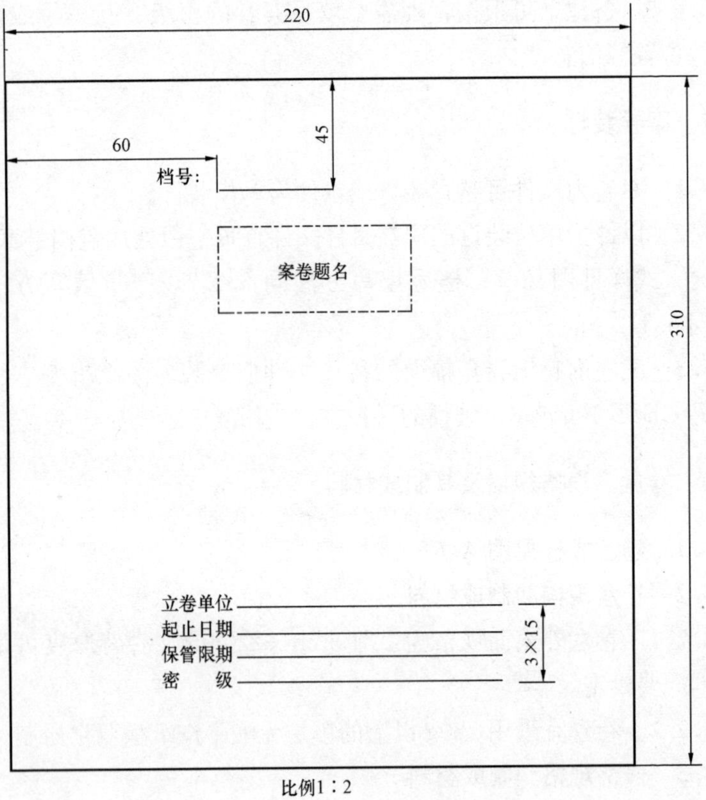

图 A.1　案卷封面式样（单位：mm）

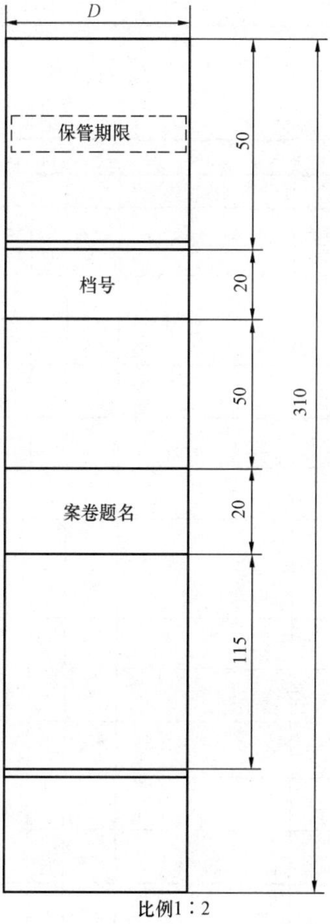

D=10、20、30、40、50、60

（可根据需要设定）

图 A.2　案卷脊背式样（单位：mm）

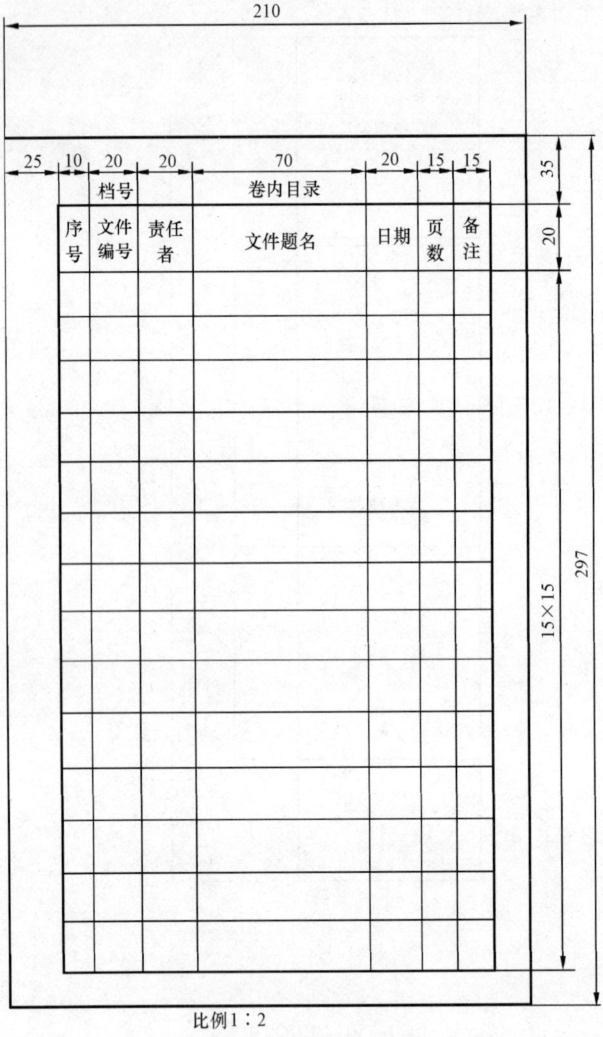

比例1：2

图 A.3　卷内目录式样（单位：mm）

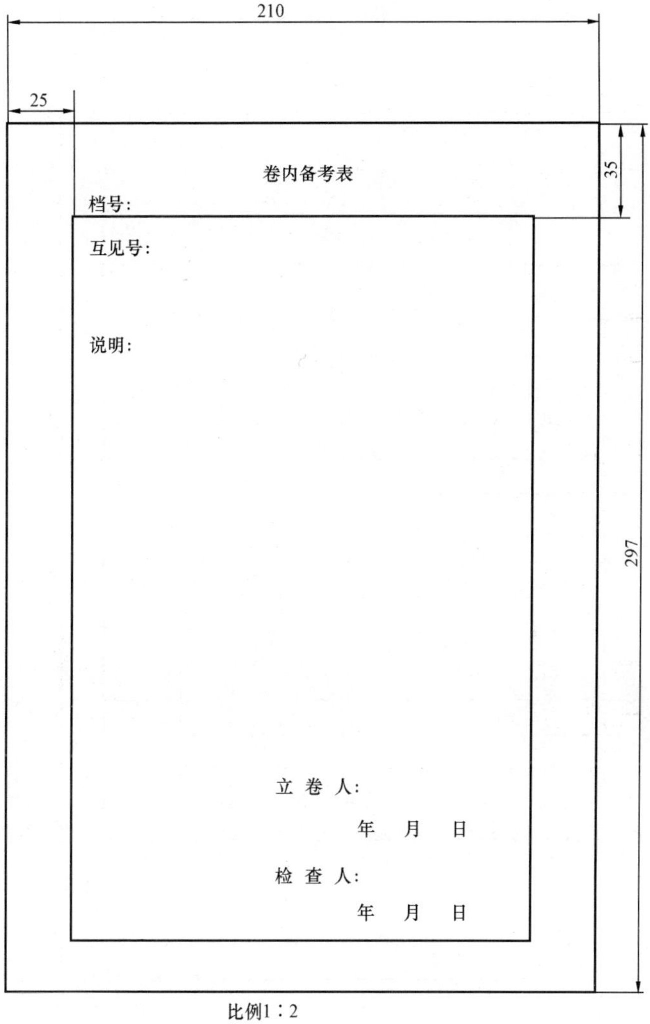

图 A. 4　卷内备考表式样（单位：mm）

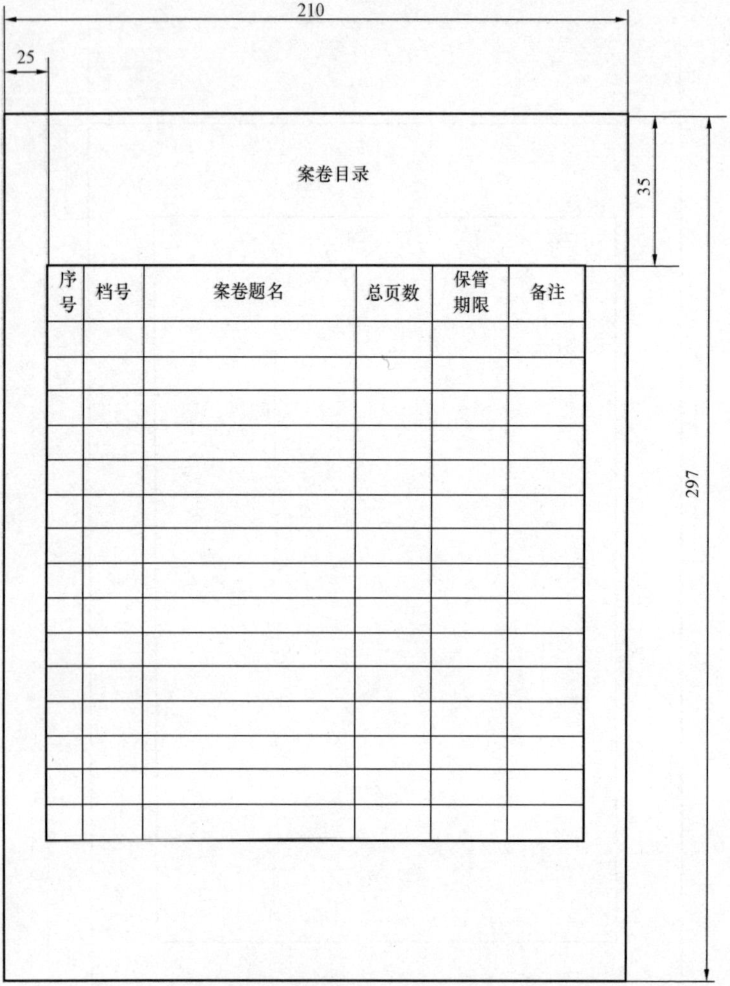

比例1：2

图 A.5　案卷目录式样（单位：mm）

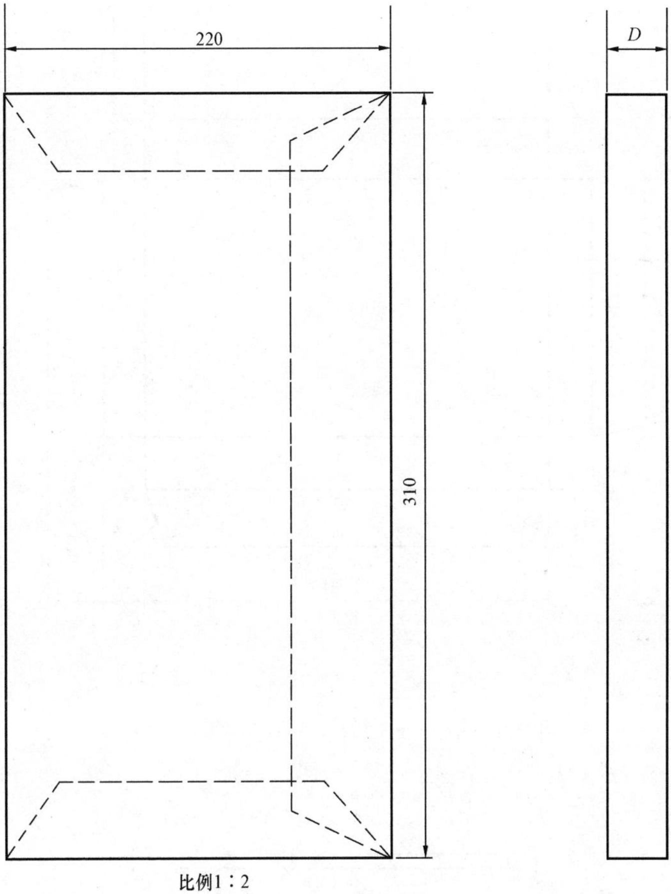

D=10、20、30、40、50、60

图 A.6（a） 卷盒式样（单位：mm）

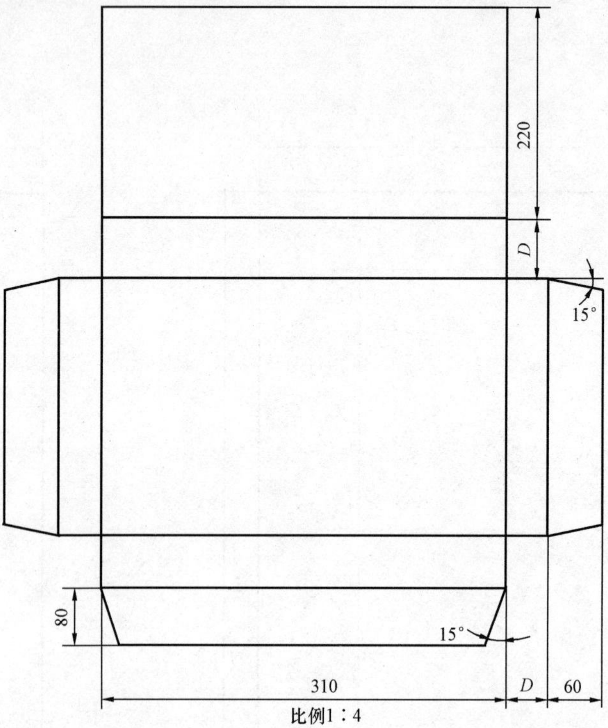

图 A.6（b） 卷盒展开式样（单位：mm）

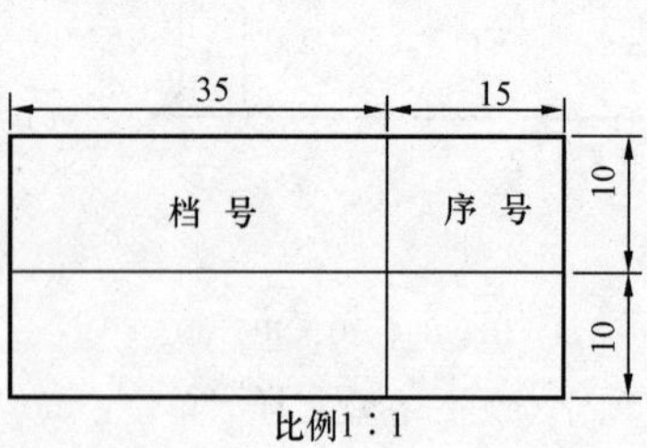

图 A.7 档号章式样（单位：mm）

附录2 国家重大建设项目文件归档要求与档案整理规范

（摘编自 DA/T 28—2002）

1 范围

本标准规定了国家重大建设项目（工程）（以下简称项目）文件归档与档案整理的要求和方法。

本标准适用国家重大建设项目的新建、扩建、改建和技术改造等项目的竣工文件编制、档案整理及竣工档案验收。其他建设项目可参照本标准。

2 规范性引用文件

下列文件中的条款通过本标准的引用而成为本标准的条款。凡是注日期的引用文件，其随后所有的修改单（不包括勘误的内容）或修订版均不适用于本标准，然而，鼓励根据本标准达成协议的各方研究是否可使用这些文件的最新版本。凡是不注日期的引用文件，其最新版本适用本标准。

GB/T 10609.3 技术制图 复制图的折叠方法

档发字〔1997〕20号 国家档案局《城市建设档案归属与流向暂行办法》

3 术语和定义

下列术语和定义适用于本标准。

3.1 建设项目 construction project

指建筑、安装等形成固定资产的活动中，按照一个总体设计进行施工，独立组成的，在经济上统一核算、行政上有独立组织形式、实行统一管理的单位。

3.2 单项工程 unit of project

指建设项目中（3.1）具有独立设计文件、可独立组织施工，建成后可以独立发挥生产能力或工程效益的工程。

3.3 单位工程 subunit of project

指具有独立设计文件、可独立组织施工，但建成后不能独立发挥生产能力或工程效益的工程。

3.4 项目文件 records of project

指建设项目（3.1）在立项、审批、招投标、勘察、设计、施工、监理及竣工验收全过程中形成的文字、图表、声像等形式的全部文件。包括项目前期文件（3.5）、项目竣工文件（3.6）和项目竣工验收文件（3.10）等。

3.5 项目前期文件 prophase records of project

指工程开工以前在立项、审批、招投标、勘察、设计以及工程准备过程中形成的文件。

3.6 项目竣工文件 records on completion of project

指项目竣工时形成的反映施工（指建筑、安装）过程和项目真实面貌的文件，主要由项目施工文件（3.7）、项目竣工图（3.8）和项目监理文件（3.9）组成。

3.7 项目施工文件 implementing records of project

指项目施工过程中形成的反映项目建筑、安装情况的文件。

3.8 项目竣工图 drawing on completion of project

指项目竣工后按照工程实际情况所绘制的图纸。

3.9 项目监理文件 records of supervision

指监理单位对项目工程质量、进度和建设资金使用等进行控制的文件。

3.10　项目竣工验收文件　records of test on completion

指项目竣工后试运行中以及项目竣工验收时形成的文件。

3.11　项目档案　archives of project

指经过鉴定、整理并归档的项目文件（3.4）。

3.12　项目文件归档　filing of project records

建设项目（3.1）的设计、施工、监理单位在项目完成时向建设单位或受委托的承包单位移交经整理的全部相应文件；项目建设单位各机构将项目各阶段形成并经过整理的文件定期报送档案管理机构。

3.13　项目档案移交　transfer of project archives

项目竣工验收后，建设单位根据合同、协议和规定向业主单位、生产使用单位、项目主管部门及有关档案管理部门移交有关项目档案（3.11）。

4　总则

4.1　项目建设单位（业主、项目法人）负责组织、协调和指导勘察设计单位、施工单位和监理单位编制项目竣工文件和整理项目文件。

4.2　在签订项目设计、施工及监理合同、协议时，应设立专门条款，明确有关方面提交相应项目文件以及所提交文件的整理、归档责任。

4.3　项目文件的收集、整理、归档和项目档案的移交应与项目的立项准备、建设和竣工验收同步进行。项目档案应完整、准确、系统。

4.4　建设单位、勘察单位、设计单位、施工单位、监理单位和材料、构件及设备供应单位应根据本规范的要求，完成各自职责范围或合同规定的竣工文件的编制和项目文件整理、归档工作。

5 项目文件的收集

5.1 项目文件的形成和积累

项目文件产生于项目建设全过程，其形成、积累和管理应列入项目建设计划和有关部门及人员的职责范围、工作标准或岗位责任制，并有相应的检查、控制及考核措施。

5.2 项目建设各阶段文件的收集及其责任

5.2.1 项目准备阶段

建设单位各机构负责收集、积累和整理项目前期文件以及设备，工艺和涉外文件：勘察、设计单位负责收集、积累勘察、设计文件，并按规定向建设单位档案部门提交有关设计基础资料和设计文件。

5.2.2 项目施工阶段

项目实行总承包的，由各分包单位负责其分包项目全部文件的收集、积累、整理，并提交总承包单位汇总；由建设单位分别向几个单位发包的，由各承包单位负责收集、积累其承包项目的全部文件；项目监理单位负责收集，积累项目监理文件。

建设单位委托的项目监理单位负责监督、检查项目建设中文件收集、积累和完整、准确、系统情况，审核、签署竣工文件，并向建设单位提交有关专项报告、验证材料及其他监理文件。

5.2.3 项目试运行阶段

试运行单位负责收集、积累在生产技术准备和试运行中形成的文件：项目器材供应、财务管理单位或部门应负责收集、积累所承建项目的器材供应和财务管理中形成的文件。

5.3 收集范围

反映与项目有关的重要职能活动、具有查考利用价值的各种载体的文件，应收集齐全，归入建设项目档案。

项目文件归档范围和保管期限见附录A。

5.4 收集时间

各类文件应按文件形成的先后顺序或项目完成情况及时收集；引进技术、设备文件应首先由建设单位或接受委托的承包单位登记、归档，再行译校、复制和分发使用。

5.5 项目文件质量要求

5.5.1 字迹清楚，图样清晰。图表整洁，签字认可手续完备。

5.5.2 需永久、长期保存的文件不应用易褪色的书写材料（红色墨水、纯蓝墨水、圆珠笔、复写纸、铅笔等）书写、绘制。

5.5.3 复印、打印文件及照片的字迹、线条和影像的清晰及牢固程度应符合设备标定质量的要求。

5.5.4 录音、录像文件应保证载体的有效性。

5.5.5 长期存储的电子文件应使用不可擦除型光盘。

6 项目竣工文件的编制

6.1 竣工文件编制要求

6.1.1 项目施工及调试完成后，施工单位、监理单位应根据工程实际情况和行业规定、标准以及合同规定的要求编制项目竣工文件。

6.1.2 竣工文件由施工单位负责编制，监理单位负责审核。主要内容有：施工综合管理文件、测量文件、原始记录及质量评定文件、材料（构、配件）质量保证书及复试文件、测试（调试）及随工检查记录、建筑及安装工程总量表、工程说明、竣工图、重要工程质量事故报告等。

6.1.3 根据附录A及建设项目实际情况，进一步收集所缺少的重要文件；文件数量未满足合同或协议规定份数的，应按要求复制补齐。

6.1.4 对施工文件、施工图及设备技术文件的准确性和更改情况进行核实，并按要求修改或补充标注到相应的文件上。

6.1.5 与施工图有关的设计变更、现场洽商和材料变更可与竣工图编在一起，也可以单独组卷，但应由项目主管部门或建设单位作出统一规定。

6.1.6 凡为易褪色材料（如复写纸、热敏纸等）形成的并需要永久和长期保存的文件，应附一份复印件。

6.2 竣工图编制要求

6.2.1 各项新建、扩建、改建、技术改造、技术引进项目，在项目竣工时要编制竣工图。项目竣工图应由施工单位负责编制。如行业主管部门规定设计单位编制或施工单位委托设计单位编制竣工图的，应明确规定施工单位和监理单位的审核和签字认可责任。

6.2.2 竣工图应完整、准确、清晰、规范，修改到位，真实反映项目竣工验收时的实际情况。

6.2.3 按施工图施工没有变动的，由竣工图编制单位在施工图上加盖并签署竣工图章。

6.2.4 一般性图纸变更及符合杠改或划改要求的变更。可在原图上更改，加盖并签署竣工图章。

6.2.5 涉及结构形式、工艺、平面布置、项目等重大改变及图面变更面积超过35%的，应重新绘制竣工图。重绘图按原图编号，末尾加注“竣”字，或在新图图标内注明“竣工阶段”加盖并签署竣工图章。

6.2.6 同一建筑物、构筑物重复的标准图，通用图可不编入竣工图中，但应在图纸目录中列出图号，指明该图所在位置并在编制说明中注明；不同建筑物、构筑物应分别编制。

6.2.7 建设单位应负责或委托有资质的单位编制项目总平面图和综合管线竣工图。

6.2.8 竣工图图幅应按 GB/T 10609.3 要求统一折叠。

6.2.9 编制竣工图总说明及各专业的编制说明，叙述竣工图编制原则、各专业目录及编制情况。

6.3 竣工图的更改方法

6.3.1 文字、数字更改一般是杠改；线条更改一般是划改；局部图形更改可以圈出更改部位，在原图空白地重新绘制。

6.3.2 利用施工图更改，应在更改处注明更改依据文件的名称、日期、编号和条款号。

6.3.3 无法在图纸上表达清楚的，应在标题栏上方或左边用文字说明。

6.3.4 图上各种引出说明应与图框平行，引出线不交叉，不遮盖其他线条。

6.3.5 有关施工技术要求或材料明细表等有文字更改的，应在修改变更处进行杠改。当更改内容较多时，可采用注记说明。

6.3.6 新增加的文字说明，应在其涉及的竣工图上作相应的添加和变更。

6.4 竣工图章的使用

6.4.1 竣工图章内容、尺寸如图1所示。

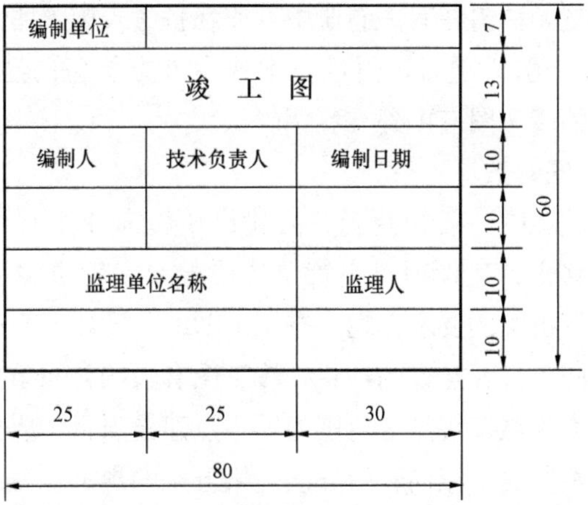

图1 竣工图章（单位：mm）

6.4.2 所有竣工图应由编制单位逐张加盖并签署竣工图章。竣工图章中的内容填写应齐全、清楚，不得代签。

6.4.3 行业主管部门规定由设计单位编制竣工图的，可在新图中采用竣工图标，并按要求签署竣工图标，竣工图标的内容格式由行业统一规定。

6.4.4 竣工图章应使用红色印泥，盖在标题栏附近空白处。

6.5 竣工图的审核

6.5.1 竣工图编制完成后，监理单位应督促和协助竣工图编制单位检查其竣工图编制情况，发现不准确或短缺时要及时修改和补齐。

6.5.2 竣工图内容应与施工图设计、设计变更、洽商、材料变更，施工及质检记录相符合。

6.5.3 竣工图按单位工程、装置或专业编制，并配有详细编制说明和目录。

6.5.4 竣工图应使用新的或干净的施工图，并按要求加盖并签署竣工图章。

6.5.5 一张更改通知单涉及多图的，如果图纸不在同一卷册的，应将复印件附在有关卷册中，或在备考表中说明。

6.5.6 国外引进项目、引进技术或由外方承包的建设项目。外方提供的竣工图应由外方签字确认。

6.6 竣工图套数

项目竣工图一般为两套。由建设单位向业主和生产（使用）单位移交；建设项目主管单位或上级主管机关需要接收的，按主管机关的要求办理。按照 FIDIC《设计—建造与交钥匙工程合同条件》建设的项目，竣工图套数按合同条件的规定提交，在大中城市规划区范围内的重点建设项目，应根据《城市建设档案归属与流向暂行办法》第五条的规定，另编制一份与城市建设、规划及其管理有关的主要建筑物及综合管线竣工图。

6.7　编制竣工图的费用

6.7.1　编制竣工图所需的费用应在项目建设投资中解决，由建设单位或有关部门在与承包单位签订合同时确定。

6.7.2　施工单位应向建设单位提交两套属于职责范围内形成的竣工文件，其费用由施工单位负责。

6.7.3　建设单位主管部门要求增加套数或行业主管部门要求由设计单位负责编制竣工图的，费用由建设单位负责。

6.7.4　因修改需重新绘图的，除合同规定外，应由设计单位负责绘制新图的费用。

6.8　合同要求

6.8.1　建设项目中各方应以合同形式约定竣工图编制和提交的责任；可在施工合同或设计合同中明确。也可单独签订竣工图编制合同。

6.8.2　由施工单位编制竣工图的，应在设计合同中明确留作竣工图用的施工图套数（包括必须套数和主管机关要求套数），以及因修改增加新图的责任；凡由设计单位编制竣工图的，可单独签订竣工图编制合同。

6.8.3　施工合同中应明确施工单位提交建设单位项目档案的名称、内容、版本、套数、时间、费用、质量要求及违约责任。

6.8.4　监理合同中应明确监理单位对竣工文件审核和向建设单位提交监理档案的责任。

7　项目文件的整理与归档

7.1　项目文件的整理

7.1.1　建设项目所形成的全部项目文件在归档前应根据国家有关规定，并按档案管理的要求，由文件形成单位进行整理。

7.1.2 建设单位各机构形成或收到的有关建设项目的前期文件、设备技术文件、竣工试运行文件及验收文件，应根据文件的性质、内容分别按年度、项目的单项或单位工程整理。

7.1.3 勘察、设计单位形成的基础材料和项目设计文件，应按项目或专业整理。

7.1.4 施工技术文件应按单项工程的专业、阶段整理。检查验收记录、质量评定及监理文件按单位工程整理。

7.1.5 设备、技术、工艺、专利及商检索赔文件应由承办单位整理；现场使用的译文及安装调试形成的非标准图、竣工图、设计变更、试运行及维护中形成的文件，工程事故处理文件由施工单位整理。

7.2 项目文件的组卷

7.2.1 组卷要遵循项目文件的形成规律和成套性特点，保持卷内文件的有机联系；分类科学，组卷合理；法律性文件手续齐备。符合档案管理要求。

7.2.2 项目施工文件按单项工程、单位工程或装置、阶段、结构、专业组卷；项目竣工图按建筑、结构、水电、暖通、电梯、消防、环保等顺序组卷；设备文件按专业、台件等组卷；管理性文件按问题、时间或项目依据性、基础性、竣工验收文件组卷；监理文件按文种组卷；原材料试验按单项工程、单位工程组卷。

7.2.3 案卷及卷内文件不重份；同一卷内有不同保管期限的文件。该卷保管期限从长。

7.3 案卷与卷内文件的排列

7.3.1 管理性文件按问题、时间或重要程度排列。

7.3.2 施工文件按管理、依据、建筑、安装、检测实验记录、评定、验收排列。

7.3.3 设备文件按依据性、开箱验收、随机图样、安装调试和运行维修等顺序排列。

7.3.4　竣工图按专业、图号排列。

7.3.5　卷内文件一般文字在前，图样在后；译文在前，原文在后；正件在前，附件在后；印件在前，定（草）稿在后。

7.4　案卷编目

7.4.1　卷内文件页号的编写。

卷内文件有书写内容的页面均应编写页号；页号编写位置：单面书写文件在右下角；双面书写文件，正面在右下角，背面在左下角；图样的页号编写在右下角，或标题栏外右上方；成套图样或印刷成册文件，不必重新编写页号：各卷之间不连续编页号。

7.4.2　卷内目录的编制、卷内目录包括的内容如下：

——序号，应用阿拉伯数字从1起依次标注卷内文件的顺序，一个文件一个号；

——文件编号，应填写文件文号或图样的图号，或设备、项目代号；

——责任者，应填写文件形成部门或主要责任者；

——文件题名，应填写文件标题全称；

——日期，应填写文件形成日期；

——页号，应填写每份文件首尾页上标注的页号；

——备注（需要时填写）。

7.4.3　案卷封面和脊背的编制。

案卷封面可采用案卷外封面和案卷内封面两种形式，主要内容如下：

——案卷题名，应简明、准确揭示卷内文件的内容。主要包括项目名称、代字、代号及结构、部件、阶段的代号和名称等；项目名称应与批准的原立项、设计（包括代号）相符；归档外文资料的题名及主要内容应译成中文。

——立卷单位，应填写文件组卷部门或项目负责部门。

——起止日期，应填写卷内文件形成的起止日期。

——保管期限，应依据有关规定填写组卷时划定的保管期限。

——密级，应依据保密规定填写卷内文件的最高密级。

——档号，应依据建设单位提供的项目档案分类编号方案，填写档案的项目代号、分类号和案卷流水号。

案卷脊背，应填写保管期限、档号和案卷题名或关键词。案卷封面及脊背的档号，暂用铅笔填写；移交后由接收单位统一正式填写。

7.4.4 卷内备考表。

——卷内备考表要标明卷内文件的件数、页数，不同载体文件的数量（见示例），说明组卷情况，如立卷人，检查人，立卷时间等；示例：文字材料 20 件，100 页，照片 10 张，附图 1 张。

——卷内备考表排列在卷内文件之后。

——互见号应填写反映同一内容而形式不同且另行保管的档案保管单位的档号，并注明其载体形式。

7.5 案卷装订要求

7.5.1 文字材料可采用整卷装订与单份文件装订两种形式；图纸可不装订。但同一项目应统一。

7.5.2 案卷内不应有金属物。

7.5.3 单份文件装订时，应在卷内每份文件首页右上方加盖、填写档号章。档号章内容有：档号、序号。

7.5.4 外文资料应保持原来的案卷及文件排列顺序、文号及装订形式。

7.6 卷皮、卷内表格规格及制成材料

7.6.1 卷皮一般采用卷盒、卷夹两种。其外表规格为 310mm

×220mm，厚度分别为10mm、20mm、30mm、40mm、50mm，用牛皮纸板双裱压制。

7.6.2 案卷内封面、卷内目录、备考表的尺寸为297mm×210mm。

7.6.3 卷盒和卷内表格印制应清晰端正。

7.7 声像材料整理

声像材料整理时应附文字说明，对事由、时间、地点、人物、作者等内容进行著录。

7.8 项目文件的归档

7.8.1 建设单位各机构、各施工承包单位、监理单位应在建设项目完成后，将经整理、编目后所形成的项目文件按合同协议规定的要求，向建设单位档案管理机构归档。

7.8.2 根据基本建设程序和项目特点，归档可按阶段分期进行，也可在单项工程或单位工程完成并通过竣工验收后与竣工验收文件一并归档。

7.8.3 归档文件应完整、成套、系统。应记述和反映建设项目的规划、设计、施工及竣工验收的全过程；真实记录和准确反映项目建设过程和竣工时的实际情况，图物相符、技术数据可靠、签字手续完备；文件质量应符合5.5的规定。

7.8.4 勘察、设计、施工及监理单位需要向本单位归档的文件，应按国家有关档案管理的规定和附录A的要求单独立卷归档。

7.8.5 外文资料应将题名，卷内章节目录译成中文；经翻译人、审校人签署的译文稿与原文一起归档。

7.9 项目文件的归档审查

施工单位在项目竣工文件收集、编制和整理后，应依次由竣工文件的编制方、质监部门、监理部门对文件的完整、准确情况和案卷质量进行审查或三方会审，经建设单位确认并办理交接手续后连同审查记录全部交建设单位档案管理机构。

7.10 项目文件的归档时间

除受委托进行项目档案汇总整理外，各施工承包单位应在项目实体完成后三个月内将项目文件向建设单位归档；有尾工的应在尾工完成后及时归档。

8 项目档案的整理与移交

8.1 项目档案的整理

全部项目档案的汇总整理应由建设单位负责进行或组织，其内容包括：

a）根据专业主管部门的建设项目档案分类编号规则以及项目实际情况，设计、制定统一的项目档案分类编号体系。小型项目直接按项目、结构或专业分类；大中型项目按工程或专业分类，下设属类。

b）依据项目档案分类编号体系对全部项目档案进行统一的分类和编号；生产使用单位需要按企业档案统一进行分类和编号的，建设单位（并责成设计、施工及监理单位）可用铅笔临时填写档案号。

c）对全部项目档案进行清点、编目，并编制项目档案案卷目录及档案整理情况说明。

d）负责贯彻执行国家及本行业的技术规范及各种技术文件表格。

8.2 项目档案的移交

8.2.1 项目档案验收合格后，建设单位应按合同及规定的要求，在项目正式通过竣工验收后三个月内，向生产使用单位及其他有关单位办理档案移交。凡分期或分机组的项目，应在每期或每机组正式通过竣工验收后办理档案移交。

8.2.2 建设单位与业主单位、生产使用单位及其他有关单位应办理项目档案移交手续，明确档案移交的内容、案卷数、图纸张数等，并有完备的清点、签字等交接手续；建设单位转为生产单位的，按企业档案管理要求办理。

8.2.3　竣工验收以后，在大中城市规划区范围内的重要建设项目，建设单位应在六个月内向城市建设档案接收单位报送与城市规划、建设及其管理有关的项目档案。

附录 A　《国家重大建设项目文件归档范围和保管期限表》略。

附录3　归档文件整理规则

（摘编自 DA/T 22—2000）

1　范围

本标准规定了归档文件整理的原则和方法。

本标准适用于各级机关、团体和其他社会组织。

2　定义

略。

2.1　归档文件

立档单位在其职能活动中形成的、办理完毕、应作为文书档案保存的各种纸质文件材料。

2.2　归档文件整理

将归档文件以件为单位进行装订、分类、排列、编号、编目、装盒，使之有序化的过程。

2.3　件

归档文件的整理单位。一般以每份文件为一件，文件正本与定稿为一件，正文与附件为一件，原件与复制件为一件，转发文与被转发文为一件，报表、名册、图册等一册（本）为一件。来文与复文可为一件。

3　整理原则

遵循文件的形成规律，保持文件之间的有机联系，区分不同价值，便于保管和利用。

4 质量要求

4.1 归档文件应齐全完整。已破损的文件应予修整；字迹模糊或易退色的文件应予复制。

4.2 整理归档文件所使用的书写材料、纸张、装订材料等应符合档案保护要求。

5 整理方法

5.1 装订

归档文件应按件装订。装订时，正本在前，定稿在后；正文在前，附件在后；原件在前，复制件在后；转发文在前，被转发文在后；来文与复文作为一件时，复文在前，来文在后。

5.2 分类

归档文件可以采用年度—机构（问题）—保管期限，或保管期限—年度—机构（问题）等方法进行分类。同一全宗应保持分类方案的稳定。

5.2.1 按年度分类

将文件按其形成年度分类。

5.2.2 按保管期限分类

将文件按划定的保管期限分类。

5.2.3 按机构（问题）分类

将文件按其形成或承办机构（问题）分类（本项可以视情况予以取舍）。

5.3 排列

归档文件应在分类方案的最低一级类目内，按事由结合时间、重要程度等排列。会议文件、统计报表等成套性文件可集中排列。

5.4 编号

归档文件应依分类方案和排列顺序逐件编号，在文件首页上端的空白位置加盖归档章并填写相关内容。归档章设置全宗号、年度、保管期限、件号等必备项，并可设置机构（问题）等选择项（见附录 A 图 A.1。图例中“＊”号栏为选择项，不选用时无须设置。以下同）。

5.4.1 全宗号：档案馆给立档单位编制的代号。

5.4.2 年度：文件形成年度，以 4 位阿拉伯数字标注公元纪年，如 1978。

5.4.3 保管期限：归档文件保管期限的简称或代码。

5.4.4 件号：文件的排列顺序号。

件号包括室编件号和馆编件号，分别在归档文件整理和档案移交进馆时编制。室编件号的编制方法为：在分类方案的最低一级类目内，按文件排列顺序从“1”开始标注。馆编件号按进馆要求标注。

5.4.5 机构（问题）：作为分类方案类目的机构（问题）名称或规范化简称。

5.5 编目

归档文件应依据分类方案和室编件号顺序编制归档文件目录。

5.5.1 归档文件应逐件编目。来文与复文作为一件时，只对复文进行编目。归档文件目录设置件号、责任者、文号、题名、日期、页数、备注等项目（见附录 A 图 A.2）。

5.5.1.1 件号：填写室编件号。

5.5.1.2 责任者：制发文件的组织或个人，即文件的发文机关和署名者。

5.5.1.3 文号：文件的发文字号。

5.5.1.4 题名：文件标题。没有标题或标题不规范的，可自拟标题，外加“［ ］”号。

5.5.1.5 日期：文件的形成时间，以8位阿拉伯数字标注，如19990909。

5.5.1.6 页数：每一件归档文件的页数。文件中有图文的页面为一页。

5.5.1.7 备注：注释文件需说明的情况。

5.5.2 归档文件目录用纸幅面尺寸采用国际标准A4型(长×宽为297mm×210mm)。

5.5.3 归档文件目录应装订成册并编制封面。归档文件目录封面可以视需要设置全宗名称、年度、保管期限、机构（问题）等项目（见附录A图A.3)。其中全宗名称即立档单位名称，填写时应使用全称或规范化简称。

5.6 装盒

将归档文件按室编件号顺序装入档案盒，并填写档案盒封面、盒脊及备考表项目。

5.6.1 档案盒

5.6.1.1 档案盒封面应标明全宗名称。档案盒的外形尺寸为310mm×220mm（长×宽)，盒脊厚度可以根据需要设置为20mm、30mm、40mm等［见附录A图A.4（a)］。

5.6.1.2 档案盒应根据摆放方式的不同，在盒脊或底边设置全宗号、年度、保管期限、起止件号、盒号等必备项，并可设置机构（问题）等选择项［见附录A图A.4（b)、图A.4（c)］。其中，起止件号填写盒内第一件文件和最后一件文件的件号，中间用“—”号连接；盒号即档案盒的排列顺序号，在档案移交进馆时按进馆要求编制。

5.6.1.3 档案盒应采用无酸纸制作。

5.6.2 备考表

备考表置于盒内文件之后，项目包括盒内文件情况说明、整理人、检查人和日期（见附录 A 图 A. 5）。

5. 6. 2. 1 盒内文件情况说明：填写盒内文件缺损、修改、补充、移出、销毁等情况。

5. 6. 2. 2 整理人：负责整理归档文件的人员姓名。

5. 6. 2. 3 检查人：负责检查归档文件整理质量的人员姓名。

5. 6. 2. 4 日期：归档文件整理完毕的日期。

附录 A
（提示的附录）

归档章、归档文件目录、档案盒及备考表见附录 A 图 A. 1～图 A. 4：

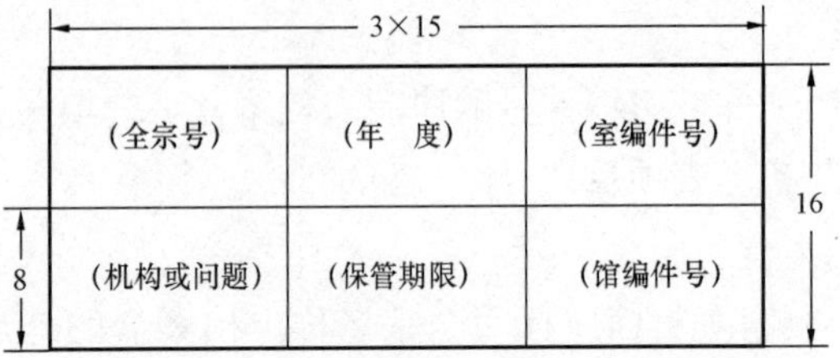

图 A. 1　归档章式样（单位：mm）

归档文件目录

件号	责任者	文号	题名	日期	页数	备注

图 A. 2　归档文件目录式样

归档文件目录

＊全宗名称：________________

＊年　　度：________________

＊保管期限：________________

＊机　　构：________________

（问题）

图 A.3　归档文件目录封面式样

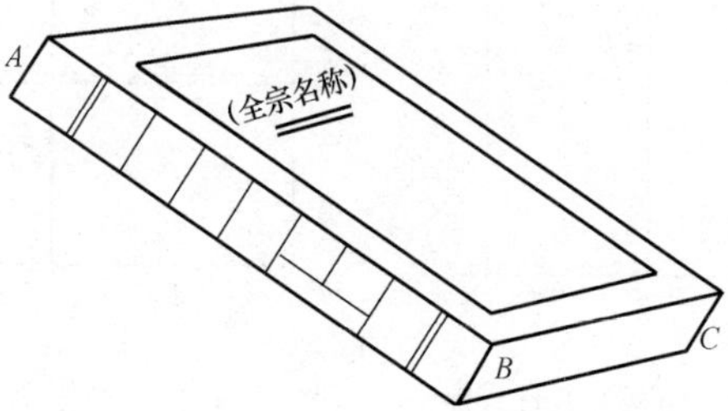

$A=B=C=20$，30，40 等

图 A.4（a）　档案盒封面式样及规格（单位：mm）

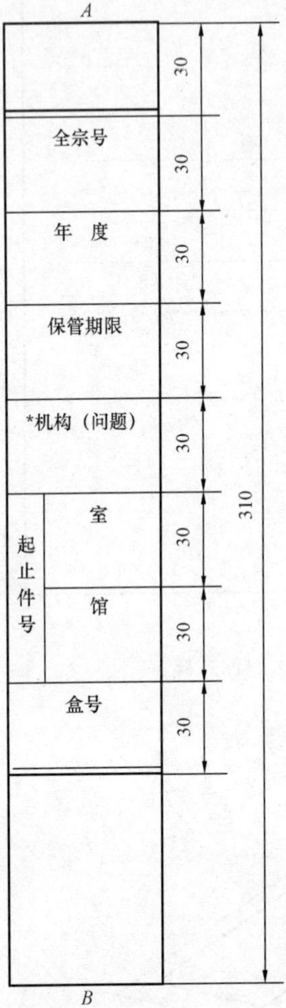

图A.4(b)　档案盒盒脊式样
（单位：mm）

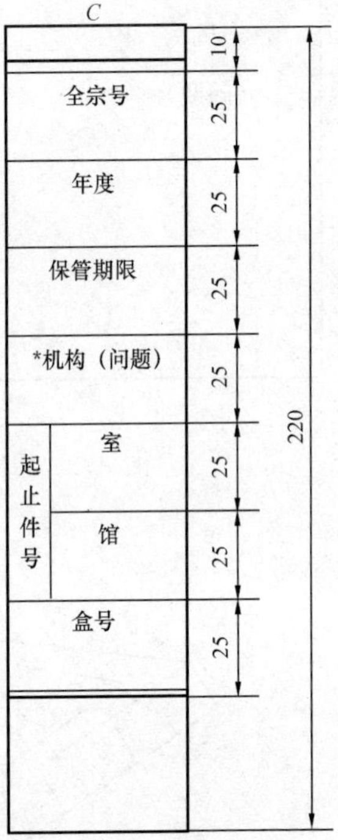

图 A.4(c)　档案盒底边式样
（单位：mm）

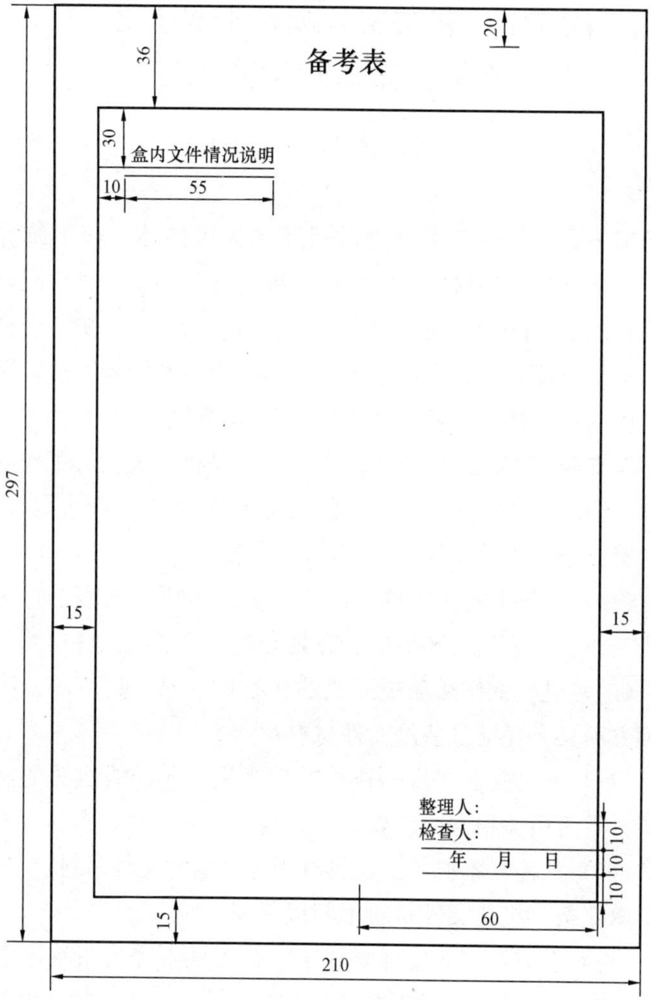

图 A.5　备考表式样（单位：mm）

附录4　机关文件材料归档范围和文书档案保管期限规定

（国家档案局8号令）

第一条　为便于各级党政机关和人民团体（以下统称机关）正确界定文件材料归档范围，准确划分档案保管期限，使所保存的档案既能反映机关主要职能活动情况，维护其历史面貌，又便于保管和利用，根据《中华人民共和国档案法》、《中华人民共和国档案法实施办法》，制定本规定。

第二条　本规定中的机关文件材料是指机关在其工作活动过程中形成的各种门类和载体的历史记录。

第三条　机关文件材料归档范围是：

（一）反映本机关主要职能活动和基本历史面貌的，对本机关工作、国家建设和历史研究具有利用价值的文件材料；

（二）机关工作活动中形成的在维护国家、集体和公民权益等方面具有凭证价值的文件材料；

（三）本机关需要贯彻执行的上级机关、同级机关的文件材料；下级机关报送的重要文件材料；

（四）其他对本机关工作具有查考价值的文件材料。

第四条　机关文件材料不归档范围是：

（一）上级机关的文件材料中，普发性不需本机关办理的文件材料，任免、奖惩非本机关工作人员的文件材料，供工作参考的抄件等；

（二）本机关文件材料中的重份文件，无查考利用价值的事务性、临时性文件，一般性文件的历次修改稿、各次校对稿，无特殊保存价值的信封，不需办理的一般性人民来信、电话记录，机关内部互相抄送的文件材料，本机关负责人兼任外单位职务形成的与本机关无关的文件材料，有关工作参考的文件材料；

（三）同级机关的文件材料中，不需贯彻执行的文件材料，不需办理的抄送文件材料；

（四）下级机关的文件材料中，供参阅的简报、情况反映，抄报或越级抄报的文件材料。

第五条　凡属机关归档范围的文件材料，必须按有关规定向本机关负责档案工作的部门移交，实行集中统一管理，任何个人不得据为己有或拒绝归档。

第六条　机关文书档案的保管期限定为永久、定期两种。定期一般分为30年、10年。

第七条　永久保管的文书档案主要包括：

（一）本机关制定的法规政策性文件材料；

（二）本机关召开重要会议、举办重大活动等形成的主要文件材料；

（三）本机关职能活动中形成的重要业务文件材料；

（四）本机关关于重要问题的请示与上级机关的批复、批示，重要的报告、总结、综合统计报表等；

（五）本机关机构演变、人事任免等文件材料；

（六）本机关房屋买卖、土地征用，重要的合同协议、资产登记等凭证性文件材料；

（七）上级机关制发的属于本机关主管业务的重要文件材料；

（八）同级机关、下级机关关于重要业务问题的来函、请示与本机关的复函、批复等文件材料。

第八条　定期保管的文书档案主要包括：

（一）本机关职能活动中形成的一般性业务文件材料；

（二）本机关召开会议、举办活动等形成的一般性文件材料；

（三）本机关人事管理工作形成的一般性文件材料；

（四）本机关一般性事务管理文件材料；

（五）本机关关于一般性问题的请示与上级机关的批复、批示，一般性工作报告、总结、统计报表等；

（六）上级机关制发的属于本机关主管业务的一般性文件材料；

（七）上级机关和同级机关制发的非本机关主管业务但要贯彻执行的文件材料；

（八）同级机关、下级机关关于一般性业务问题的来函、请示与本机关的复函、批复等文件材料；

（九）下级机关报送的年度或年度以上计划、总结、统计、重要专题报告等文件材料。

第九条 机关形成的人事、基建、会计及其他专门文件材料的归档范围和档案保管期限，按国家有关规定执行。

第十条 机关对应归档电子文件的元数据、背景信息等要进行相应归档。

机关应归档纸质文件材料中，有文件发文稿纸、文件处理单的，应与文件正本、定稿一并归档。

第十一条 机关联合召开会议、联合行文所形成的文件材料原件由主办机关归档，其他机关将相应的复制件或其他形式的副本归档。

第十二条 各机关应根据本规定，结合本机关职能和各部门工作实际，编制本机关的文件材料归档范围和文书档案保管期限表，经同级档案行政管理部门审查同意后执行。

有垂直领导关系的中央、国家机关应依据本规定，结合本系统工作实际，编制本系统的文件材料归档范围和文书档案保管期限表，并经国家档案局审查同意后执行。

第十三条　在编制本机关或本系统文件材料归档范围和文书档案保管期限表时，应全面分析和鉴别本机关或本系统文件材料的现实作用和历史作用，准确界定文件材料的归档范围和划分档案保管期限。

第十四条　本规定适用于各级党政机关和人民团体。军队系统、民主党派、企业事业单位可参照执行。

第十五条　本规定自颁布之日起施行，1987 年颁发的《国家档案局关于机关档案保管期限的规定》和《机关文件材料归档和不归档的范围》同时废止。

附件：《文书档案保管期限表》

文书档案保管期限表

1　本级党的代表大会、人民代表大会、政治协商会议，工会、共青团、妇联代表大会的文件材料

1.1　请示、批复、通知、名单、议程、报告、领导人讲话、选举结果、讨论通过的文件、决议、纪要、公报、主席团会议记录等文件材料（永久）

1.2　大会发言，人大代表建议和意见、人大议案及答复，政协委员提案及办理结果，简报，快报（永久）

1.3　重要的贺信、贺电，筹备工作、选举过程中形成的文件，小组会议记录、会议服务机构的计划、总结等文件材料（30 年）

1.4　讨论未通过的文件（10 年）

2　本级党委、人民代表大会、政治协商会议、纪律检查委员

会、共青团、工会、妇联的常委会、执委会、主席团、全体委员会会议，政府常务会、办公会议的文件材料

2.1 公报、决议、决定、记录、纪要、议程、领导人讲话、讨论通过的文件、参加人员名册（永久）

2.2 讨论未通过的文件（10年）

3 本机关党组（或实行党委制的党委）会议和行政办公会的纪要、会议记录（永久）

4 本机关召开工作会议、专题会议的文件材料

4.1 请示、批复、通知、名单、日程、报告、讲话、总结、决议、决定、纪要（永久）

4.2 典型材料、代表发言材料、交流材料、简报（30年）

5 机关联合召开会议的文件材料

5.1 本机关为主办的

5.1.1 请示、批复、通知、名单、日程、报告、讲话、总结、决议、决定、纪要（永久）

5.1.2 典型材料、代表发言材料、交流材料、简报（30年）

5.2 本机关为协办的

5.2.1 请示、批复、通知、名单、日程、报告、讲话、总结、决议、决定、纪要的复制件或副本（30年）

5.2.2 典型材料、代表发言材料、交流材料、简报的复制件或副本（10年）

6 本机关承办国际性会议、大型展览会、博览会的文件材料

6.1 请示、批复、申办和筹办组委会主要活动安排、议程、名单、主报告（原文及译文）、辅助报告（原文及译文），上级领导人贺词、题词、讲话，会徽设计（永久）

6.2 代表发言材料、交流材料、简报、新闻报道（30年）

6.3 委员会、分会会议和学术会的讨论记录，会议代表登记表、接待安排（10年）

7 上级机关、上级领导检查、视察本地区、本机关工作时形成的文件材料

7.1 重要的（永久）

7.2 一般的（30年）

7.3 本地区、本机关工作汇报材料（30年）

8 本机关业务文件材料

8.1 本机关制定的方针政策性、法规性、普发性业务文件，中长期规划、纲要等文件材料（永久）

8.2 本机关的请示与上级机关的批复、批示

8.2.1 重要业务问题的（永久）

8.2.2 一般业务问题的（30年）

8.3 同级机关、下级机关的来函、请示与本机关的复函、批复等文件材料

8.3.1 重要业务问题的（永久）

8.3.2 一般业务问题的（30年）

8.4 本机关代上级机关起草并被采用的重要法规性文件、专项业务文件的最后草稿（30年）

8.5 机关联合行文的文件材料

8.5.1 本机关为主办的

8.5.1.1 重要业务问题的（永久）

8.5.1.2 一般业务问题的（30年）

8.5.2 本机关为协办的

8.5.2.1 重要业务问题的（30年）

8.5.2.2 一般业务问题的（10年）

8.6 本机关编辑、编写的文件材料

8.6.1 大事记、组织沿革等（永久）

8.6.2 简报、情况反映、工作信息等（10年）

8.7 行政管理、执法活动中形成的文件材料

8.7.1 行政管理工作制度、程序、规定等文件材料（永久）

8.7.2 执法检查情况汇总、通报，整改通知等（永久）

8.7.3 行政管理工作中形成的审批、审查、核准等文件材料

8.7.3.1 固定资产投资、科技计划等项目的审批（核准）、管理、验收（评估）等文件材料（永久）

8.7.3.2 不动产、自然资源的所有权、使用权确认的文件材料（永久）

8.7.3.3 20 年（含）以上有效或未注明有效期的许可证、执照、资质证、资格证等的审批、管理文件材料（永久）

8.7.3.4 20 年以下有效的许可证、执照、资质证、资格证等的审批、管理文件材料（30 年）

8.7.4 行政管理工作中形成的备案文件材料（10 年）

8.7.5 行政处罚、处分、复议、国家赔偿等工作中形成的文件材料

8.7.5.1 重要的（永久）

8.7.5.2 一般的（30 年）

8.8 计划、总结、统计、调研等方面的文件材料

8.8.1 年度和年度以上的计划、总结、统计材料（永久）

8.8.2 年度以下的计划、总结、统计材料（10 年）

8.8.3 重要职能活动的总结、重要专题的调研材料（永久）

8.8.4 一般活动的总结、一般问题的调研材料（10 年）

8.9 出国或出境访问考察、参加国际会议，接待来访等外事活动形成的文件材料

8.9.1 发表的公报，签订的协议、协定、备忘录，重要的会谈记录、纪要等（永久）

8.9.2 出国审批手续、执行日程、考察报告、一般性会谈记录（30 年）

9 本机关机构编制、干部人事、党、团、纪检、工会、保卫、

信访工作文件材料

9.1　机构设置、机构撤并、名称更改、组织简则、人员编制、印信启用和作废等文件材料（永久）

9.2　人事工作制度、规定、办法等文件（30 年）

9.3　人事任免文件（永久）

9.4　先进单位、劳动模范、先进工作者的文件材料

9.4.1　受县级（含）以上表彰、奖励的（永久）

9.4.2　受县级以下表彰、奖励的（30 年）

9.5　对本机关有关人员的处分材料

9.5.1　受到警告（不含）以上处分的（永久）

9.5.2　受到警告处分的（30 年）

9.6　职工录用、转正、聘任、调资、定级、停薪留职、辞职、离退休、死亡、抚恤等文件材料（永久）

9.7　人事考核、职称评审工作文件材料（永久）

9.8　职工调动工作的行政、工资、党团组织关系的介绍信及存根（永久）

9.9　职工名册（永久）

9.10　党、团、工会工作活动中形成的文件材料

9.10.1　工作报告、总结，换届选举结果（永久）

9.10.2　重要专项活动的报告、总结等（永久）

9.10.3　党团员、工会会员名册，批准加入党团、工会组织的文件材料（永久）

9.10.4　情况反映、工作简报（10 年）

9.11　纪检、监察工作中形成的综合性报告、调查材料

9.11.1　重要的（永久）

9.11.2　一般的（30 年）

9.12　保卫部门的安全检查、调查记录（10 年）

9.13　本机关处理人民来信来访的文件材料

9.13.1 有领导重要批示和处理结果的（永久）

9.13.2 其他有处理结果的（30 年）

10 本机关事务管理文件材料

10.1 房产、土地所有权和使用权的文件材料（永久）

10.2 与有关单位签订的合同、协定、协议、议定书等文件材料

10.2.1 重要的（永久）

10.2.2 一般的（10 年）

10.3 接待工作的计划、方案

10.3.1 重要的（30 年）

10.3.2 一般的（10 年）

10.4 机关财务预算（30 年）

10.5 机关物资（办公设备及用品、机动车等）采购计划、审批手续、招标投标、购置等文件材料，机动车调拨、保险、事故、转让等文件材料（30 年）

10.6 国有资产管理（登记、统计、核查清算、交接等）文件材料

10.6.1 重要的（永久）

10.6.2 一般的（10 年）

10.7 职工承租、购置本单位住房的合同、协议和有关手续（永久）

10.8 职工住房分配、出售的规定、方案、细则，职工住房情况统计、调查表、职工住房申请（30 年）

11 上级机关制发的文件材料

11.1 上级机关制发的属于本机关主管业务的文件材料

11.1.1 重要的（永久）

11.1.2 一般的（10 年）

11.2 上级机关制发的非本机关主管业务但要贯彻执行的文件

材料（10 年）

11.3　上级机关制发的关于本机关机构设置、领导人任免、人员编制等文件材料（永久）

12　同级机关制发的非本机关主管业务但要贯彻执行的文件材料（10 年）

13　下级机关报送的文件材料

13.1　重大问题的专题报告（30 年）

13.2　年度和年度以上的计划、总结、统计材料（10 年）

附录5　电子文件归档与管理规范

（摘编自 GB/T 18894—2002）

1　范围

本标准规定了在公务活动中产生的，具有保存价值的电子文件的形成、积累、归档、保管、利用、统计的一般方法。

本标准适用于党政机关产生的电子文件的归档与管理，其他社会组织的电子文件管理可参照本标准。

2　规范性引用文件

略。

3　术语和定义

下列术语和定义适用于本标准。

3.1　电子文件　electronic records

指在数字设备及环境中生成，以数码形式存储于磁带、磁盘、光盘等载体，依赖计算机等数字设备阅读、处理，并可在通信网络上传送的文件。

3.2　归档电子文件　archival electronic records

指具有参考和利用价值并作为档案保存的电子文件（3.1）。

3.3　背景信息　context

指描述生成电子文件（3.1）的职能活动、电子文件的作用、办理过程、结果、上下文关系以及对其产生影响的历史环境等信息。

3.4 元数据 metadata

指描述电子文件（3.1）数据属性的数据，包括文件的格式、编排结构、硬件和软件环境、文件处理软件、字处理和图形工具软件、字符集等数据。

3.5 逻辑归档 logical filing

指在计算机网络上进行，不改变原存储方式和位置而实现的将电子文件（3.1）的管理权限向档案部门移交的过程。

3.6 物理归档 physical filing

指把电子文件（3.1）集中下载到可脱机保存的载体上，向档案部门移交的过程。

3.7 真实性 authenticity

指对电子文件（3.1）的内容、结构和背景信息（3.3）进行鉴定后，确认其与形成时的原始状况一致。

3.8 完整性 integrity

指电子文件（3.1）的内容、结构、背景信息（3.3）和元数据（3.4）等无缺损。

3.9 有效性 utility

指电子文件（3.1）应具备的可理解性和可被利用性，包括信息的可识别性、存储系统的可靠性、载体的完好性和兼容性等。

3.10 捕获 capture

指对电子文件（3.1）进行实时收集和存储的方法与过程。

3.11 迁移 migration

指将源系统中的电子文件（3.1）向目的系统进行转移存储的方法与过程。

4 总则

4.1 电子文件自形成时应有严格的管理制度和技术措施，确保其真实性、完整性和有效性。

4.2 应对电子文件的形成、收集、积累、鉴定、归档等实行全过程管理与监控，保证管理工作的连续性。

4.3 应明确规定电子文件归档的时间、范围、技术环境、相关软件、版本、数据类型、格式、被操作数据、检测数据等要求，保证归档电子文件的质量。

4.4 归档电子文件同时存在相应的纸质或其他载体形式的文件时，应在内容、相关说明及描述上保持一致。

4.5 具有永久保存价值的文本或图形形式的电子文件，如没有纸质等拷贝件，必须制成纸质文件或缩微品等。归档时，应同时保存文件的电子版本、纸质版本或缩微品。

4.6 应保证电子文件的凭证作用，对只有电子签章的电子文件，归档时应附加有法律效力的非电子签章。

5 电子文件的真实性、完整性和有效性保证

5.1 应建立规范的制度和工作程序并结合相应的技术措施，从电子文件形成开始不间断地对有关处理操作进行管理登记，保证电子文件的产生、处理过程符合规范。

5.1.1 登记处理过程中相互衔接的各类责任者（如起草者、修改者、审核者、签发者等）。

5.1.2 登记处理过程中的各类操作者（打字者、发文者、收文者、存储管理者等）。

5.1.3 登记处理过程中产生的责任凭证信息（批示、签名、印章、代码等）。

5.1.4 登记电子文件传递、交接过程中的其他标识。

5.2 应采取可靠的安全防护技术措施，保证电子文件的真实性。

5.2.1 建立对电子文件的操作者可靠的身份识别与权限控制。

5.2.2　设置符合安全要求的操作日志，随时自动记录实施操作的人员、时间、设备、项目、内容等。

5.2.3　对电子文件采用防错漏和防调换的标记。

5.2.4　对电子印章、数字签署等采取防止非法使用的措施。

5.3　应建立电子文件完整性管理制度并采取相应的技术措施采集背景信息和元数据。

5.4　应建立电子文件有效性管理制度并采取相应的技术保证措施。

5.5　电子文件的处理和保存应符合国家的安全保密规定，针对自然灾害、非法访问、非法操作、病毒侵害等采取与系统安全和保密等级要求相符的防范对策，主要有：网络设备安全保证；数据安全保证；操作安全保证，身份识别方法等。

6　电子文件的收集与积累

6.1　收集积累要求

6.1.1　记录了重要文件的主要修改过程和办理情况，有查考价值的电子文件及其电子版本的定稿均应被保留。正式文件是纸质的，如果保管部门已开始进行向计算机全文的转换工作，则与正式文件定稿内容相同的电子文件应当保留，否则可根据实际条件或需要，确定是否保留。

6.1.2　当公务或其他事务处理过程只产生电子文件时，应采取严格的安全措施，保证电子文件不被非正常改动。同时应随时对电子文件进行备份，存储于能够脱机保存的载体上。

6.1.3　对在网络系统中处于流转状态，暂时无法确定其保管责任的电子文件，应采取捕获措施，集中存储在符合安全要求的电子文件暂存存储器中，以防散失。

6.1.4　对用文字处理技术形成的文本电子文件，收集时应注明文件存储格式、文字处理工具等，必要时同时保留文字处理工具软件。文字型电子文件以 XML、RTF、TXT 为通用格式。

6.1.5 对用扫描仪等设备获得的采用非通用文件格式的图像电子文件，收集时应将其转换成通用格式，如无法转换，则应将相关软件一并收集。扫描型电子文件以 JPEG、TIFF 为通用格式。

6.1.6 对用计算机辅助设计或绘图等设备获得的图形电子文件，收集时应注明其软硬件环境和相关数据。

6.1.7 对用视频或多媒体设备获得的文件以及用超媒体链接技术制作的文件，应同时收集其非通用格式的压缩算法和相关软件。视频和多媒体电子文件以 MPEG、AVl 为通用格式。

6.1.8 对用音频设备获得的声音文件，应同时收集其属性标识、参数和非通用格式的相关软件。音频电子文件以 WAV、MP3 为通用格式。

6.1.9 对通用软件产生的电子文件，应同时收集其软件型号、名称、版本号和相关参数手册、说明资料等。专用软件产生的电子文件原则上应转换成通用型电子文件，如不能转换，收集时则应连同专用软件一并收集。

6.1.10 计算机系统运行和信息处理等过程中涉及的与电子文件处理有关的参数、管理数据等应与电子文件一同收集。

6.1.11 对套用统一模板的电子文件，在保证能恢复原形态的情况下，其内容信息可脱离套用模板进行存储，被套用模板作为电子文件的元数据保存。

6.1.12 定期制作电子文件的备份。

6.2 电子文件的登记

6.2.1 每份电子文件均应在《电子文件登记表》中登记（见附录 A 的表 A.1 和表 A.2）。

6.2.2 电子文件登记表应与电子文件同时保存。

6.2.3 电子文件登记表如果制成电子表格，应与电子文件一同保存，永久保存的电子表格应附有纸质等拷贝件并与相应的电子文件拷贝一起保存。

6.2.4　电子文件稿本代码：M—草稿性电子文件；U—非正式电子文件；F—正式电子文件。

6.2.5　电子文件类别代码：T—文本文件；I—图像文件；G—图形文件；V—影像文件；A—声音文件；O—超媒体链接文件；P—程序文件；D—数据文件。

7　电子文件的归档

7.1　归档要求

文件形成部门或信息管理部门应定期把经过鉴定符合归档条件的电子文件向档案部门移交，并按档案管理要求的格式将其存储到符合保管期限要求的脱机载体上。

7.2　鉴定

7.2.1　电子文件的鉴定工作，应包括对电子文件的真实性、完整性、有效性的鉴定及确定密级、归档范围和划定保管期限。

7.2.2　归档前应由文件形成单位按照规定的项目对电子文件的真实性、完整性和有效性进行检验，并由负责人签署审核意见，检验和审核结果填入《归档电子文件移交、接收检验登记表》（见附录 A 的表 A.3）。如果文件形成单位采用了某些技术方法保证电子文件的真实性、完整性和有效性，则应把其技术方法和相关软件一同移交给接收单位。

7.2.3　电子文件的归档范围参照国家关于纸质文件材料归档的有关规定执行，并应包括相应的背景信息和元数据。

7.2.4　电子文件保管期限和密级的划分工作，参照国家关于纸质文件材料密级和保管期限的有关规定执行。电子文件的背景信息和元数据的保管期限应当与内容信息的保管期限一致。

应在电子文件的机读目录上逐件标注保管期限的标识。

7.3 归档时间

逻辑归档可实时进行，物理归档应按照纸质文件的规定定期完成。

7.4 检测

在进行电子文件归档工作时，应对归档电子文件的基本技术条件进行检测，检测内容包括：硬件环境的有效性，软件环境的有效性及其信息记录格式、有无病毒感染等。

7.5 归档

电子文件的归档，按照鉴定标识进行。电子文件的归档可分两步进行，对实时进行的归档先做逻辑归档，然后定期完成物理归档。归档时，应充分考虑电子文件的技术环境、相关软件、版本、数据类型、格式、被操作数据、检测数据等技术因素。

7.5.1 逻辑归档

将电子文件的管理权从网络上转移至档案部门，在归档工作中，存储格式和位置暂时保持不变。

7.5.2 物理归档

7.5.2.1 凡在网络中予以逻辑归档的电子文件，均应定期完成物理归档。

7.5.2.2 把带有归档标识的电子文件集中，拷贝至耐久性好的载体上，一式3套，一套封存保管，一套供查阅使用，一套异地保存。对于加密电子文件，则应在解密后再制作拷贝。

7.5.2.3 本标准推荐采用的载体，按优先顺序依次为：只读光盘、一次写光盘、磁带、可擦写光盘、硬磁盘等。不允许用软磁盘作为归档电子文件长期保存的载体。

7.5.2.4 存储电子文件的载体或装具上应贴有标签，标签上应注明载体序号、全宗号、类别号、密级、保管期限、存入日期等，归档后的电子文件的载体应设置成禁止写操作的状态。

7.5.2.5　特殊格式的电子文件，应在存储载体中同时存有相应的查看软件。

7.5.2.6　将相应的电子文件机读目录、相关软件、其他说明等一同归档，并附《归档电子文件登记表》（见附录A的表A.4和表A.5）。

归档电子文件应以盘为单位填写《归档电子文件登记表》首页（见附录A的表A.4），以件为单位填写续页（见附录A的表A.5）。

7.5.2.7　对需要长期保存的电子文件，应在每一个电子文件的载体中同时存有相应的机读目录。

7.5.2.8　归档完毕，电子文件形成部门应将存有归档前电子文件的载体保存至少1年。

8　归档电子文件的整理

8.1　归档电子文件的整理按DA/T 22规定的要求进行。

8.2　归档电子文件以件为单位整理。

8.3　同一全宗内的电子文件按照年度—保管期限—机构（问题）或保管期限—年度—机构（问题）等分类方案进行分类。

8.4　按电子文件类别代码相对集中组织存储载体。

8.5　电子文件的著录应参照DA/T 18进行著录，同时按照保证其真实性、完整性和有效性的要求补充电子文件特有的著录项目和其他标识（参见本标准第5章中列举的责任者、操作者、背景信息、元数据等）。

8.6　将著录结果制成机读目录和纸质目录。

9 归档电子文件的移交、接收与保管

9.1 移交、接收与保管要求

对归档电子文件，应按有关规定进行认真检验。在检验合格后将其如期移交至档案馆等档案保管部门，进行集中保管。在已联网的情况下，归档电子文件的移交和接收工作可在网络上进行，但仍需履行相应的手续。

9.2 移交、接收检验

9.2.1 文件形成单位在移交电子文件之前，档案保管部门在接收电子文件之前，均应对归档的每套载体及其技术环境进行检验，合格率达到100％时方可进行交接。

9.2.2 检验项目如下：

——载体有无划痕，是否清洁；

——有无病毒；

——核实归档电子文件的真实性、完整性、有效性检验及审核手续；

——核实登记表、软件、说明资料等是否齐全；

——对特殊格式的电子文件，应核实其相关的软件、版本、操作手册等是否完整。

检验结果分别由移交单位、接收单位填入《归档电子文件移交、接收检验登记表》（见附录A的表A.3）的相应栏目。

9.2.3 档案保管部门应按照要求及检验项目对归档电子文件逐一验收。对检验不合格者，应退回形成单位重新制作，并再次对其进行检验。

9.3 移交手续

档案保管部门验收合格，完成《归档电子文件移交、接收检验登记表》（见附录A的表A.3）的填写、签字、盖章环节。登记表一式2份，一份交电子文件形成单位，一份由档案保管部门自存。

9.4 保管要求

归档电子文件的保管除应符合纸质档案的要求外，还应符合下列条件：

a）归档载体应作防写处理。避免擦、划、触摸记录涂层。

b）单片载体应装盒，竖立存放，且避免挤压。

c）存放时应远离强磁场、强热源，并与有害气体隔离。

d）环境温度选定范围：17℃～20℃；相对湿度选定范围：35%～45%。

归档电子文件在形成单位的保管，也应参照上述条件。

9.5 有效性保证

9.5.1 归档电子文件的形成单位和档案保管部门每年均应对电子文件的读取、处理设备的更新情况进行一次检查登记。设备环境更新时应确认库存载体与新设备的兼容性；如不兼容，应进行归档电子文件的载体转换工作，原载体保留时间不少于3年。保留期满后对可擦写载体清除后重复使用，不可清除内容的载体应按保密要求进行处置。

9.5.2 对磁性载体每满2年、光盘每满4年进行一次抽样机读检验，抽样率不低于10%，如发现问题应及时采取恢复措施。

9.5.3 对磁性载体上的归档电子文件，应每4年转存一次。原载体同时保留时间不少于4年。

9.5.4 档案保管部门应定期将检验结果填入《归档电子文件管理登记表》（见附录A的表A.6）。

9.6 迁移

随着系统设备更新或系统扩充，应及时对归档电子文件进行迁移操作，并填写《归档电子文件迁移登记表》（见附录A的表A.7）。

9.7 利用

9.7.1 归档电子文件的封存载体不应外借。未经批准任何单位或人员不允许擅自复制电子文件。

9.7.2 利用时应使用拷贝件。

9.7.3 利用时应遵守保密规定。对具有保密要求的归档电子文件采用联网的方式利用时，应遵守国家或部门有关保密的规定，有稳妥的安全保密措施。

9.7.4 利用者对归档电子文件的使用应在权限规定范围之内。

9.8 归档电子文件的鉴定销毁

9.8.1 归档电子文件的鉴定销毁，参照国家关于档案鉴定销毁的有关规定执行，且应在办理审批手续后实施。

9.8.2 属于保密范围的归档电子文件，如存储在不可擦除载体上，应连同存储载体一起销毁，并在网络中彻底清除。不属于保密范围的归档电子文件可进行逻辑删除。

9.9 统计

档案保管部门应及时按年度对归档电子文件的接收、保管、利用和鉴定销毁情况进行统计。

附录A
（规范性附录）
登记表格式

表A.1　　　　电子文件登记表（首页）

<table>
<tr><td rowspan="5">文件特征</td><td>形成部门</td><td colspan="6"></td></tr>
<tr><td>完成日期</td><td colspan="3"></td><td>载体类型</td><td colspan="2"></td></tr>
<tr><td>载体编号</td><td colspan="6"></td></tr>
<tr><td>通讯地址</td><td colspan="6"></td></tr>
<tr><td>电话</td><td colspan="3"></td><td>联系人</td><td colspan="2"></td></tr>
<tr><td rowspan="4">设备环境特征</td><td>硬件环境（主机、网络服务器型号、制造厂商等）</td><td colspan="6"></td></tr>
<tr><td rowspan="3">软件环境（型号、版本等）</td><td>操作系统</td><td colspan="5"></td></tr>
<tr><td>数据库系统</td><td colspan="5"></td></tr>
<tr><td>相关软件（文字处理工具、浏览器、压缩或解密软件等）</td><td colspan="5"></td></tr>
<tr><td rowspan="4">文件记录特征</td><td rowspan="2">记录结构（物理、逻辑）</td><td rowspan="2"></td><td rowspan="2">记录类型</td><td rowspan="2">□定长
□可变长
□其他</td><td>记录总数</td><td></td></tr>
<tr><td>总字节数</td><td></td></tr>
<tr><td>记录字符、图形、音频、视频文件格式</td><td colspan="5"></td></tr>
<tr><td>文件载体</td><td colspan="2">型号：
数量：
备份数：</td><td colspan="3">□一件一盘　□多件一盘
□一件多盘　□多件多盘</td></tr>
<tr><td rowspan="2">制表审核</td><td colspan="6">填表人（签名）
年　月　日</td></tr>
<tr><td colspan="6">审核人（签名）
年　月　日</td></tr>
</table>

表 A. 2　　　　电子文件登记表（续页）

第　页

文件编号	题名	形成时间	文件稿本代码	文件类别代码	载体编号	保管期限	备注

表 A.3　归档电子文件移交、接收检验登记表

检验项目	单位名称	
	移交单位：	接收单位：
载体外观检验		
病毒检验		
真实性检验		
完整性检验		
有效性检验		
技术方法与相关软件说明登记表、软件、说明资料检验		
填表人（签名）	年　月　日	年　月　日
审核人（签名）	年　月　日	年　月　日
单位（印章）	年　月　日	年　月　日

表 A.4　　归档电子文件登记表（首页）

<table>
<tr><td rowspan="5">文件特征</td><td>形成部门</td><td colspan="5"></td></tr>
<tr><td>完成日期</td><td colspan="2"></td><td>载体类型</td><td colspan="2"></td></tr>
<tr><td>载体编号</td><td colspan="2"></td><td></td><td colspan="2"></td></tr>
<tr><td>通讯地址</td><td colspan="2"></td><td></td><td colspan="2"></td></tr>
<tr><td>电话</td><td colspan="2"></td><td>联系人</td><td colspan="2"></td></tr>
<tr><td rowspan="4">设备环境特征</td><td>硬件环境（主机、网络服务器型号、制造厂商等）</td><td colspan="5"></td></tr>
<tr><td rowspan="3">软件环境（型号、版本等）</td><td>操作系统</td><td colspan="4"></td></tr>
<tr><td>数据库系统</td><td colspan="4"></td></tr>
<tr><td>相关软件（文字处理工具、文字浏览器、压缩或解密软件等）</td><td colspan="4"></td></tr>
<tr><td rowspan="4">文件记录特征</td><td rowspan="2">记录结构（物理、逻辑）</td><td rowspan="2"></td><td rowspan="2">记录类型</td><td rowspan="2">□定长
□可变长
□其他</td><td>记录总数</td><td></td></tr>
<tr><td>总字节数</td><td></td></tr>
<tr><td>记录字符及图形音频、视频文件格式</td><td colspan="5"></td></tr>
<tr><td>文件载体</td><td>型号：
数量：
备份数：</td><td colspan="4">□一件一盘　□多件一盘
□一件多盘　□多件多盘</td></tr>
<tr><td rowspan="8">文件交接</td><td>送交部门</td><td colspan="5"></td></tr>
<tr><td>通讯地址</td><td colspan="5"></td></tr>
<tr><td>电话</td><td></td><td>联系人</td><td colspan="3"></td></tr>
<tr><td colspan="6">送交人（签名）
年　月　日</td></tr>
<tr><td>接收部门</td><td colspan="5"></td></tr>
<tr><td>通讯地址</td><td colspan="5"></td></tr>
<tr><td>电话</td><td colspan="2"></td><td>联系人</td><td colspan="2"></td></tr>
<tr><td colspan="6">接收人（签名）
年　月　日</td></tr>
</table>

表 A. 5　　归档电子文件登记表（续页）

第　页

文件编号	题名	形成时间	文件版本代码	文件类别代码	载体编号	保管期限	备注

表 A.6 归档电子文件管理登记表

归档电子文件设备情况登记	
新设备兼容性检验	
磁性载体转存登记	

填表人（签名） 年 月 日

审核人（签名） 年 月 日

单 位（盖章） 年 月 日

表 A.7　　　　归档电子文件迁移登记表

源系统 设备情况	硬件系统： 系统软件： 应用软件： 存储载体：
目标系统 设备情况	硬件系统： 系统软件： 应用软件： 存储载体：
被迁移归档 电子文件情况	记录数：　　　　字节数： 迁移时间： 操作者：

填表人（签名）　　　　　　　　　　年　月　日

审核人（签名）　　　　　　　　　　年　月　日

单　位（盖章）　　　　　　　　　　年　月　日

附录6　照片档案管理规范

（摘编自 GB/T 11821—2002）

1　范围

本标准规定了银盐感光材料照片档案的收集要求、整理程序和保管条件。

本标准适用于各级各类档案室、档案馆的照片档案管理。

2　规范性引用文件

略。

3　术语和定义

下列术语和定义适用于本标准。

3.1　照片档案　photographic archives

国家机构、社会组织或个人在社会活动中直接形成的以静止摄影影像为主要反映方式的有保存价值的历史记录。照片档案一般包括底片、照片和说明三部分。

3.2　芯页　photo holder

用以固定照片或底片，并标注说明的中性偏碱性纸质载体，是照片册、底片册的组成单元。

4　照片档案的收集

4.1　收集范围

4.1.1　记录本单位主要职能活动和重要工作成果的照片。

4.1.1.1　领导人和著名人物参加与本单位、本地区有关的重大公务活动的照片。

4.1.1.2 本单位组织或参加的重要外事活动的照片。

4.1.1.3 记录本单位、本地区重大事件、重大事故、重大自然灾害及其他异常情况和现象的照片。

4.1.2 记录本地区地理概貌、城乡建设、重点工程、名胜古迹、自然风光以及民间风俗和著名人物的照片。

4.1.3 其他具有保存价值的照片。

4.2 收集要求

4.2.1 对属于收集与归档范围的照片，应按照规定定期向本单位档案机构或档案工作人员归档，集中管理，任何单位或个人不得据为己有。

4.2.2 对存有真伪疑义的照片应采取必要措施进行鉴定。

4.2.3 对反映同一内容的若干张照片，应选择其主要照片归档。主要照片应具备主题鲜明、影像清晰、画面完整、未加修饰剪裁等特点。

4.2.4 底片、照片、说明应齐全。

4.2.5 底片与照片影像应一致。

4.2.6 对无底片的照片应制作翻拍底片；对无照片的底片应制作照片。

4.2.7 照片档案的移交和征集应符合有关标准的要求。

4.3 收集时间

4.3.1 对具有归档价值的照片，其摄影者或承办单位应及时整理，向档案室归档，一般不应跨年度。

4.3.2 依照《中华人民共和国档案法实施办法》的规定，照片档案随立档单位其他载体形态的档案一起向有关档案馆移交。在特殊情况下，经同级档案行政管理部门同意可以提前或延迟移交。

4.3.3 档案馆应按收集范围随时征集零散的对国家和社会具

有保存价值的照片。

5 照片档案的整理

5.1 整理原则

照片档案的整理应遵循有利于保持照片档案的有机联系、有利于保管、有利于提供利用的原则。照片档案的底片、照片应分开存放。

5.2 照片、底片的鉴定

5.2.1 保管期限

保管期限是按照片、底片的价值划定的存留年限，分为永久、长期、短期三种。对照片、底片保管期限的划分按照《国家档案局关于机关档案保管期限的规定》执行。

5.2.2 密级

密级是指照片、底片保密程度的等级。密级的划定按照《中华人民共和国保守国家秘密法》、《中华人民共和国保守国家秘密法实施办法》、GB/T 7156 及有关规定执行。

5.3 底片的整理

5.3.1 底片的编号

底片号是固定和反映底片在全宗内排列顺序的一组字符代码，由全宗号、保管期限代码、张号组成。其格式如下：

全宗号—保管期限代码—张号。

全宗号：档案馆给立档单位编制的代号。

保管期限代码：分别用“1、2、3”或“Y、C、D”对应代表永久、长期、短期。

张号：在某一全宗某一保管期限内底片的排列从“1”开始的顺序编号。

5.3.2 底片号的登录

5.3.2.1 宜使用铁笔将底片号横排刻写在胶片乳剂面片边处

(刻写不下时，前段可不写)，不得影响画面；也可采用其他方式将底片号附着在胶片乳剂面片边处，不得污染胶片。

5.3.2.2　底片号登录顺序应与照片号登录顺序保持一致。

5.3.3　底片袋的标注

底片放入底片袋内保管，一张一袋。应在底片袋的右上方标明底片号。对翻拍底片，应在底片袋的左上方标明“F”字样。对拷贝底片，应在底片袋的左上方标明“K”字样。

5.3.4　底片的入册

5.3.4.1　底片册一般由 297mm×210mm 大小的若干芯页和封面、封底组成。

5.3.4.2　应按底片号顺序将底片袋依次插入底片册。

5.3.4.3　芯页的插袋上应标明相同的底片号。

5.3.5　大幅底片的放置

对幅面超过底片册芯页尺寸的大幅底片，应在乳剂面垫衬柔软的中性偏碱性纸张后，放入专用的档案袋或档案盒中，按底片号顺序排列。

5.3.6　册内备考表

5.3.6.1　册内备考表项目包括：本册情况说明、立册人、检查人、立册时间。册内备考表应放在册内最后位置。册内备考表见附录 A。

5.3.6.2　本册情况说明：填写册内底片缺损、补充、移出、销毁等情况。对底片册立册以后发生或发现的问题，应由有关的档案管理人员填写说明，并签名、标注时间。

5.3.7　底片册的封面

底片册的封面应印制“底片册”字样。

5.3.8　底片册的册脊

底片册册脊的项目包括：全宗号、保管期限、起止张号、册号。底片册册脊见附录 B。

5.3.9 底片册的排列

底片册按照全宗号、保管期限、册号的顺序排列，上架保存。

5.4 照片的整理

5.4.1 照片的分类

应在全宗内按保管期限—年度—问题进行分类。跨年度且不可分的照片，也可按保管期限—问题—年度进行分类。分类方案应保持前后一致，不应随意变动。

5.4.2 照片的排列

应在分类方案的最低一级类目内，按问题结合时间、重要程度等进行排列。为便于提供利用，照片排列及入册时应同时考虑不同保密等级照片的定位。

5.4.3 照片的编号

照片号是固定和反映每张照片在全宗内分类与排列顺序的一组字符代码，由全宗号、保管期限代码、册号、张号或全宗号、保管期限代码、张号组成。照片号有两种格式：

格式一：全宗号—保管期限代码—册号—张号。

格式二：全宗号—保管期限代码—张号。

若采用格式二，可选用照片、底片分别编号法或合一编号法（影像相符的照片、底片编号相同）。选用合一编号法宜以照片、底片齐全为基础。

全宗号：档案馆给立档单位编制的代号。

保管期限代码：分别用“1、2、3”或“Y、C、D”对应代表永久、长期、短期。

册号：在某一全宗某一保管期限内照片册的排列从“1”开始的顺序编号。

张号：格式一中的张号是指照片在册内的排列从“1”开始的顺序编号。格式二中的张号是指在某一全宗某一保管期限内照片的排列从“1”开始的顺序编号。

5.4.4 照片的入册

5.4.4.1 照片册一般由 297mm×210mm 大小的若干芯页和封面、封底组成。芯页以 30 页左右为宜，有活页式和定页式两种。芯页格式参考示例参见附录 C。

5.4.4.2 应按照分类、排列顺序即照片号顺序将照片固定在芯页上，组成照片册。

5.4.5 大幅照片的放置

对于照片册放置不下的大幅照片，可将其放入专用的档案袋或档案盒中，按照片号顺序排列。如竖直放置，应首先将照片固定在专用的纸板上，再放入袋、盒中；如水平放置，照片的堆放高度不宜超过 5cm。以竖直放置为宜。

5.4.6 单张照片说明的填写

5.4.6.1 说明的格式

说明应采用横写格式，分段书写。其格式如下：

题名：

照片号：

底片号：

参见号：

时间：

摄影者：

文字说明：

5.4.6.2 说明的内容

5.4.6.2.1 题名应简明概括、准确反映照片的基本内容，人物、时间、地点、事由等要素尽可能齐全。

5.4.6.2.2 照片号按 5.4.3。

5.4.6.2.3 底片号按 5.3.1。

若采用照片、底片合一编号法，可不填写底片号。

5.4.6.2.4 参见号是指与本张照片有密切联系的其他载体档案的档号。其格式如下：

（相关档案种类）档号

注：括号内为选择性著录内容。

示例1：文书档案0113—2—18。

示例2：科技档案G—J—21。

照片档案由档案室移交至档案馆后，应对其参见号进行核对，对与实况不符的应及时调整。

5.4.6.2.5 照片的拍摄时间用8位阿拉伯数字表示，第1～4位表示年，第5～6位表示月，第7～8位表示日。示例：1953年3月2日写作19530302。

5.4.6.2.6 摄影者一般填写个人，必要时可加写单位。

5.4.6.2.7 文字说明应综合运用事由、时间、地点、人物、背景、摄影者等要素，概括揭示照片影像所反映的全部信息；或仅对题名未及内容作出补充。其他需要说明的事项亦可在此栏表述，例如照片归属权属于本单位的，应注明照片版权、来源等。

5.4.6.2.8 密级应按GB/T 7156所规定的字符在照片周围选一固定空白处标明，使用印章亦可。

5.4.6.3 说明的位置

单张照片的说明，可根据照片固定的位置，在照片的右侧、左侧或正下方书写。

5.4.6.4 大幅照片的说明

对大幅照片的说明可另纸书写，与照片一同保存。一组联系密切的照片中的大幅照片，应随该组照片一同在册内编号，填写单张照片说明，并注明其存放地址。

5.4.7 组合照片说明的填写

5.4.7.1 一组（若干张）联系密切的照片按顺序排列后，可拟写组合照片说明。采用组合照片说明的照片，其单张照片说明可以从简。

5.4.7.2　组合照片说明应概括揭示该组照片所反映的全部信息内容及其他需要说明的事项。

5.4.7.3　应在组合照片说明中指出所含照片的起止张号和数量。

5.4.7.4　同组中的每一张照片均应在单张照片说明的左上角或右上角标出组联符号。组联符号按组依次采用“①”、“②”、“③”……同组中的照片其组联符号相同。如册内只有一组照片和其他散片时，组联符号采用“①”。组联符号不宜越册。

5.4.7.5　整理照片时因保管期限或密级的不同，有些同组的照片可能会被分散到不同的照片册内，应在组合照片说明中指出这些密切相关照片的保管期限、册号和组号。

示例：相关照片　　长期—4—⑥。

上例中保管期限亦可采用“2”或“C”表示。

5.4.7.6　组合照片说明可放在本组第一张照片的上方，也可放在本册所有照片之前。

5.4.8　册内备考表

按5.3.6。

5.4.9　照片册的封面

照片册的封面应印制“照片册”字样。

5.4.10　照片册的册脊

照片册册脊的项目包括：全宗号、保管期限、册号、起止张号。

照片册册脊的格式：照片号为格式一的照片册册脊见附录B中的照片册册脊（一）；照片号为格式二的照片册册脊见附录B中的照片册册脊（二）。

5.4.11　照片册的排列

照片册按照全宗号、保管期限、册号的顺序排列，上架保存。

5.5 照片档案目录的编制

5.5.1 目录的著录

5.5.1.1 著录项目

照片档案目录的著录项目包括：照片号、底片号、题名、时间、摄影者、备注、参见号、册号、页号、组内张数、分类号、项目号、主题词或关键词、密级、保管期限、类型规格、档案馆代号、文字说明等。

5.5.1.2 条目的著录单位

以照片的自然张或若干张（一组）为单位著录成为照片档案目录的条目。

5.5.1.3 组合照片的著录

5.5.1.3.1 以一组照片为单位著录时，题名应根据题名拟写要素，简明概括、准确反映一组照片的基本内容。

5.5.1.3.2 以一组照片为单位著录时，照片号、底片号、页号均应著录起止号；时间应著录起止时间；参见号、摄影者可以著录多个。

5.5.1.4 大幅照片的标注

对于大幅照片、底片，应在备注栏内注明“大幅”和存放地址。以一组照片为单位著录时，还应在备注栏内注明其中所含的大幅照片的照片号、底片号。

5.5.1.5 著录与标引的要求

照片档案著录与标引的方法和要求，应按照 DA/T 18、GB/T 15418、DA/T 19 执行。

5.5.2 目录的编制

5.5.2.1 目录种类

照片档案目录种类包括册内目录、基本目录、分类目录、主题目录、摄影者目录等。

5.5.2.2　基本目录

照片档案基本目录的必备项目是：照片号、题名、时间、摄影者、底片号、备注，可根据需要增加项目。

基本目录的条目应按照片号排序。照片档案基本目录参考示例参见附录D。

5.5.2.3　册内目录

册内照片目录为选择性目录。其组成项目是：照片号、题名、时间、页号、底片号、备注。册内目录的条目应按照片号排序。册内目录位于册内最前面。册内照片目录参考示例参见附录E。

6　照片档案的保管

6.1　包装物与装具

6.1.1　底片袋

底片袋应使用表面略微粗糙和无光泽的中性偏碱性纸质材料制作，其pH值应在7.2～9.5之间，α—纤维素含量应高于87%。

底片袋应使用中性胶粘剂，接缝应在袋边。

6.1.2　底片册、照片册

底片册、照片册所用封面、封底、芯页均应采用中性偏碱性纸质材料制作，其pH值应在7.2～9.5之间，化学性能稳定，且不易产生碎屑或脱落的纤维。

6.1.3　储存柜架

底片、照片应在能关闭的装具中保存，如存储柜、抽屉、有门的书架或文件架等。

储存柜架应采用不可燃、耐腐蚀的材料，避免使用木制及类似材料。木制材料易燃烧、易腐蚀，还可能挥发出某些有害气体，促使底片、照片老化或褪色。贮存柜架的喷涂用料应稳定耐用，且对贮存的底片、照片无有害影响。

对贮存柜架进行排列时，应保证空气能在其内部循环流通。

6.2 温度、湿度要求

6.2.1 推荐的存贮最高温度和相对湿度见表1。

表1　推荐的存贮最高温度和相对湿度

类　型	中期贮存		长期贮存	
	最高温度（℃）	相对湿度（%）	最高温度（℃）	相对湿度（%）
黑白底片	25	20～50	21 15 10	20～30 20～40 20～50
彩色底片	25	20～50	2 −3 −10	20～30 20～40 20～50
黑色照片	25	20～50	18	30～50
彩色照片	25	20～50	2	30～40

注1：中期贮存是指胶片、照片在表中规定的温、湿度条件下至少能保存10年。长期期贮存是指胶片、照片在表中规定的温、湿度条件下至少能保存100年。

注2：推荐值内较低的温度、湿度环境，更能延长胶片、照片的寿命。

6.2.2 底片、照片应恒温、恒湿保存。长期贮存环境，24小时内温度的周期变化不应大于±2℃，相对湿度变化不应大于

±5%。中期贮存环境，24 小时内温度的周期变化不应大于±5℃，相对湿度变化不应大于±10%。

6.2.3 所推荐的温度、湿度条件，应在各单独的贮存器具内或整个贮存室内加以保证。

6.2.4 底片、照片贮存的温、湿度与提供利用房间的温、湿度若存在较大差别，应设缓冲间，在其提供利用前应在缓冲间过渡几小时。

6.3　空气调节和净化要求

6.3.1 空气调节要求

6.3.1.1 为保证贮存库的温、湿度条件，应配备独立的空气调节系统。

6.3.1.2 贮存库的气压应保持正压状态，以防止外界空气渗入。

6.3.1.3 去湿应选用恒湿控制的自动制冷型除湿机。加湿应选用可控式加湿机，不应使用水盆或饱和化学溶液，以免导致湿度过高。

6.3.2 空气净化要求

6.3.2.1 进入贮存室或贮存柜的空气应首先经过机械过滤器过滤，以免空气中的固体颗粒擦伤胶片或与胶片起反应。过滤器宜采用干介质型，应不可燃，其捕捉率不应低于 85%。

6.3.2.2 应使用洗涤或吸收等空气净化装置，去除空气中的二氧化硫、硫化氢、过氧化物、臭氧、酸性雾气、氨和氧化氮等气体杂质。

6.3.2.3 油漆的挥发气体是一种氧化污染源，应控制使用。若贮存环境新刷油漆，应在三个月后投入使用。对其他存有污染源的新贮存环境，亦应搁置一段时期后再投入使用。

6.3.2.4 硝酸片基胶片会释放出有害气体，因此，不应与其他胶片同处存放，也不应与其他胶片使用同一通风系统。

6.4　库房有关要求

库房条件和防火、防水、防潮、防日光及紫外线照射、防污染、防有害生物、防震、防盗等要求，应符合 JGJ 25 的规定。

6.5　保管要求和措施

6.5.1　贮存库房应保持整齐、清洁，应有严格的使用和存放规则。

6.5.2　照片档案入库前应进行检查。对受污染的照片、底片应进行必要的技术处理，防止受污染的照片、底片入库。

6.5.3　接触底片的人员应戴洁净的棉质薄手套，轻拿底片的边缘。

6.5.4　底片册、照片册应立放，不应堆积平放，以免堆在下面的底片、照片受压后造成黏连。

6.5.5　珍贵的、重要的、使用频率高的底片应进行拷贝，异地保存。拷贝片提供利用，以便更好地保存母片。

6.5.6　每隔两年应对底片、照片进行一次抽样检查，不超过五年进行一次全面检查。若温、湿度出现严重波动，应缩短检查的间隔期。检查中应密切注意底片、照片的变化情况（卷曲、变形、变脆、粘连、破损、霉斑、褪色等），亦应注意包装材料的变质问题，并做好检查记录。若发现问题，应查明原因，及时采取补救措施。

附　录　A
(规范性附录)
册内备考表

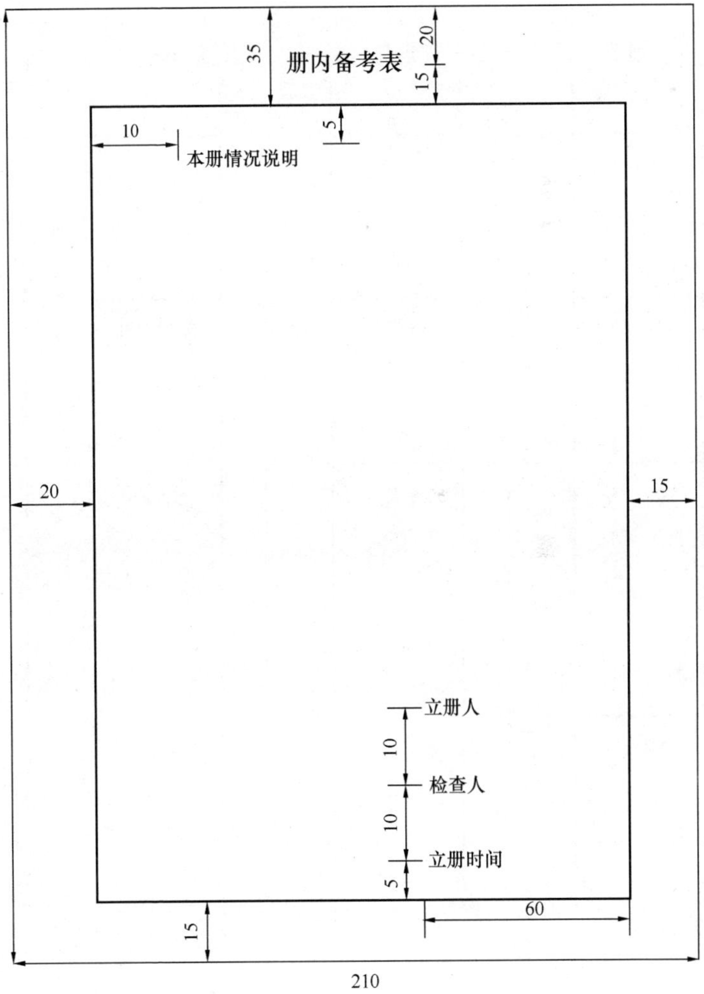

附　录　B
(规范性附录)
册　脊

底片册册脊　　照片册册脊（一）　　照片册册脊（二）

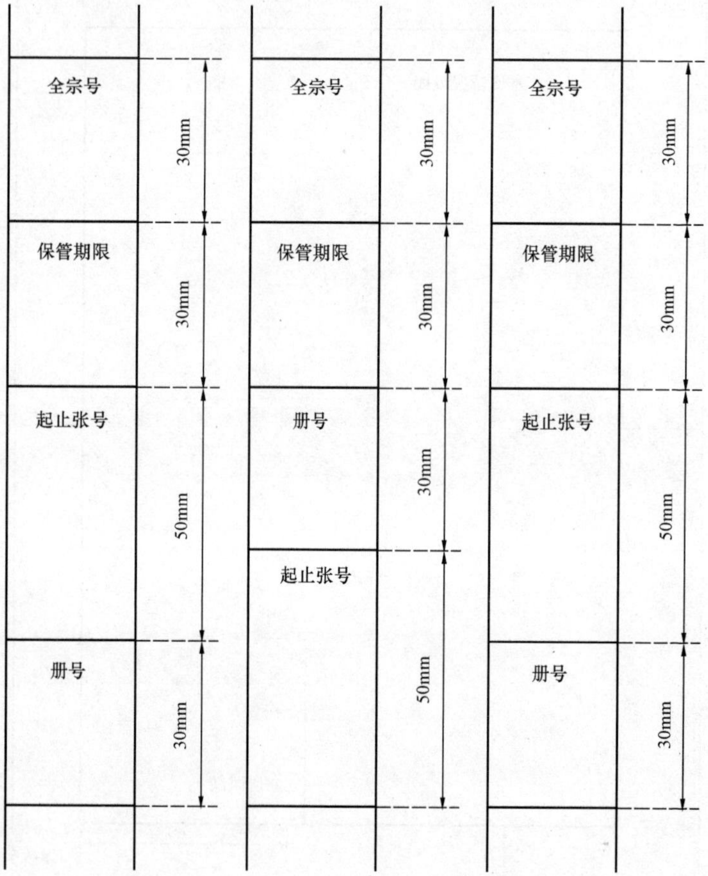

附　录　C
(资料性附录)
芯页格式参考示例

C.1　芯页格式参考示例（一）

第　页

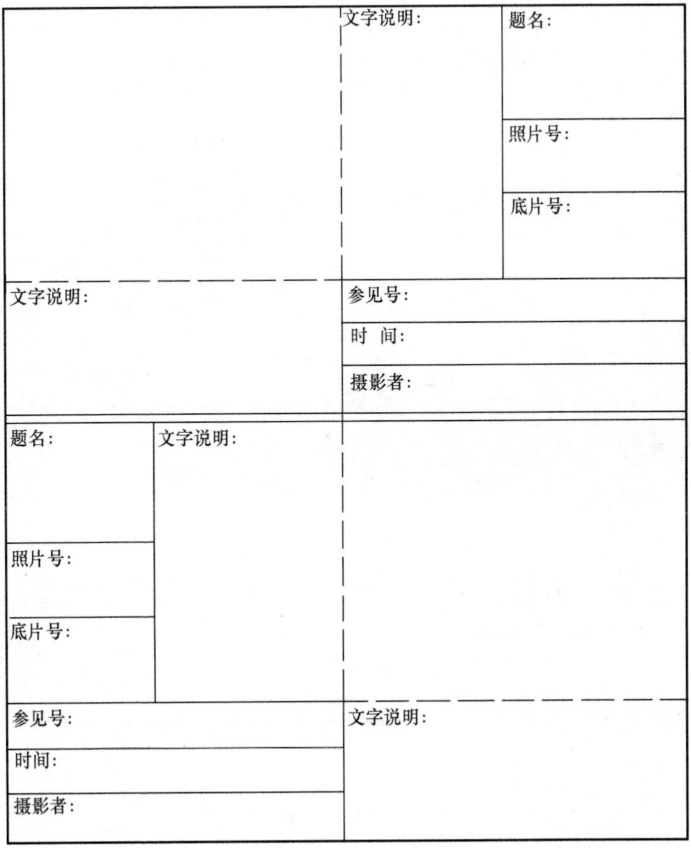

C.2 芯页格式参考示例（二）

第　页

题名:

照片号:

底片号:

参见号:

时　间:　　　摄影者:

文字说明:

题名:

照片号:

底片号:

参见号:

时　间:　　　摄影者:

文字说明:

题名:

照片号:

底片号:

参见号:

时　间:　　　摄影者:

文字说明:

附 录 D
(资料性附录)
照片档案基本目录参考示例

照片号	题 名	时间	摄影者	底片号	备注

附 录 E

（资料性附录）

册内照片目录参考示例

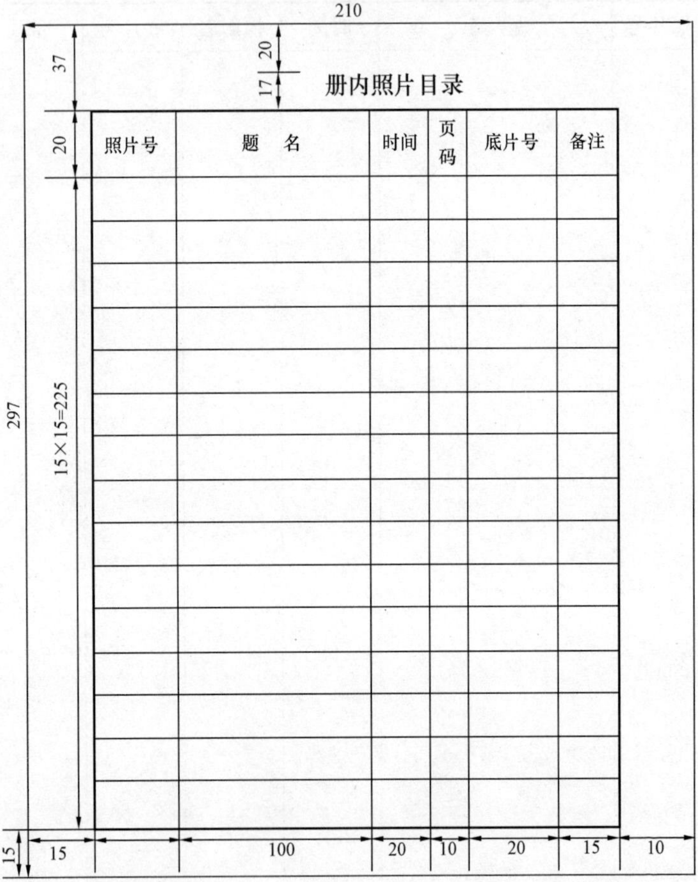

附录7　重大建设项目档案验收办法

（档发〔2006〕2号）

第一章　总　　则

第一条　为加强重大建设项目档案管理工作，确保重大建设项目档案的完整、准确、系统和安全，根据《中华人民共和国档案法》和国家有关规定制定本办法。

第二条　本办法适用于各级政府投资主管部门组织或委托组织进行竣工验收的固定资产项目（以下简称项目）。

本办法所称各级政府投资主管部门是指各级政府发展改革部门和具有投资管理职能的经济（贸易）部门。

第三条　项目档案是项目建设、管理过程中形成的，具有保存价值的各种形式的历史记录。

第四条　项目档案验收是项目竣工验收的重要组成部分。未经档案验收或档案验收不合格的项目，不得进行或通过项目竣工验收。

第五条　项目建设单位（法人）应将项目档案工作纳入项目建设管理程序，与项目建设实行同步管理，建立项目档案工作领导责任制和相关人员岗位责任制。

第二章　验 收 组 织

第六条　项目档案验收的组织：

（一）国家发展和改革委员会组织验收的项目，由国家档案局组织项目档案的验收。

（二）国家发展和改革委员会委托中央主管部门（含中央

管理企业，下同)、省级政府投资主管部门组织验收的项目，由中央主管部门档案机构、省级档案行政管理部门组织项目档案的验收，验收结果报国家档案局备案。

（三）省以下各级政府投资主管部门组织验收的项目，由同级档案行政管理部门组织项目档案的验收。

（四）国家档案局对中央主管部门档案机构、省级档案行政管理部门组织的项目档案验收进行监督、指导。项目主管部门、各级档案行政管理部门应加强项目档案验收前的指导和咨询，必要时可组织预检。

第七条 项目档案验收组的组成：

（一）国家档案局组织的项目档案验收，验收组由国家档案局、中央主管部门、项目所在地省级档案行政管理部门等单位组成。

（二）中央主管部门档案机构组织的项目档案验收，验收组由中央主管部门档案机构及项目所在地省级档案行政管理部门等单位组成。

（三）省级及省以下各级档案行政管理部门组织的项目档案验收，由档案行政管理部门、项目主管部门等单位组成。

（四）凡在城市规划区范围内建设的项目，项目档案验收组成员包括项目所在地的城建档案接收单位。

（五）项目档案验收组人数为不少于5人的单数，组长由验收组织单位的人员担任。必要时可邀请有关专业人员参加验收组。

第三章　验 收 申 请

第八条 项目建设单位（法人）应向项目档案验收组织单位报送档案验收申请报告，并填报《重大建设项目档案验收申请表》（见附件1）。项目档案验收组织单位应在收到档案验收申请报告的10个工作日内作出答复。

第九条　申请项目档案验收应具备下列条件：

（一）项目主体工程和辅助设施已按照设计建成，能满足生产或使用的需要。

（二）项目试运行指标考核合格或者达到设计能力。

（三）完成了项目建设全过程文件材料的收集、整理与归档工作。

（四）基本完成了项目档案的分类、组卷、编目等整理工作。

第十条　项目档案验收前，项目建设单位（法人）应组织项目设计、施工、监理等方面负责人以及有关人员，根据档案工作的相关要求，依照《重大建设项目档案验收内容及要求》（见附件2）进行全面自检。

第十一条　项目档案验收申请报告的主要内容包括：

（一）项目建设及项目档案管理概况。

（二）保证项目档案的完整、准确、系统所采取的控制措施。

（三）项目文件材料的形成、收集、整理与归档情况，竣工图的编制情况及质量状况。

（四）档案在项目建设、管理、试运行中的作用。

（五）存在的问题及解决的措施。

第四章　验 收 要 求

第十二条　项目档案验收应在项目竣工验收3个月之前完成。

第十三条　项目档案验收以验收组织单位召集验收会议的形式进行。

第十四条　项目档案验收组全体成员参加项目档案验收会

议，项目的建设单位（法人）、设计、施工、监理和生产运行管理或使用单位的有关人员列席会议。

第十五条 项目档案验收会议的主要议程包括：

（一）项目建设单位（法人）汇报项目建设概况、项目档案工作情况。

（二）监理单位汇报项目档案质量的审核情况。

（三）项目档案验收组检查项目档案及档案管理情况。

（四）项目档案验收组对项目档案质量进行综合评价。

（五）项目档案验收组形成并宣布项目档案验收意见。

第十六条 检查项目档案，采用质询、现场查验、抽查案卷的方式。抽查档案的数量应不少于100卷，抽查重点为项目前期管理性文件、隐蔽工程文件、竣工文件、质检文件、重要合同、协议等。

第十七条 项目档案验收应根据DA/T 28—2002《国家重大建设项目文件归档要求与档案整理规范》，对项目档案的完整性、准确性、系统性进行评价。

第十八条 项目档案验收意见的主要内容包括：

（一）项目建设概况。

（二）项目档案管理情况，包括：项目档案工作的基础管理工作，项目文件材料的形成、收集、整理与归档情况，竣工图的编制情况及质量，档案的种类、数量，档案的完整性、准确性、系统性及安全性评价，档案验收的结论性意见。

（三）存在问题、整改要求与建议。

第十九条 项目档案验收结果分为合格与不合格。项目档案验收组半数以上成员同意通过验收的为合格。

第二十条 项目档案验收合格的项目，由项目档案验收组出具项目档案验收意见。

第二十一条 项目档案验收不合格的项目，由项目档案验收组提出整改意见，要求项目建设单位（法人）于项目竣工验收前对存在的问题限期整改，并进行复查。复查后仍不合格的，不得进行竣工验收，并由项目档案验收组提请有关部门对项目建设单位（法人）通报批评。造成档案损失的，应依法追究有关单位及人员的责任。

第五章　附　　则

第二十二条　本办法由国家档案局负责解释。

第二十三条　其他建设项目的档案验收工作，可参照本法办执行。

第二十四条　本办法自颁布之日起施行。

附件：1.《重大建设项目档案验收申请表》

　　　2.《重大建设项目档案验收内容及要求》

附件1：

重大建设项目档案验收申请表

项目名称			
审批（核准）机关		立项日期	
投资规模		建设时间	
建设单位（法人）		设计单位	
主要施工单位		主要监理单位	
计划档案验收日期		计划竣工验收日期	
联系人		联系电话	
地址/邮编		电子信箱	
申请单位自检意见			（单位盖章） 年　月　日
验收组织单位意见			（单位盖章） 年　月　日

附件2：

重大建设项目档案验收内容及要求

一、项目档案的基础管理工作

（1）项目建设单位（法人）认真执行国家档案工作法律法规，建立健全项目档案工作各项规章制度，建立了切合实际的项目档案工作的管理体制和工作程序。

（2）项目建设单位（法人）对项目档案要工作实行统一管

理，对本单位各部门和设计、施工、监理等参建单位进行有效的监督、指导，确保项目档案工作与项目建设同步进行。

（3）项目档案工作实地领导负责制，确定了负责项目档案工作的领导和部门，实行了各部门和有关人员档案工作责任制，并采取了有效的考核措施。

（4）项目文件材料的收集、整理和归档纳入合同管理，要求明确，控制措施有力。

（5）配备适应工作需要的档案管理人员，档案管理人员经过档案管理专业培训。

（6）采用先进信息技术，实现项目档案管理的信息化。

（7）保证档案工作所需经费，配备了计算机、复印机及声像器材等必备的办公设备，且性能优良，满足工作需要。

二、项目档案的完整、准确、系统情况

（1）按照 DA/T 28—2002《国家重大建设项目文件归档要求与档案整理规范》，结合项目产生文件材料的实际情况，检查项目档案的完整性、准确性、系统性。

（2）项目文件材料的收集、整理、归档和项目档案的整理与移交符合 DA/T 28—2002《国家重大建设项目文件归档要求与档案整理规范》及 GB/T 11822—2000《科学技术档案案卷构成的一般要求》。

三、项目档案的安全

（1）档案库房采取防火、防盗、防有害生物和温湿度控制措施，档案库房与阅览、办公用房分开。

（2）档案柜架、卷盒、卷皮等档案装具符合标准要求。

（3）归档文件材料的制成材料符合耐久性要求。

（4）采取有效措施保证档案实体和信息安全。

附录8　企业档案工作规范

（摘编自DA/T 42—2009）

1　范围

本标准确立了企业档案工作原则、组织和制度要求，给出了企业档案业务工作、档案信息化建设、档案工作设施设备配置等方面的方法与技术指南。

本标准适用于大中型工业企业，其他类型企业及事业单位可参照使用。

2　规范性引用文件

下列文件中的条款通过本标准的引用而成为本标准的条款。

GB/T 9705　文书档案案卷格式

GB/T 11821　照片档案管理规范

GB/T 11822　科学技术档案案卷构成的一般要求

GB/T 17678.1　CAD电子文件光盘存储、归档与档案管理要求

GB/T 18894　电子文件归档与管理规范

DA/T 1　档案工作基本术语

DA/T 12　全宗卷规范

DA/T 13　档号编制规则

DA/T 15　磁性载体档案管理与保护规范

DA/T 22　归档文件整理规则

DA/T 28　国家重大建设项目文件归档要求与档案整理

规范

DA/T 31　纸质档案数字化技术规范

DA/T 32　公务电子邮件归档与管理规则

DA/T 43　缩微胶片档案数字化技术规范

JGJ 25　档案馆建筑设计规范

ISO 15489.1　信息与文献—文件管理：通则

ISO 15489.2　信息与文献—文件管理：指南

3　术语和定义

DA/T 1—2000 确立的以及下列术语和定义适用于本标准。

3.1　企业档案　business records

企业在研发、生产、经营和管理活动中形成的有保存价值的各种形式的文件。

3.2　企业档案工作　business records management

企业履行档案管理职责的行为和活动。

3.3　电子档案　electronic records

具有保存价值的归档电子文件及相应元数据、背景信息和支持软件。

3.4　档案信息化　archival informationization

运用信息技术对归档文件、数据信息资源及档案进行采集、整合、维护、处置和提供利用服务的档案管理提升过程和工作方式。

4　档案工作总则

4.1　企业档案是企业知识资产和信息资源的重要组成部分。企业档案工作是企业研发、生产、经营和管理活动的基础性管理工作。

4.2 企业档案工作应以企业资产关系为纽带，实行统一领导、统一管理、统一制度、统一标准。

4.3 企业档案工作应以满足企业各项活动在证据、责任和信息等方面的需求为导向，运用现代技术与管理方法，通过资源整合和开发，为企业研发、生产、经营、管理和持续发展提供有效服务。

4.4 企业应维护档案的完整、准确、系统与安全。

5 档案工作组织

5.1 组织系统建设

5.1.1 档案工作领导

企业应确定档案工作的分管领导，确定各职能或承办部门、各项目档案工作的负责人，确定档案部门的负责人。

5.1.2 档案机构设置

企业应根据规模和管理模式设置专门的档案机构，或指定负责档案工作的机构。大型企业应设立档案馆。

5.1.3 档案人员配备

企业应配备与企业研发、生产、经营和管理相适应的专职档案人员；各部门、各项目应配备专职或兼职档案人员。企业应保持档案人员相对稳定。

5.1.4 档案工作体系

企业应建立以档案部门为核心，各职能或承办部门、各项目专兼职档案人员为基础的企业档案工作体系。

5.2 企业管理职责

5.2.1 企业应贯彻国家有关档案工作法律、法规和方针政策，建立健全档案工作规章制度，将档案工作纳入企业发展规划和工作计划，为档案工作持续发展提供保障。

5.2.2 企业应将文件形成、积累和归档要求纳入各部门、项目及专项工作职责和有关人员岗位职责，并对分管领导、部门和项目负责人及有关人员职责履行情况进行考核。

5.2.3　企业应采取必要措施，维护和确保档案的完整、准确、系统和安全。

5.2.4　企业资产与产权变动时应做好档案的处置工作，国有企业应依照档发字〔1998〕6号文件的要求进行，其他企业可参照。

5.2.5　企业应对档案工作中做出成绩的集体或个人给予表彰和奖励；对违反有关规定造成档案损失的相关人员给予处分。

5.3　企业部门职责

5.3.1　企业各职能或承办部门及项目负责人应对本部门或项目归档文件的完整和系统负责。

5.3.2　企业各职能或承办部门及项目文件形成者应负责积累文件，并对归档文件的齐全、准确和形成质量负责。

5.3.3　专兼职档案人员应负责收集，整理应归档的文件，对归档文件的整理质量负责。

5.3.4　企业各职能或承办部门及项目对文件管理的责任，见ISO 15489.1第7章、ISO 15489.2和档发〔2002〕5号文件要求。

5.4　档案部门职责

5.4.1　统筹规划企业档案工作，制定企业文件归档和档案鉴定、整理、保管、统计、利用、移交等有关规章制度。

5.4.2　负责企业档案的收集、整理、保管、鉴定、统计和提供利用工作。

5.4.3　指导企业各部门、项目及专项工作文件的形成、积累、整理及归档工作。

5.4.4　监督、指导、检查企业所属单位（包括派出机构和投资的全资、控股企业）的档案工作。

5.4.5　依照有关规定向国家档案馆或有关单位移交档案。

5.5　档案人员要求

5.5.1　档案人员应遵纪守法、忠于职守、具有专业知识。

5.5.2　档案部门负责人应具有中级以上专业技术职称或大学本科以上学历。

5.5.3　档案人员应具备大学专科以上学历或同等学识水平。

5.5.4　档案人员应定期接受档案业务培训。

6　档案工作制度

6.1　工作规章

6.1.1　明确企业文件形成、归档责任。企业在制定有关规章、标准和制度中应提出相应的文件收集、整理和归档的责任要求。

6.1.2　制定企业档案工作规定。企业档案工作规定是企业档案工作的基本要求，其主要内容应包括：档案工作原则及管理体制，文件的形成、积累与归案职责要求，档案收集、鉴定、整理、保管、统计、利用要求，资产与产权变动档案处置原则，解释权限等。

6.1.3　建立档案工作责任追究制度。对相关岗位人员违反文件收集、归档及档案管理制度，发生档案泄密、造成档案损毁等行为，企业应提出责任追究处罚措施，并将有关要求纳入相关管理制度。

6.1.4　制定档案管理应急预案。对可能发生的突发事件和自然灾害，企业应制定档案抢救应急措施，包括组织结构、抢救方法、抢救程序、保障措施和转移地点等。对档案信息化管理软件、操作系统、数据的维护、防灾和恢复，应制订应急预案。

6.2　管理制度

6.2.1　文件归档制度。应明确文件归档范围及保管期限、归档时间、归档程序、归档质量要求以及归档控制措施。

6.2.2　档案保管制度。应明确各门类档案保管条件、特殊载体档案保管方式、档案清点检查办法、对受损档案的处置办法、档案进（出）库要求、库房管理要求和库房管理员职责。

6.2.3　档案鉴定销毁制度。应明确鉴定、销毁工作的组织、职责、原则、方法和时间等要求。

6.2.4　档案统计制度。应明确统计内容、统计要求和统计数据分析要求。

6.2.5　档案利用制度。应明确档案提供利用的方式、方法，规定查（借）阅档案的权限和审批手续，提出接待查（借）阅档案的要求。

6.2.6　档案保密制度。应明确档案形成者、档案管理者、档案利用者应承担的保密责任。

6.2.7　电子档案管理制度。应对企业各信息系统中形成的电子文件提出归档、管理和利用要求。

6.2.8　档案管理系统操作制度。应明确档案管理系统操作人员的职责、档案管理系统软件、硬件的操作要求。

6.3　业务规范

6.3.1　文件、档案整理规范。应明确文件立卷与档案整理原则、整理方法、档号编制要求和档案装具要求等。

6.3.2　档案分类方案。应明确分类依据、类别标识、类目范围。

6.3.3　文件归档范围和保管期限表。应明确各类文件归档的范围及其相对应的保管期限。

6.3.4　特殊载体档案管理规范。应明确不同载体档案收集、整理的要求和保管的条件。

7 档案业务工作

7.1 企业档案工作与业务活动

7.1.1 企业档案工作是企业各项业务和活动的有机组成部分，应纳入企业领导工作议事日程，纳入企业规章制度及工作流程，纳入企业部门和有关人员的经济责任制或岗位责任制。

7.1.2 企业档案部门或档案人员应参加产品鉴定、科研课题成果审定、项目验收、设备开箱验收等活动，负责检查应归档文件的完整、系统。

7.1.3 企业下达项目计划任务应同时提出项目文件的归档要求；检查项目计划进度应同时检查项目文件积累情况；验收、鉴定项目成果应同时验收、鉴定项目文件归档情况；项目总结应同时做好项目文件归档交接。

7.2 文件的形成、积累

7.2.1 文件形成时应使用耐久、可靠的记录载体和记录方式。

7.2.2 文件形成者应将办理完毕、有保存价值的文件及时交本部门、项目或专项工作档案人员保管。

7.3 文件整理与归档

7.3.1 文件整理

文件立卷整理应遵循文件形成规律，区分保管期限，保持文件间有机联系。文书、科技、会计、人事等门类文件的整理，应分别符合 GB 9705、DA/T 22、GB/T 11822、财会字〔1998〕32 号、劳力字〔1992〕33 号等标准及文件的要求；音像、电子等载体形态文件整理，应分别符合 GB/T 11821、DA/T 15，GB/T 18894、DA/T 32 等标准的要求。

7.3.2 文件归档范围

7.3.2.1 企业在筹备、建设、生产、经营、管理等活动及产权变动过程中形成的具有保存价值的各种载体形式的文件都应纳入归档范围。国有企业文件归档范围应符合档发〔2004〕4号文件要求。

7.3.2.2 归案文件的主要来源有：

——本企业形成的文件；

——本企业引进项目、外购设备等接收的文件；

——所属单位及参股企业应向本企业提交的文件；

——本企业参与的合作项目，合作单位按要求应向本企业提交的文件；

——本企业执行、办理的外来文件。

7.3.2.3 企业应根据经营管理范围和业务活动类型制定文件归档范围和保管期限表。确定文件归档范围和保管期限可参照、但不限于附录A。项目建设类文件应依据企业在项目建设中的性质确定，建设单位、设计单位、施工单位、监理单位文件归档具体范围参见DA/T 28；服务类型企业各类文件归档范围及企业中专业性较强的业务活动的文件归档范围，应结合企业活动和专门业务编制。

7.3.3 文件归档时间

7.3.3.1 经营管理工作、生产技术管理工作、行政管理工作、党群工作中形成的文件一般应在办理完毕后的第二年一季度归档。

7.3.3.2 科研开发、项目建设文件应在其项目鉴定、竣工验收前归档，周期长的可分阶段、单项归档；产品生产及服务业务应定期或按阶段归档。

7.3.3.3 产权产籍、质量认证、资质信用、合同协议、知识产权等文件应随时归档；外购设备仪器或引进项目的文件应在开箱验收或接收后即时登记归档。

7.3.3.4 会计核算专业材料应在会计年度终了后由会计部门整理归档，保管一年后向档案部门移交。

7.3.3.5 电子文件逻辑归档宜定时进行，物理归档应与相应门类或内容的其他载体归档时间一致。

7.3.3.6 磁带、照片及底片、胶片、实物等载体形式的文件应在工作结束后及时归档，或与相应内容的纸质载体归档时间一致。

7.3.3.7 更新、补充的文件、企业内部机构变动和干部职工调动、离岗时应清退的文件，企业资产与产权变动过程中形成的文件，其他活动中形成的文件等，应随时归档。

7.3.4 文件归档要求

7.3.4.1 企业应实行部门、项目及专项工作的文件收集、整理、归档责任制。各部门、项目及专项工作专兼职档案人员应按照规定将文件整理后归档。

7.3.4.2 归档的文件应完整、准确、系统，其制成材料应有利于长久保存，图文字迹应符合形成文件设备（打印机、复印机、扫描仪等）标称的质量要求。

7.3.4.3 归档的文件应为原件。因故无原件的可将具有凭证作用的复制件归档。

7.3.4.4 非纸质文件应与其文字说明一并归档。外文（或少数民族文字）材料若有汉译文的，应一并归档，无译文的要译出标题和目录后归档。

7.3.4.5 归档的文件一般一式一份。重要的、利用频繁的和有专门需要的可适当增加份数。

7.3.4.6 两个以上单位合作完成的项目，应以合同、协议等形式约定文件归档要求。主办单位一般应保存全套文件，协办单位保存与所承担任务相关的正本文件。

7.3.4.7 文件形成部门应就归档文件填写《档案交接登记表》（参见附录 B 表 B.1）。重要项目文件归档时应由项目管理部门编写归档说明，并经项目负责人审核签字。

7.4 档案收集工作

7.4.1 文件归档的交接

7.4.1.1 文件形成部门应按期将《档案交接登记表》随同已整理的文件向档案部门移交。

7.4.1.2 档案部门接收时应认真核对，并检查档案质量。双方在《档案交接登记表》签字后各保留一份。

7.4.2 档案与资料的收集

7.4.2.1 企业应接收所属单位因产权变动后属本企业所有的档案。

7.4.2.2 企业应根据资产管理权限接收无法人资格的所属单位档案。

7.4.2.3 企业可根据需要收集宣传报道本单位的新闻资料。

7.4.2.4 企业可根据研发和市场竞争的需要收集与企业经营范围相关的资料。

7.4.2.5 企业可根据需要向社会、离退休人员征集档案、资料。

7.5 档案整理工作

7.5.1 档案部门应区分全宗进行档案的分类、排列与编目。

7.5.2 分类方案应依据企业管理职能，结合档案形成特点制定，并应保持相对稳定性和可扩充性。分类方案应附有分类说明。

7.5.3 类别号可采用阿拉伯数字、英文字母、拼音字母中的一种或两种混合方法设定。

7.5.4 全宗内档案按类分别集中排列，类别内档案按类目条款顺序依次排列编号。

7.5.5 根据分类方案和排列顺序编制档号。档号应指代单一，具有唯一性。档号编制方法见 DA/T 13。

7.5.6 档号可采用“[全宗号—] 分类号（或项目代号或目录

号）—案卷号（或件号或盘、盒、张号）”（［ ］表示可选）结构。

全宗号由企业根据对所属单位集中统一管理档案的需要和企业产权变更情况自行设定。

7.5.7 纸质档案应与对应的非纸质载体档案设立互见号。

互见号是反映同一内容其他载体档案保管单位的档号。

7.5.8 按全宗、类别、保管期限编制档案目录。

7.5.9 档案部门应对每个全宗建立全宗卷。全宗卷可单独管理。全宗卷的主要内容和编制方法见 DA/T 12。

7.6 档案保管工作

7.6.1 档案存放应依据档案载体选择档案柜架。底图不宜折叠；磁性载体应选择防磁设施。重要档案应异地备份。

7.6.2 档案入库前一般应去污、消毒。受损的档案应及时修复或补救。对于易损的制成材料的字迹，应采取复制手段加以保护。

7.6.3 库房管理。

7.6.3.1 库房应保持干净、整洁，并具备防火、防盗、防光、防有害气体、防尘、防有害生物等防护功能见 JGJ 25。

7.6.3.2 库房温、湿度应符合 JGJ 25、GB/T 18894 和 DA/T 15 对各类档案载体的保管要求，并有温湿度登记（登记表参见附录 B 表 B.2）。

7.6.3.3 库房设备运转情况应定期检查，并及时排除隐患。

7.6.3.4 库藏档案应定期清理核对，做到账物相符。库藏档案数量发生变化时应记录说明。

7.7 档案鉴定工作

7.7.1 企业应成立由主管领导、职能部门、专业技术人员和档案人员组成的档案鉴定委员会（或小组），负责确定文件保管期限和到期档案鉴定。

7.7.2 档案保管期限应根据文件对企业、国家和社会所具有的现实和今后工作查考、凭证作用，以及历史研究价值确定。

7.7.3 档案保管期限一般分为永久和定期两种。会计档案的保管期限执行《会计档案管理办法》。

7.7.4 永久保管档案。凡是反映本企业主要职能活动和历史面貌，对本企业、国家和社会有长远利用价值的文件，列为永久保管。

7.7.5 定期保管档案。凡是反映本企业一般工作活动，在一定时间对本企业各项工作有参考利用价值的文件，列为定期保管。定期保管档案的年限可根据其参考利用价值分为30年和10年。

7.7.6 企业应定期对已到保管期限的档案进行鉴定。经档案鉴定委员会鉴定，仍需继续保存的档案应重新划定保额期限；对保管期满确无保存价值的档案应登记造册，填写销毁清册(参见附录B表B.3)，经企业法定代表人批准后进行监督销毁。销毁清册永久保存。

7.8 档案统计工作

7.8.1 档案部门应及时、准确地填报本企业档案工作年报及有关统计报表。

7.8.2 建立档案工作统计台账，主要内容包括：档案馆（室）藏情况；年度入出库情况；档案利用情况；档案专兼职人员情况；档案设施、设备情况；档案销毁情况等。

7.8.3 档案统计工作应保持连续性。

7.9 档案利用工作

7.9.1 档案部门应加强档案检索系统建设，开发档案信息资源，及时、有效地提供档案利用服务。

7.9.2 企业应根据保密规定和知识产权管理要求，设定利用者权限。超越权限的利用需经有关领导审批。

7.9.3 利用档案应按规定进行登记（借阅登记表参见附录B表B.4）。利用效果突出的宜进行登记（档案利用效果登记表参见附录B表B.5）。

7.9.4 可采用直接查阅、电话调阅、网上查阅等方式提供利用原件、复印件、缩微件和电子档案。

7.9.5 企业宜对档案信息进行分类汇总，形成专题汇编，如规章制度汇编、专题文件汇编等。

7.9.6 企业宜对档案信息进行综合整理，形成专题材料，如大事记、年鉴、组织沿革、产品性能比较、科研成果简介、工程项目简介、设备的更新换代、市场的变化等。

7.9.7 企业宜对档案信息进行分析研究，形成深层次加工材料，如历年生产经营指标统计分析、重大事故原因研究分析、企业史志等。

7.9.8 企业可利用档案举办档案陈列或展览。

8 档案信息化建设

8.1 档案信息化目标与原则

8.1.1 企业档案信息化应以促进、完善企业信息化和提升档案管理现代化水平为总目标。

8.1.2 企业档案信息化应坚持技术与管理并重、与企业信息化协调和同步的原则。

8.1.3 企业各信息系统的开发与实施应充分考虑档案管理的要求。

8.2 电子文件的归档

8.2.1 电子文件归档要求及功能应嵌入文件生成系统。企业各信息系统生成的文本、图形、图像、数据等类型电子文件归档范围应参照纸质文件归档范围确定。音频、视频、多媒体等类型电子文件及数据库的归档范围应根据相关规定和需要确定。

8.2.2 企业各信息系统所形成的电子文件的元数据、背景信息，以及生成非通用电子文件格式的软件等应与电子文件一并归档。

8.2.3 归档的电子文件数据格式应易于识读、迁移。电子文件通用格式见 GB/T 18894 第 6 章。

8.2.4 电子文件应经鉴定、整理、审核后归档。电子文件的整理、鉴定与归档要求参见 GB/T 17678.1 和 GB/T 18894。

8.2.5 加密的电子文件归档时一般应解密，必须加密归档的电子文件应与其解密软件和说明文件一并归档。

8.2.6 文件形成部门负责确保归档电子文件具备真实性、可靠性、完整性和可用性。

8.3　传统载体档案数字化

8.3.1 企业可根据档案保管和利用的实际需要，有选择地对传统载体档案实施数字化。

8.3.2 纸质档案数字化应符合 DA/T 31 的要求，缩微胶片数字化应符合 DA/T 43 的要求。

8.3.3 照片档案和声像档案数字化文件格式见 DA/T 32 的附录 B。

数字化生成的档案副本档号应与原档案对应。

8.4　电子档案的保管

8.4.1 电子档案应参照纸质档案分类方案进行整理。

8.4.2 电子档案应存储到脱机载体上。其存储载体见 DA/T 32 的附录 C，保管要求见 GB/T 18894 的 9.4。

8.4.3 脱机存储电子档案的载体或装具上应贴有注明载体序号、电子档案号、密级、保额期限、存入日期等内容的标签，电子档案载体应设置成禁止写操作的状态。

8.4.4 存储在脱机载体上的电子档案应一式三套，一套封存保管，一套异地保管，一套提供利用。

8.4.5 超过保管期限的电子档案的鉴定和销毁，按照纸质档案的有关规定执行，其删除和销毁应符合 GB/T 18894 中 9.8 的相关规定。对确认销毁的电子档案应有销毁文件目录存档。

8.5 档案网络化服务

8.5.1 企业应建立馆（室）藏档案目录数据库，并逐步实现档案的全文检索。

8.5.2 对数字化档案和各信息系统归档的电子文件，档案部门应根据设定的利用权限提供及时有效的网络化服务。

8.5.3 涉密档案管理系统应与互联网物理断开，非涉密档案管理系统可与互联网逻辑隔离。

8.5.4 档案管理系统应采取身份认证、权限控制、加装防火墙等安全保密措施。

8.5.5 档案管理服务器应采取可靠的备份、恢复措施。

8.5.6 各信息系统应有生成电子文件自动归档功能的模块或接口。

8.6 档案管理系统软件

8.6.1 档案管理系统软件的配置应满足本企业的实际工作需要，并适应本企业信息化建设发展需要。

8.6.2 档案管理系统应具备收集整编、数据管理、检索浏览、借阅管理、统计汇总、权限设置、安全保密、系统维护等基本功能，并能辅助实体档案管理及根据需求增扩其他相应功能。

8.6.3 档案管理系统应与各信息系统之间衔接，并能接收和兼容各信息系统生成的电子文件。档案管理系统设计与实施参见 ISO 15489.1 第 8 章和 ISO 15489.2。

9 档案工作设施设备

9.1 档案库房

9.1.1 档案库房应设置在远离易燃、易爆物品和水、火等存在安全隐患的场所，无特殊保护装置一般不宜设置在地下或顶层。

9.1.2 档案库房楼层地面应满足档案及其装具的承重要求。

9.1.3 档案库房面积应满足档案工作发展的需要，留有存储空间。

设置档案馆的企业，档案库房建筑应符合JGJ 25的要求，库房一般应满足日后20年档案存储需要。

9.2 业务技术用房

9.2.1 业务技术用房应满足接收、整理、修复档案的实际需要。

9.2.2 企业可根据工作需要设置档案接收、整理、裱糊、消毒、复印、数字化、缩微以及安全监控等用房。

9.3 阅览及陈列室

阅览室应邻近办公室和档案库房，环境安静。

陈列室（展览室）宜设置在适于观览的场所。

9.4 档案装具

9.4.1 档案柜架应牢固耐用，一般应具有防火、防盗、防尘作用。应根据非纸质载体档案需要选择有专用保护功能的柜架。有条件的可采用密集架。

9.4.2 各类档案盒规格、式样和质量应符合GB/T 9705、GB/T 11822、DA/T 22和GB/T 11821的要求。

9.5 保护设备

9.5.1 档案库房应配置温湿度监控设备及灭火器材、防光窗帘、防盗门窗等必要的设施。

9.5.2 根据库房管理需要可配置除尘器、消毒柜、去湿机、加湿机、空气净化器等设备。

9.5.3 有条件的企业应配置自动报警、自动灭火、温湿度自动调控、监控等设备。

9.6 技术设备

9.6.1 配备档案整理工作所需要的装订机、打印机等设备。

9.6.2 配备档案修复、利用需要的数码照相机、摄像机、复印机、阅读机等设备。

9.6.3 配备信息化管理需要的计算机、服务器、扫描仪、光盘刻录机等设备，以及容灾备份设备、应急电源。

9.6.4 根据需要可配备 CAD 绘图仪、工程图纸复印机、缩微机等设备。

附录 A
企业文件归档基本范围与保管期限参考表

表 A.1 经营管理类

序号	基本范围	保管期限
1	经营决策	
1.1	企业发展规划、经营战略决策、企业改革等文件	永久
1.2	转换经营机制、各项配套制度改革实施方案、请示与批复、总结、报告等	永久
1.3	董事会、监事会、股东会构成及变更方面的文件	永久
1.4	厂务公开文件	30 年
1.5	厂长（经理）责任制、任期目标等	30 年
1.6	股东大会文件	
1.6.1	重要的	永久
1.6.2	一般的	10 年
1.7	董事会、股东会会议记录、纪要、工作报告、声明、决定、决议、通知、名单、议程、报告、讨论通过的文件、公告、总结等	永久

续表

序号	基 本 范 围	保管期限
1.8	监事会会议记录、纪要、工作报告、声明决定、决议等	永久
1.9	股票、股市方面的材料	30年
1.10	红利分配材料	永久
2	生产经营计划	
2.1	生产经营计划、总结、报告及计划调整等材料	30年
2.2	计划任务书或作业计划	30年
2.3	生产技术、经济指标完成情况分析	30年
3	统计工作	
3.1	统计工作制度、规定、办法、通知	30年
3.2	生产、技术、经济统计报表	永久
3.3	企业综合性统计报表及分析材料	30年
3.4	工业普查报表	永久
4	财务管理	
4.1	财务管理制度、规定、办法、通知	30年
4.2	财务管理计划、总结	10年
4.3	固定资产的新增、报废、调拨材料	30年
4.4	生产财务和成本核算	永久
4.5	税务方面的材料	永久
4.6	资金管理、价格管理、会计管理的材料	永久
5	资产管理	
5.1	房产、土地方面的文件	
5.1.1	房地产的权属证明材料	永久
5.1.2	房地产的租赁、使用方面的合同、协议等文件	30年

续表

序号	基本范围	保管期限
5.2	对外投资项目	
5.2.1	投资规划、决策等方面的材料	永久
5.2.2	投资企业的董事会、股东会材料	永久
5.2.3	投资企业的财务报告、红利分配材料	永久
5.2.4	股权证、转让协议等股权管理方面的材料	永久
5.3	国有资产管理、登记、统计、核查清算、交接等文件	永久
5.4	企业的产权变动	
5.4.1	产权变动的请示、批复方面的材料	永久
5.4.2	清产核资、资产评估工作的文件	永久
5.4.3	产权变动的协议、合同等	永久
5.4.4	资产处置方案、归属方面的材料	永久
5.4.5	因产权变动所致职工身份变化的材料	永久
5.5	多种经营管理	
5.5.1	经营机构的工作计划、汇报、总结	30年
5.5.2	内部承包章程、合周、协议	30年
5.5.3	经济核算材料	永久
5.6	境外项目管理	
5.6.1	境外项目的前期设计、规划、协议、合同等文件	永久
5.6.2	项目检查、竣工验收、重要的专项报告、审批意见等	永久
5.6.3	工作总结、计划、业务方面的一般来往函件	30年
6	物资管理	

续表

序号	基 本 范 围	保管期限
6.1	物资分配计划、记录	10年
6.2	物资采购、保管	
6.2.1	重要物资和生产资料的采购审批手续、保管及招投标合同、协议、来往函件、总结	永久
6.2.2	办公设备及用品、机动车等的采购计划、审批手续、招投标、购置，机动车调拨、保险、事故等一般性文件	30年
6.3	仓库管理规章制度、台账、统计报表	30年
6.4	职工承租、购置单位住房的合同、协议和有关手续	永久
6.5	职工住房分配、出售的规定、方案、细则、职工住房情况统计、调查表、职工住房申请	30年
7	产品销售	
7.1	营销组织管理、网络建设材料	30年
7.2	产品销售计划、广告宣传、总结、会议记录与纪要等	30年
7.3	销售合同、协议、函件	30年
7.4	订货会、市场分析和用户调查材料	30年
7.5	售后服务材料	10年
7.6	统计报表	永久
8	合同管理	
8.1	商务合同正本及其补充件	
8.1.1	重要的	永久
8.1.2	一般的	30年

续表

序号	基本范围	保管期限
8.2	客户资信调查材料	
8.2.1	重要的	30年
8.2.2	一般的	10年
9	信用管理	
9.1	企业认证、达标等活动的呈报、审批材料、合格证、资格证书等	永久
9.2	企业形象宣传、展览会文件	30年
9.3	企业获得的资质、信誉方面的证书及其他奖励	永久
9.4	企业客户资信调查材料	30年
10	知识产权管理	
10.1	企业标识、商标标识方面的材料	永久
10.2	专利、商标和其他知识产权方面的申报、证明及管理方面材料	永久

表 A.2　　　　生产管理类

序号	基本范围	保管期限
1	生产调度	
1.1	生产调度工作计划、总结、报告	30年
1.2	生产作业计划的编制、执行及调度工作情况	10年
1.3	生产调度会议记录	30年
1.4	生产调度的职责、制度、规程	永久
1.5	生产活动综合分析	10年
2	质量管理	
2.1	质量管理计划、措施、总结	10年

续表

序号	基 本 范 围	保管期限
2.2	质量管理制度、办法、规定、条例	30年
2.3	产品质量检测、化验、试验材料	30年
2.4	质量异议处理、事故分析及处理材料，质量认证、检查、评比材料	30年
2.5	全面质量管理工作形成的文件、质量体系运行及管理文件、产品创优的获奖证书	30年
3	能源管理	
3.1	能源管理的规定、计划、总结、请示、批复	30年
3.2	能原消耗定额管理材料	30年
3.3	节能工作方案、措施、总结	30年
3.4	统计报表	30年
4	安全生产	
4.1	安全技术管理规定、通报、总结、会议纪要等	30年
4.2	事故报告、调查分析及处理材料	30年
4.3	安全教育活动的材料	10年
4.4	安全生产、消防方面的材料	10年
4.5	统计报表	30年
5	科技管理	
5.1	科技发展规划、计划、总结，科技工作规定等	30年
5.2	技术革新和合理化建议文件	10年
5.3	新产品开发、科技成果管理、技术引进	30年
5.4	学术论文、考察报告、专题总结	30年
5.5	统计报表	30年
6	环境保护	

续表

序号	基 本 范 围	保管期限
6.1	环境保护规划、计划、总结	30年
6.2	环境保护制度、管理办法	30年
6.3	环保调查、监测、分析材料	永久
6.4	环境影响评价书、环境污染防治措施、总结、报告	30年
6.5	统计报表	
6.5.1	年度以上的统计报表	永久
6.5.2	半年、季度、月的统计报表	10年
7	计量工作	
7.1	计量工作规划、计划、总结	10年
7.2	计量工作管理规定	30年
7.3	计量设备、仪器、器具资料及定期检查记录	10年
7.4	计量管理工作方面的材料	10年
7.5	统计报表	
7.5.1	年度以上的统计报表	永久
7.5.2	半年、季度、月的统计报表	10年
8	标准化工作	
8.1	标准化管理的规划、制度、办法、规定	30年
8.2	标准化管理计划、总结	30年
8.3	生产技术规范、企业技术标准、企业工作标准、企业管理标准	永久
9	档案和信息工作	
9.1	档案工作计划、总结	10年
9.2	档案工作的规划、规定等	30年
9.3	档案移交清单、销毁清册	永久

续表

序号	基 本 范 围	保管期限
9.4	档案利用、开发成果材料	30年
9.5	信息工作计划、总结	10年
9.6	信息管理工作的通知、规定等	30年
9.7	有关科技信息	30年
9.8	图书、资料工作材料	10年
9.9	统计报表	永久

表A.3　　行政管理类

序号	基 本 范 围	保管期限
1	行政事务	
1.1	上级机关颁发的本企业应执行的有关文件	30年
1.2	上级领导视察本企业的题词、指示、讲话材料	
1.2.1	重要的	永久
1.2.2	一般的	10年
1.3	行政工作计划、总结等	永久
1.4	经理办公会、行政办公会会议记录、纪要、决定等	永久
1.5	企业制发的行政决定、通报和签订的行政协议、合同	永久
1.6	工商行政管理方面的材料	30年
1.7	企业的设立、关、停、并、转及更名、启用与废止印模等方面的文件	永久
1.8	企业文秘、机要、保密、信访、综合治理等方面的文件	
1.8.1	重要的	30年

续表

序号	基本范围	保管期限
1.8.2	一般的	10年
1.9	企业编史修志方面的文件	
1.9.1	大事记、机构沿革等	永久
1.9.2	工作简报、情况反映、工作信息等	30年
2	安全保卫工作	
2.1	上级机关颁发的本企业应贯彻执行的有关文件	10年
2.2	企业安全保卫、民兵工作的计划、总结、报告、报表等	30年
2.3	对本企业及职工在安全保卫工作方面的奖惩材料及统计报表	30年
2.4	武装保卫、民兵、预备役人员名单及有关机构设置、干部任免文件	30年
2.5	自然灾害防范、交通管理方面的文件	
2.5.1	重要的	30年
2.5.2	一般的	10年
2.6	重大事故调查和处理文件	永久
3	法律事务	
3.1	法律事务管理与协调工作	
3.1.1	法院判决书、调解书等诉讼和仲裁等文件	永久
3.1.2	一般法律事务工作文件	30年
3.2	案件、纠纷及公证事务中结论性材料	永久
3.3	案件、纠纷及公证事务中调查过程形成的文件	30年
4	审计稽查工作	

续表

序号	基本范围	保管期限
4.1	上级机关颁发的本企业应贯彻执行的有关审计工作文件	30年
4.2	审计意见、审计报告及批复等	永久
4.3	审计工作会议记录、纪要、计划、报告、总结、调查材料、办法、一般的请示与批复等	30年
4.4	专项审计通知、报告、批复、评价书（结论）、调查与证明等材料	
4.4.1	重要的	永久
4.4.2	一般的	30年
4.5	下级单位报送的审计工作文件	10年
5	劳动人事与人力资源管理	
5.1	上级机关颁发的本企业应贯彻执行的有关文件	30年
5.2	企业制定的劳动人事方面的规章制度、报告、决定等	永久
5.3	内部机构设置、名称更改、组织简则、印信启用和作废、人员编制方面的有关文件	永久
5.4	干部职工的任免与招聘、升降、奖惩、考核、职称评聘等方面的文件	永久
5.5	人事调动介绍信及存根、工资转移证等	30年
5.6	老干部、职工离退休、停薪留职、抚恤、剩余人员与复转退军人安置等有关材料	永久
5.7	职工名册、劳动人事工作计划、总结、报表及调资方案等	永久
5.8	劳动保护、职业安全卫生、计划生育、保险的方针、政策、规定、统计报表等	永久

续表

序号	基本范围	保管期限
5.9	职工奖励、处分工作形成的文件，劳动合同管理、劳动工资和社会保险文件、医疗、工伤保险、住房公积金	永久
5.10	劳资纠纷、仲裁方面的文件	永久
6	教育培训工作	
6.1	上级机关颁发的本企业应贯彻执行的有关文件	10年
6.2	企业教育培训工作的计划、总结	30年
6.3	企业制定教育培训工作规章制度、请示与批复、决定等	30年
6.4	企业教育培训工作统计报表等	30年
6.5	企业干部职工进修培训名单、合同等	30年
7	外事工作	
7.1	发表的公告、签订的协议、协定、备忘录，重要的会谈记录、纪要等	永久
7.2	出访考察、参加国际会议、接待来访等外事活动、出访审批文件	30年
7.3	出口审批手续，执行日程安排，考察报告等一般性文件	30年

表A.4　　党群管理类

序号	基本范围	保管期限
1	党务工作	
1.1	党员代表大会、党委（党支部）会议及其他有关会议	
1.1.1	会议通知、报告、换届选举结果、决议、通报、纪要等	永久

续表

序号	基本范围	保管期限
1.1.2	发言、简报、小组会议记录	10年
1.2	党务综合性工作	
1.2.1	工作计划、总结、重要专项活动工作报告，重要的调研材料、党务工作大事记	永久
1.2.2	情况反映、工作简报及一般材料	10年
1.3	上级机关关于党务工作的文件	
1.3.1	针对本企业重大问题的指示、批示文件	永久
1.3.2	对企业一般性、普发性的文件	10年
1.4	对下属单位关于党务工作请示的批复	30年
1.5	各项规章制度、管理办法与条例等	30年
2	组织工作	
2.1	党员干部考察、考核、任免、政审决定等	永久
2.2	入党、转正、退党、转入、转出等决定及党员名册	永久
2.3	党委（总支、支部）组织工作的规章制度	30年
2.4	党群机构设置、调整、人员编制等方面的决定及通知	30年
2.5	党费收支与党组织关系介绍信及存根	30年
2.6	党员学习教育等活动形成的文件	
2.6.1	重要的	永久
2.6.2	一般的	10年
2.7	党员统计年报、计划总结、组织发展计划	30年
3	宣传统战工作	
3.1	企业宣传统战工作报告、会议纪要、调研、计划、总结材料、各民主党派人员名单登记、活动记录	

续表

序号	基　本　范　围	保管期限
3.1.1	重要的	30年
3.1.2	一般的	10年
3.2	单位编辑的出版物样本与定稿	
3.2.1	重要的	永久
3.2.2	一般的	30年
3.3	反映本企业活动的报刊、广播稿	30年
3.4	企业文化建设方面的文件（包括社会公益事业、慈善事业的参与、投入的记录；赈灾、扶贫、献血、拥军优属、精神文明建设方面的文件）	
3.4.1	重要的	30年
3.4.2	一般的	10年
4	纪检与监察工作	
4.1	纪检与监察工作的规定、决定、通报、通知、会议记录、纪要、计划、总结、请示报告及上级批复	永久
4.2	违纪案件调查处理材料	
4.2.1	重大案件的立案报告、调查依据、审查结论、处理意见等材料	永久
4.2.2	一般案件的调查处理材料	30年
4.3	纪检与监察工作统计报表	30年
5	工会工作	
5.1	工会工作规划、总结、规章制度、决定、通知、会议记录	30年
5.2	职工代表大会及有关会议文件	
5.2.1	会议通知、报告、换届选举结果、决议、通报、纪要等	永久

续表

序号	基 本 范 围	保管期限
5.2.2	发言、简报、小组会议记录等	10年
5.3	工会会员名册	永久
5.4	民主管理、劳动竞赛、表彰先进、劳保福利、职工维权方面的文件	30年
5.5	女工工作、文体活动等方面的文件、计划生育	
5.5.1	重要的	30年
5.5.2	一般的	10年
5.6	工会会费与财务管理材料	30年
5.7	工作统计报表	
5.7.1	重要的	30年
5.7.2	一般的	10年
6	共青团工作	
6.1	共青团工作规划、总结	30年
6.2	团代会、团委（常委、扩大）会会议文件	
6.2.1	会议通知、报告、换届选举结果、决议、通报、纪要等	永久
6.2.2	发言、简报、小组会议记录等	10年
6.3	团员及团组织管理方面的决定、通知、批复	30年
6.4	团费收据及团组织关系介绍信及存根	30年
6.5	共青团工作统计报表	
6.5.1	重要的	30年
6.5.2	一般的	10年
7	民间团体工作	
7.1	专业学会、协会、群众团体活动方面的文件	
7.1.1	重要的	30年
7.1.2	一般的	10年

表 A.5　　产品生产类

序号	基本范围	保管期限
1	计划决策阶段	
1.1	调查研究	
1.1.1	市场调查、技术调查、考察、预测报告、调研综合报告	10年
1.1.2	技术、经济可行性研究报告、市场需求分析报告、收益预测分析报告	30年
1.2	决策	
1.2.1	发展建议书、技术建议书、协议书、委托书、合同	永久
1.2.2	专题分析报告、专题会议纪要	30年
1.2.3	研制计划、方案、方案论证报告	30年
2	设计阶段	
2.1	产品研究、设计计划	30年
2.2	技术、经济初步评价	30年
2.3	研究试验大纲、试验报告	30年
2.4	产品设计标准	永久
2.5	技术设计说明书、产品设计图样、专题技术请示报告、设计评审报告	30年
3	试制阶段	
3.1	试制	
3.1.1	试制计划、方案、规程、报告	永久
3.1.2	工艺研究报告、工艺总体方案论证	永久
3.1.3	试制工艺流程、工艺标准	30年
3.1.4	试制工艺文件和工艺装备文件	30年
3.1.5	工艺评审报告	永久

续表

序号	基　本　范　围	保管期限
3.1.6	试制运行记录、化验记录、试制过程纪要	30年
3.1.7	原材料与半成品、成品检验方法批准书	30年
3.1.8	理化分析报告、化学配方、化学反应式、计算公式	30年
3.1.9	技术标准协议、试制质量分析报告	30年
3.1.10	专题会议记录、纪要、合理化建议	30年
3.1.11	重大故障分析和排除措施报告	30年
3.1.12	试制总结报告	永久
3.2	试验	
3.2.1	试验计划、方案、规程	永久
3.2.2	试验所需仪器与设备清单	30年
3.2.3	试验分项目记录	30年
3.2.4	试验原始数据与材料	永久
3.2.5	试验分析报告	30年
3.2.6	试验总结报告	永久
3.3	鉴定	
3.3.1	鉴定申请报告及批复、试制、试验鉴定大纲、技术鉴定材料（申请批复、评价材料、会议纪要）	永久
3.3.2	成套设计文件、标准化审查报告、可靠性试验情况报告	30年
3.3.3	产品质量和技术经济分析报告	10年
3.3.4	设计定型报告、证书、鉴定验收书	永久
3.3.5	试用或试运行报告	30年
4	生产阶段	
4.1	小批生产	

续表

序号	基 本 范 围	保管期限
4.1.1	小批生产方案、计划	30年
4.1.2	小批生产工序工程能力分析报告	30年
4.1.3	关键件、重要件、关键工序的质量控制及检测报告	30年
4.1.4	原料鉴定卡片、配用设计表	30年
4.1.5	历次更改与补充的设计及工艺文件和更改通知单	30年
4.1.6	小批生产总结报告、小批生产鉴定书	永久
4.1.7	产品设计评审报告、产品研制完成报告	30年
4.1.8	产品许可证、合格证、使用说明书、装箱单、产品介绍、样本	30年
4.2	批量生产	
4.2.1	申请正式投产报告、批复、通知	永久
4.2.2	生产技术规程、操作规程、安全生产规程、产品检验规范	永久
4.2.3	技术标准（国际标准、国家标准、行业标准、企业标准）	永久
4.2.4	企业标准编制说明、审批书及修改、修订的通知	永久
4.2.5	生产定型（结构、配方）设计文件	永久
4.2.6	工艺文件、工艺作业指导书、工艺说明书	30年
4.2.7	工艺装备文件、图样（刃具、夹具、量具、模具图）、说明书	30年
4.2.8	产品改进与更新建议书、合理化建议、QC成果	30年
4.2.9	产品质量技术攻关会议记录、纪要和成果	30年
4.2.10	重大质量事故分析、质量异议处理结果	30年
4.2.11	各种操作记录、产品检验报告单	30年

续表

序号	基 本 范 围	保管期限
4.2.12	产品特性重要度分级	30年
4.2.13	技术条件	30年
4.2.14	明细表、汇总表、产品目录	30年
4.2.15	专利登记表、专利证书等材料	永久
4.2.16	商标注册材料	永久
5	评优阶段	
5.1	创优规划、措施、工艺操作规程	30年
5.2	国内外对比材料	10年
5.3	上级检（抽）查结果和理化分析报告	30年
5.4	主要用户评价	10年
5.5	创优申请、审批表	30年
5.6	优质产品评定书、获奖奖章、奖状、证书	永久
6	认证阶段	
6.1	认证申请书、信函	30年
6.2	跟踪服务材料	30年
6.3	认证检测报告、检查报告	30年
6.4	原材料修改换页说明	30年
6.5	产品检验报告	永久
6.6	各种认证证书	永久

表A.6 科 研 开 发 类

序号	基 本 范 围	保管期限
1	研究准备阶段	
1.1	申报项目的报告、批复、通知	30年

续表

序号	基本范围	保管期限
1.2	科研规划、调研报告、可行性研究报告、技术咨询与课题论证材料	30年
1.3	课题说明书、科研课题、经费申请报告及批件	30年
1.4	任务书、协议书、会议记录及重要来往文函、合同	永久
1.5	科研课题研究计划、上级批示及有关课题的国内外动态、课题计划调整或课题撤销文件	30年
1.6	实验、试验方案、设计方案、调查考察方案、技术规程	永久
2	研究实验与开发阶段	
2.1	试验任务书、试验大纲	永久
2.2	实验、试验测试记录、图表、照片、计划执行情况、调整和撤销的报告	永久
2.3	试制综合分析报告及总结	永久
2.4	计算文件	永久
2.5	计算机软件（附带软件运行环境说明）	永久
2.6	检验文件	永久
2.7	设计文件、图样、技术说明、配方	永久
2.8	工艺文件	永久
3	总结鉴定验书阶段	
3.1	课题完成最终（或中断）总结	永久
3.2	课题阶段工作总结	30年
3.3	鉴定大纲	永久
3.4	技术经济分析报告	永久
3.5	标准化审查报告	永久

续表

序号	基本范围	保管期限
3.6	鉴定证书、科学技术成果鉴定证书	永久
3.7	鉴定会议记录（参加人员名单）、鉴定验收结论、函审原件	永久
4	成果申报阶段	
4.1	科技成果申报表、登记表及附件	永久
4.2	科技成果奖励申报及评审材料	永久
4.3	获奖证书及批件	永久
4.4	专利申请、受理证书等材料	永久
4.5	著作权申请、受理证书等材料	永久
5	推广应用阶段	
5.1	推广应用方案、专利申请书、批准证书（原件、影印件）、技术转让合同、协议书	永久
5.2	论文、成果推广应用中形成的技术文件及工作总结、过户定型的鉴定材料	30年
5.3	国内外同行业评价及用户反馈意见、成果宣传报送文件、专业会议文件	10年
5.4	成果标本、样品目录	30年
5.5	出席各级学术会议和发表在各种刊物上的论文、专题报告、国外考察报告和对外技术交流材料等	30年
5.6	针对成果的推广应用进行的软件开发形成的文件	30年

表A.7　项目建设类

序号	基本范围	保管期限
1	综合	
1.1	建设项目管理制度、标准、方案、办法、规定等	30年
1.2	建设项目发展规划、计划、报告、会议记录、纪要	永久

续表

序号	基本范围	保管期限
1.3	征、租用土地（单独项目的除外）申请、报告、批复、合同、协议、说明材料	永久
1.4	厂区平面图、地下管线图	永久
1.5	统计报表	30年
2	项目准备阶段	
2.1	立项文件：项目建议书、项目建议书审批意见及前期工作通知书、可行性研究报告及附件、可行性研究报告审批意见、与立项有关的会议纪要、领导讲话、专家建议文件、调查资料及项目评估研究材料	永久
2.2	建设用地、征地、拆迁文件：选址申请及选址规划意见通知书，用地申请报告及县级以上人民政府城乡建设用地批准书、红线图，拆迁安置意见、协议、方案等，建设用地规划许可证及其附件，划拨建设用地文件，国有土地使用证，土地出让合同，土地有偿使用合同	永久
2.3	勘察、测绘、设计及审批文件	
2.3.1	工程地质勘察报告，水文地质勘察报告、自然条件、地震调查，中报的规划设计条件和规划设计条件通知书	永久
2.3.2	初步设计图纸和说明、技术设计图纸和说明、审定设计方案通知书及审查意见	30年
2.3.3	有关行政主管部门（人防、环保、节能、消防、交通、园林、市政、文物、通信、保密、河湖、教育、白蚁防治、卫生等）批准文件或取得的有关协议，政府有关部门对施工图设计文件的审批意见	永久

续表

序号	基 本 范 围	保管期限
2.3.4	施工图及其说明、设计计算书	30年
2.4	招投标文件与合同书	
2.4.1	勘察设计、施工及工程监理招投标中标文件	30年
2.4.2	勘察设计、施工及工程监理招投标第一未中标文件	10年
2.4.3	勘察设计、施工承包及监理委托合同	30年
2.5	开工审批文件	
2.5.1	建设项目列入年度计划的申报文件、批复文件或年度计划项目表，规划审批申报表及报送的文件和图纸，建设项目规划许可证及其附件，建设项目开工审查表，建设项目施工许可证	永久
2.5.2	投资许可证、审计证明、缴纳绿化建设费等证明，工程质量监督	30年
2.6	建设项目管理机构（项目经理部）、监理机构（项目监理部）、施工管理机构（施工项目经理部）及负责人名单	30年
3	项目建设阶段	
3.1	项目管理文件	
3.1.1	规程、规范、标准、规划、方案、规定	30年
3.1.2	投资、进度、质量、安全、合同控制文件	30年
3.1.3	投标书、资质材料、履约类保函、委托授权书和投标澄清文件、修正书	永久
3.1.4	合同谈判纪要、合同审批文件、合同书、合同变更文件	永久
3.1.5	环境保护、劳动安全、卫生、消防、人防	永久

续表

序号	基　本　范　围	保管期限
3.1.6	水、暖、电、气、通信、排水等供应协议以及原料、材料、燃料供应协议	30年
3.2	建筑、设备、管线、电气、仪表安装施工	
3.2.1	开工报告、工程技术要求、技术交底、图纸会审纪要	30年
3.2.2	建筑与结构工程地基处理记录、图纸变更记录、工程质量事故处理记录、工程质量检验记录	永久
3.2.3	设计变更通知、工程更改洽商单、材料代用核定审批手续、技术核定单、业务联系单及备忘录	永久
3.2.4	施工定位测量、符合记录、地质勘探	永久
3.2.5	施工技术准备，施工现场准备，设计变更，洽商记录，原材料、成品、半成品、构配件、设备出厂质量合格证及试验报告，施工试验记录，施工记录	30年
3.2.6	焊接试验记录、施工检验、探伤记录	10年
3.2.7	隐蔽工程检查（验收）记录、工程质量检查评定记录、功能性试验记录	30年
3.2.8	质量事故及处理记录、竣工测量资料	永久
3.2.9	交工验收记录证明、工程质量评定、竣工报告	永久
3.3	竣工图	永久
3.4	监理文件	
3.4.1	监理规划、监理实施细则、监理部总控制计划、监理会议纪要	30年
3.4.2	进度控制：工程开工/复工审批表、暂停令	30年
3.4.3	质量控制、质量事故报告及处理意见	30年

续表

序号	基 本 范 围	保管期限
3.4.4	造价控制：设计变更、洽商费用报审与签认、工程竣工决算审核意见书	30年
3.4.5	分包资质：分包单位、供货单位及试验等单位资质材料	30年
3.4.6	监理通知：有关进度、质量及造价控制的监理通知	30年
3.4.7	工程延期报告及审批、合同争议、违约报告及处理意见	永久
3.4.8	费用索赔报告及审批、合同变更材料	30年
3.4.9	监理工作总结：专题总结、月报总结、工程竣工总结、质量评价意见报告	30年
4	项目竣工验收	
4.1	工程竣工总结，工程概况表	永久
4.2	竣工验收记录：建筑安装工程竣工验收记录、证明书、报告、备案表，市政基础设施工程质量评定表及报验单，竣工验收证明书、报告、备案表	永久
4.3	财务决算及交付使用财产总表和财产明细表	永久
4.4	声像、缩微、电子档案	永久
5	项目运行维护与更新改造	30年

表A.8　　设备仪器类

序号	基 本 范 围	保管期限
1	综合	
1.1	设备管理条例、办法、方案、规定、通告等	30年
1.2	设备管理规划、计划、总结，设备运行管理文件，备品备件管理文件	10年

续表

序号	基本范围	保管期限
1.3	设备技术管理文件	30年
1.4	设备台账	永久
2	单台（套）设备仪器	
2.1	调研、考察材料；购买设备的申请、批复文件	30年
2.2	购置合同、协议	30年
2.3	洽谈记录、纪要、备忘录、来往函件及商检材料	30年
2.4	设备仪器开箱验收记录	30年
2.5	设备仪器合格证、装箱单、出厂保修单、说明书、环保材料等随机图样及文字材料	30年
2.6	设备仪器安装调试、试车记录、总结、竣工图样、检测验收等材料	30年
2.7	运行记录及重大事故分析处理报告	30年
2.8	设备仪器保养和大修计划、记录	30年
2.9	设备仪器检查记录、设备仪器履历表	30年
2.10	设备改造记录和总结材料	30年
2.11	技术、质量异议的处理结果材料	永久
2.12	设备仪器报废鉴定材料、申请、批复和处理结果	30年

表A.9　　会计业务类

序号	基本范围	保管期限
1	会计凭证类：原始凭证、记账凭证、汇总凭证	15年
2	会计账簿类：总账、明细账、日记账、固定资产卡片、辅助账簿、银行账	15年
3	财务报告类	

续表

序号	基 本 范 围	保管期限
3.1	月、季度财务报告	3年
3.2	年度财务报告（决算）	永久
4	其他类	
4.1	会计档案移交清册	15年
4.2	会计档案保管清册、会计档案销毁清册	永久
4.3	银行余额调节表、银行对账单	5年

表 A.10　职 工 管 理 类

序号	基 本 范 围	保管期限
1	在岗职工	
1.1	履历材料	永久
1.2	自传材料	永久
1.3	鉴定、考核、考察材料	永久
1.4	评定岗位技能和学历材料	永久
1.5	政审材料	永久
1.6	参加党派材料	永久
1.7	奖励材料	永久
1.8	处分材料	永久
1.9	任免呈报表和工资、待遇审批材料	永久
1.10	其他可供组织参考有保存价值的材料	永久
1.11	技术职称或工种级别的确认材料	永久
2	退休职工	永久
3	离岗职工	永久
4	死亡职工	永久

附录B
表格式样

表B.1 档案交接登记表

移交时间：＿＿＿＿＿＿　　　　移交部门：＿＿＿＿＿＿

序号	题名	年度	文号或图号	页数	保管期限	备注

移交人签名：＿＿＿＿＿＿　　　　接收人签名：＿＿＿＿＿＿

表 B.2 **温湿度登记表**

库别________ ____年____月

日期	时间	温度	相对湿度	记录人	日期	时间	温度	相对湿度	记录人
1					16				
2					17				
3					18				
4					19				
5					20				
6					21				
7					22				
8					23				
9					24				
10					25				
11					26				
12					27				
13					28				
14					29				
15					30				

表 B.3

销毁清册

批准人：________　　　　编制部门：________

序号	题名	年度	档号	卷内文件		原期限	已保管期限	备注
				件数	页数			

编制部门负责人：______　编制人：______　　监销人：______

表 B.4 **借阅档案登记表**

序 号	日 期	档 号	题 名	借阅部门	借阅人签字	归还日期	备 注

表 B.5　　档案利用效果登记表

利用日期		利用部门		利用者	
档号					
主要内容					
用途					
利用效果					

附录9　会计档案管理办法

（1998年8月财政部　国家档案局财会字〔1998〕32号发布）

第一条　为了加强会计档案管理，统一会计档案管理制度，更好地为发展社会主义市场经济服务，根据《中华人民共和国会计法》和《中华人民共和国档案法》的规定，制定本办法。

第二条　国家机关、社会团体、企业、事业单位，按规定应当建账的个体工商户和其他组织（以下简称各单位），应当依照本办法管理会计档案。

第三条　各级人民政府财政部门和档案行政管理部门共同负责会计档案工作的指导、监督和检查。

第四条　各单位必须加强对会计档案管理工作的领导，建立会计档案的立卷、归档、保管、查阅和销毁等管理制度，保证会计档案妥善保管、有序存放、方便查阅，严防毁损、散失和泄密。

第五条　会计档案是指会计凭证、会计账簿和财务报告等会计核算专业材料，是记录和反映单位经济业务的重要史料和证据。具体包括：

（一）会计凭证类：原始凭证，记账凭证，汇总凭证，其他会计凭证。

（二）会计账簿类：总账、明细账，日记账，固定资产卡片，辅助账簿，其他会计账簿。

（三）财务报告类：月度、季度、年度财务报告，包括会计报表、附表、附注及文字说明，其他财务报告。

（四）其他类：银行存款余额调节表，银行对账单，其他应当保存的会计核算专业资料，会计档案移交清册，会计档案保管清册，会计档案销毁清册。

第六条 各单位每年形成的会计档案，应当由会计机构按照归档要求，负责整理立卷，装订成册，编制会计档案保管清册。

当年形成的会计档案，在会计年度终了后，可暂由会计机构保管一年，期满之后，应当由会计机构编制移交清册，移交本单位档案机构统一保管；未设立档案机构的，应当在会计机构内部指定专人保管。出纳人员不得兼管会计档案。

移交本单位档案机构保管的会计档案，原则上应当保持原卷册的封装。个别需要拆封重新整理的，档案机构应当会同会计机构和经办人员共同拆封整理，以分清责任。

第七条 各单位保存的会计档案不得借出。如有特殊需要，经本单位负责人批准，可以提供查阅或者复制，并办理登记手续。查阅或者复制会计档案的人员，严禁在会计档案上涂画、拆封和抽换。

各单位应当建立健全会计档案查阅、复制登记制度。

第八条 会计档案的保管期限分为永久、定期两类。定期保管期限分为3年、5年、10年、15年、25年5类。

会计档案的保管期限，从会计年度终了后的第一天算起。

第九条 本办法规定的会计档案保管期限为最低保管期限，各类会计档案的保管原则上应当按照本办法附表所列期限执行。

各单位会计档案的具体名称如有同本办法附表所列档案名称不相符的，可以比照类似档案的保管期限办理。

第十条 保管期满的会计档案，除本办法第十一条规定的情形外，可以按照以下程序销毁：

（一）由本单位档案机构会同会计机构提出销毁意见，编制会计档案销毁清册，列明销毁会计档案的名称、卷号、册数、起止年度和档案编号、应保管期限、已保管期限、销毁时间等内容。

（二）单位负责人在会计档案销毁清册上签署意见。

（三）销毁会计档案时，应当由档案机构和会计机构共同派员监销。国家机关销毁会计档案时，应当由同级财政部门、审计部门派员参加监销。财政部门销毁会计档案时，应当由同级审计部门派员参加监销。

（四）监销人在销毁会计档案前，应当按照会计档案销毁清册所列内容清点核对所要销毁的会计档案；销毁后，应当在会计档案销毁清册上签名盖章，并将监销情况报告本单位负责人。

第十一条 保管期满但未结清的债权债务原始凭证和涉及其他未了事项的原始凭证，不得销毁，应当单独抽出立卷，保管到未了事项完结时为止。单独抽出立卷的会计档案，应当在会计档案销毁清册和会计档案保管清册中列明。

正在项目建设期间的建设单位，其保管期满的会计档案不得销毁。

第十二条 采用电子计算机进行会计核算的单位，应当保存打印出的纸质会计档案。

具备采用磁带、磁盘、光盘、微缩胶片等磁性介质保存会计档案条件的，由国务院业务主管部门统一规定，并报财政部、国家档案局备案。

第十三条 单位因撤销、解散、破产或者其他原因而终止的，在终止和办理注销登记手续之前形成的会计档案，应当由终止单位的业务主管部门或财产所有者代管或移交有关档案馆代管。法律、行政法规另有规定的，从其规定。

第十四条 单位分立后原单位存续的，其会计档案应当由分立后的存续方统一保管，其他方可查阅、复制与其业务相关的会计档案；单位分立后原单位解散的，其会计档案应当经各方协商后由其中一方代管或移交档案馆代管，各方可查阅、复制与其业务相关的会计档案。单位分立中未结清的会计事项所涉及的原始凭证，应当单独抽出由业务相关方保存，并按规定办理交接手续。

单位因业务移交其他单位办理所涉及的会计档案，应当由原单位保管，承接业务单位可查阅、复制与其业务相关的会计档案，对其中未结清的会计事项所涉及的原始凭证，应当单独抽出由业务承接单位保存，并按规定办理交接手续。

第十五条 单位合并后原各单位解散或一方存续其他方解散的，原各单位的会计档案应当由合并后的单位统一保管；单位合并后原各单位仍存续的，其会计档案仍应由原各单位保管。

第十六条 建设单位在项目建设期间形成的会计档案，应当在办理竣工决算后移交给建设项目的接受单位，并按规定办理交接手续。

第十七条 单位之间交接会计档案的，交接双方应当办理会计档案交接手续。

移交会计档案的单位，应当编制会计档案移交清册，列明应当移交的会计档案名称、卷号、册数、起止年度和档案编号、应保管期限、已保管期限等内容。

交接会计档案时，交接双方应当按照会计档案移交清册所列内容逐项交接，并由交接双方的单位负责人负责监交。交接完毕后，交接双方经办人和监交人应当在会计档案移交清册上签名或者盖章。

第十八条 我国境内所有单位的会计档案不得携带出境。驻外机构和境内单位在境外设立的企业（简称境外单位）的会计档案，应当按照本办法和国家有关规定进行管理。

第十九条 预算、计划、制度等文件材料，应当执行文书档案管理规定，不适用本办法。

第二十条 各省、自治区、直辖市人民政府财政部门、档案管理部门，国务院各业务主管部门，中国人民解放军总后勤部，可以根据本办法的规定，结合本地区、本部门的具体情况，制定实施办法，报财政部和国家档案局备案。

第二十一条 本办法由财政部负责解释，自 1999 年 1 月 1 日起执行。1984 年 6 月 1 日财政部、国家档案局发布的《会计档案管理办法》自本办法执行之日起废止。

会计档案保管期限表

附件：表 1：企业和其他组织会计档案保管期限表

表 2：财政总预算、行政单位、事业单位和税收会计档案保管期限表

表 1　　企业和其他组织会计档案保管期限表

序号	档案名称	保管期限	备　　注
一	会计凭证类		
1	原始凭证	15 年	
2	记账凭证	15 年	
3	汇总凭证	15 年	
二	会计账簿类		
4	总账	15 年	包括日记总账
5	明细账	15 年	
6	日记账	15 年	现金和银行日记账保管 25 年
7	固定资产卡片		固定资产报废清理后保管 5 年
8	辅助账簿		

续表

序号	档案名称	保管期限	备　　注
三	财务报告类		包括各级主管部门汇总财务报告
9	月、季度财务报告	3年	包括文字分析
10	年度财务报告（决算）	永久	包括文字分析
四	其他类		
11	会计移交清册	15年	
12	会计档案保管清册	永久	
13	会计档案销毁清册	永久	
14	银行余额调节表	5年	
15	银行对账单	5年	

表2　　财政总预算、行政单位、事业单位和税收会计档案保管期限表

序号	档案名称	保管期限			备　注
		财政总预算	行政单位事业单位	税收会计	
一	会计凭证类				
1	国家金库编送的各种报表及缴库退库凭证	10年		10年	
2	各收入机关编送的报表	10年			
3	行政单位和事业单位的各种会计凭证		15年		包括：原始凭证、记账凭证和传票汇总表

续表

序号	档案名称	保管期限			备　注
		财政总预算	行政单位事业单位	税收会计	
4	各种完税凭证和缴、退库凭证	15年			包括：原始凭证和其他会计凭证
5	财政总预算拨款凭证及其他会计凭证	15年			包括：拨款凭证和其他会计凭证
6	农牧业税结算凭证			15年	
二	会计账簿类				
7	日记账		15年	15年	
8	总账	15年	15年	15年	
9	税收日记账（总账）和税收票证分类出纳账		25年		
10	明细分类、分户账或登记簿	15年	15年	15年	
11	现金出纳账、银行存款账		25年	25年	
12	行政单位和事业单位固定资产明细账（卡片）				行政单位和事业单位固定资产报废清理后保管5年
三	财务报告类				
13	财政总预算	永久			

续表

序号	档案名称	保管期限			备注
		财政总预算	行政单位事业单位	税收会计	
14	行政单位和事业单位决算	10年	永久		
15	税收年报（决算）	10年		永久	
16	国家金库年报（决算）	10年			
17	基本建设拨、贷款年报（决算）	10年			
18	财政总预算会计旬报	3年			所属单位报送的保管2年
19	财政总预算会计月、季度报表	5年			所属单位报送的保管2年
20	行政单位和事业单位会计月、季度报表		5年		所属单位报送的保管2年
21	税收会计报表（包括票证报表）			10年	电报保管1年，所属税务机关报送的保管3年
四	其他类				
22	会计移交清册	15年	15年	15年	
23	会计档案保管清册	永久	永久	永久	
24	会计档案销毁清册	永久	永久	永久	

附录10　会计档案案卷格式

（摘编自 DA/T 39—2008）

1　范围

本标准规定了会计档案卷盒及其有关表格的项目设置、规格、质量要求。

本标准适用于各级各类机关、团体、企业事业单位和其他组织。

2　规范性引用文件

略。

3　会计凭证封面格式

3.1　会计凭证封面外形尺寸

封面尺寸规格采用 245mm×130mm（长×宽）或 245mm×150mm（长×宽）。封底尺寸同封面尺寸。

3.2　会计凭证封面项目

封面项目包括单位名称、会计凭证名称、时间、册数、册次、记账凭证起止号、记账凭证数、附件数、会计凭证总数、会计主管、装订人、装订时间、备注。各项目具体位置、尺寸见附录 A 图 A.1（a）、图 A.1（b）。

3.3　封面项目的填写方法

3.3.1　单位名称：填写形成会计档案的单位名称，必须用全称或通用简称。如“中国共产党中央委员会”简称为“中共中央”；“中华人民共和国卫生部”简称为“卫生部”；“云南省人民政府财政厅”简称为“云南省财政厅”。不得简称“本部”、“本委”、“本省财政厅”等。

3.3.2 会计凭证名称：填写能够反映会计凭证用途或内容的名称，如：“收款会计凭证”、“付款会计凭证”、“转账会计凭证”或“基建会计凭证”、“工会会计凭证”、“预算外会计凭证”等。

3.3.3 起止时间：填写本册会计凭证的起止年月日。

3.3.4 册数：填写 3.3.3 时间界定内会计凭证的册数。

3.3.5 册次：填写本册会计凭证的序号。

3.3.6 记账凭证起止号：填写本册记账凭证起号和止号。

3.3.7 记账凭证数：填写记账凭证的张数。

3.3.8 附件数：填写本册会计凭证的附件张数。

3.3.9 会计凭证总数：填写本册所有凭证的合计张数。

3.3.10 会计主管：填写单位内部具体负责会计工作的中层领导人员。

3.3.11 装订人：填写负责该本会计凭证装订的人员。

3.3.12 装订时间：填写该本会计凭证装订结束的时间。

3.3.13 备注：填写该本凭证需要说明的事项。

3.4 制成材料质量

记账凭证封面和封底宜采用 126g 以上牛皮纸制作。

4 会计凭证盒格式

4.1 会计凭证盒外形尺寸

会计凭证盒的外形尺寸采用 275mm×155mm（长×宽），盒脊厚度可根据需要设置 30mm、40mm、60mm 等。

4.2 会计凭证盒项目及填写方法

4.2.1 会计凭证盒正面项目

会计凭证盒正面项目包括单位名称、凭证名称、册数、册次、记账凭证起止号、附件数、会计凭证总数、起止时间、归档时间、立卷人、保管期限、全宗号、目录号、案卷号。各项具体位置、尺寸见附录 A 图 A.2（a）、图 A.2（b）。

4.2.2 正面项目的填写方法

4.2.2.1 单位名称、凭证名称、时间、册数、册次、记账凭证起止号、附件数、会计凭证总数、起止时间根据会计凭证封面的有关项目对应填写，填写方法与记账凭证封面一致。

4.2.2.2 时间：填写本盒会计凭证所属年月。

4.2.2.3 归档时间：填写单位内财务部门向档案部门移交会计档案的年月日。

4.2.2.4 立卷人：填写整理本盒会计凭证的人员姓名。

4.2.2.5 保管期限：根据财政部和国家档案局 1998 年颁布的《会计档案保管期限表》确定填写该案卷的保管期限。

4.2.2.6 全宗号：填写档案馆给立档单位编制的代号。企业可填写表达单位的汉语拼音代字。

4.2.2.7 目录号：填写全宗内案卷所属目录的编号，在同一个全宗内不允许出现重复的案卷目录号，企业或参照《工业企业档案分类试行规则》编制分类方案的单位，可填写类别特征代码。

4.2.2.8 案卷号：目录内案卷的顺序编号，在同一个案卷目录（或分类体系的最低一级类目）内不允许出现重复的案卷号。

4.2.3 会计凭证盒盒脊项目及填写方法

会计凭证盒盒脊项目包括全宗号、目录号、案卷号、年度、月份、册数、册次、保管期限，其排列格式尺寸见附录 A 图 A.2（c）。

盒脊项目与正面有关项目对应填写。

4.3 制成材料质量

会计凭证盒宜采用 340g 以上箱板纸制作。

5 会计档案盒格式

5.1 会计档案盒外形尺寸

会计档案盒的外形尺寸采用310mm×220mm或310mm×260mm（长×宽），盒脊厚度可根据需要设置20mm、30mm、40mm等。立体图见附录A图A.3（a）。

5.2 会计档案盒项目及填写方法

5.2.1 会计档案盒正面项目

会计档案盒正面项目包括全宗名称、案卷题名、起止时间、卷数、页数、保管期限、全宗号、目录号、案卷号、盒号。各项目具体位置、尺寸见附录A图A.3（b）、图A.3（c）。

5.2.2 正面项目的填写方法

5.2.2.1 全宗名称：全宗名称相当于立档单位的名称，填写时和会计凭证盒正面上的“单位名称”要求一致。

5.2.2.2 案卷题名：由整理会计凭证的人员自拟。案卷题名应准确概括本盒会计档案的形成单位、时间、内容、类别，如：“曲靖市财政局二〇〇二年度（或上半年、下半年、季度）财务报告”、“曲靖市财政局二〇〇二年基金管理总账”、“曲靖市乡镇企业局二〇〇二年行政（或事业、或工会）现金日记账”。文字力求简练、明确。

5.2.2.3 起止时间：填写形成本盒会计档案的起止年月日。

5.2.2.4 卷数、张数：填写本盒内会计档案的卷数和张数。

5.2.2.5 保管期限：按照《会计档案保管期限表》填写该盒会计档案的保管期限。

5.2.2.6 全宗号、目录号：填写方法与会计凭证盒上的“全宗号”、“目录号”的要求相同。

5.2.2.7 案卷号：填写本盒内会计档案的案卷号或案卷起止号，在案卷起号和止号之间用“—”隔开。

5.2.2.8 盒号：盒号是同一全宗、同一目录内按照案卷顺序号装盒排列后档案盒的编号。

5.2.3 会计档案盒盒脊项目的填写方法

会计档案盒盒脊项目包括年度、全宗号、目录号、案卷号、盒号、保管期限。其排列格式尺寸见附录 A 图 A.3（d）。年度填写本盒会计档案所属年度，其他项目与正面相应项目填写一致。

5.3 制成材料质量

会计档案盒宜采用 700g 以上无酸纸制作。

5.4 适用范围

会计档案盒适用于会计账簿、财务报告和其他类会计档案的整理。

6 账簿启用及接交表格式

6.1 账簿启用及接交表用纸尺寸及质量要求

6.1.1 用纸尺寸

账簿启用及接交表用纸幅面尺寸采用国际标准 A4 型（长×宽为 297mm×210mm）。非国际标准纸账薄可根据实际需要另外确定用纸尺寸。

6.1.2 质量要求

账簿启用及接交表宜采用 70g 以上白色书写纸制作。

6.2 账簿启用及接交表项目和填写方法

6.2.1 账簿启用及接交表正面项目和填写方法

6.2.1.1 正面项目

账簿启用及接交表正面项目包括单位名称、账簿名称及编号、账簿页数、账簿起止日期、经管人员、接交记录、备注、档号、贴印花税。各项目具体位置、尺寸见附录 A 图 A.4（a）。

6.2.1.2 正面项目的填写方法

6.2.1.2.1 单位名称：填写形成会计档案的单位名称，并加盖公章，填写要求与记账凭证封面上的“单位名称”相同。

6.2.1.2.2　账簿名称及编号：填写该账簿所属的类别及其排列顺序号。

6.2.1.2.3　账簿页数：填写该账簿中有内容记载的账簿页数（空白账页除外）。

6.2.1.2.4　账簿起止时期：填写该账簿启用和终止的年月日。

6.2.1.2.5　经管人员：填写单位内管理财务的负责人姓名、会计姓名、复核姓名、出纳姓名。

6.2.1.2.6　接交记录：该账簿在使用过程中人员发生变化时，由接管和交出双方分别签名，并填写接交日期，同时，经管人员要填写职别并签名。

6.2.1.2.7　备注：填写该账簿中需要特别说明的情况。

6.2.1.2.8　印花税：在印有“贴印花税”的空格处贴上印花税票。

6.2.1.2.9　档号：按照本单位档案分类编号方案的要求填写该账簿的编号。

6.2.2　账簿启用及接交表背面项目和填写方法

6.2.2.1　背面项目

账簿启用及接交表背面项目包括科目名称、页次。各项目具体位置尺寸见附录A图A.4（b）。非国际标准纸账薄可根据实际需要另外确定用纸尺寸。

6.2.2.2　背面项目的填写方法

6.2.2.2.1　科目名称：根据该账簿设置的科目名称依次填写。

6.2.2.2.2　页次：在编写该账簿页码总流水顺序号的基础上，分别填写各个科目在该账簿中的页码位置。

6.3　适用范围

账簿启用及接交表适用于会计账簿的整理。

7　会计档案案卷目录格式

7.1　会计档案案卷目录用纸尺寸及质量要求

会计档案案卷目录的用纸尺寸采用国际标准 A4 型（长×宽为 297mm×210mm），纸张质量宜采用 70g 以上白色书写纸制作。

7.2　会计档案案卷目录项目

会计档案目录项目包括案卷号、类别、题名、起止时间、保管期限、卷内张数、备注。各项目具体位置、尺寸见附录 A 图 A.5。

7.3　项目的填写方法

7.3.1　案卷号：根据整理会计档案时会计凭证盒或会计档案盒上的对应项目填写。

7.3.2　类别：填写该卷会计档案所属的类别，如：“会计凭证类”、“会计账簿类”、“财务报告类”等。

7.3.3　题名：题名即案卷题名，填写要求与会计档案盒上的“案卷题名”相同。

7.3.4　起止时间：填写该卷档案启用和终止的时间，年月日用 8 位阿拉伯数字分两行填写，月日不足 2 位的在前面补 0，如图 1 所示。

20080808 20061817

图 1　会计档案案卷目录项目中起止时间

7.3.5　保管期限：根据整理会计档案时确定的会计凭证盒或会计档案盒上的保管期限填写。

7.3.6　卷内张数：指会计凭证总数、账页总数或财务报告的总张数，根据该卷会计档案的具体张数填写。

7.3.7　备注：填写记账凭证起止号或其他需要说明的事项。

8　会计档案卷内目录格式

8.1　会计档案卷内目录用纸尺寸及质量要求

会计档案卷内目录用纸尺寸及质量要求与会计档案目录

相同。

8.2 会计档案卷内目录项目

会计档案卷内目录项目包括顺序号、责任者、文号、题名、日期、页号、备注。各项目具体位置、尺寸见附录 A 图 A.6。

8.3 项目的填写方法

8.3.1 顺序号：以卷内文件材料排列先后顺序填写序号，亦即件号。

8.3.2 责任者：填写对档案内容负有责任的团体和个人，即文件材料的署名者。

8.3.3 文号：填写文件制发机关的发文字号。

8.3.4 题名：即文件材料标题，一般应照实抄录，没有标题或标题不规范的，可自拟标题，外加“[ ]”号。

8.3.5 日期：填写文件材料的形成时间，以 8 位阿拉伯数字标注年月日，如 20070619。

8.3.6 页号：填写卷内文件材料所在之页的编号。

8.3.7 备注：在需要说明情况的文件材料栏内打“*”号，并将需说明的情况填写在备考表中。

8.4 适用范围

会计档案卷内目录适用于财务报告和其他类会计档案的整理。

9 会计档案卷内备考表格式

9.1 会计档案卷内备考表用纸尺寸及质量要求

卷内备考表用纸尺寸及质量要求与会计档案目录相同。

9.2 会计档案卷内备考表项目

卷内备考表项目包括本卷情况说明、立卷人、检查人、立卷时间、检查时间，各项目具体位置、尺寸见附录 A 图 A.7。

9.3　项目的填写方法

9.3.1　本卷情况说明：填写卷内文件材料（财务报告类和其他类）缺损、修改补充、移出、销毁等情况。案卷立好后发生或发现的问题由有关的管理人员填写并签名，标注时间。

9.3.2　立卷人：由负责立卷者签名。

9.3.3　检查人：由案卷质量审查者签名。

9.3.4　立卷时间：填写完成立卷工作的年月日。

9.3.5　检查时间：填写审查案卷质量的年月日。

9.4　适用范围

卷内备考表适用于财务报告和其他类会计档案的整理。

10　会计档案移交清单格式

10.1　会计档案移交清单用纸尺寸及质量要求

与会计档案目录相同。

10.2　会计档案移交清单项目

会计档案移交清单项目包括年度、种类及数量、移交部门及移交人、接收部门及接收人、监交人、移交时间、备注。各项具体位置、尺寸见附录 A 图 A. 8。

10.3　项目填写方法

10.3.1　年度：填写需要移交的会计档案所属年度，用 4 位阿拉伯数字填写。

10.3.2　移交部门及移交人：由单位内财务部门及其管理人员填写并盖章签字。

10.3.3　接收部门及接收人：由单位内档案部门或接收会计档案的有关部门及其管理人员填写并盖章签字。

10.3.4　监交人：由监督办理接交档案手续的人员签名。

10.3.5　移交时间：填写办理会计档案移交手续的年月日。

10.3.6　备注：填写移交范围的会计档案中需标明的情况。

附录 A
（规范性附录）
会计档案用盒及表格格式

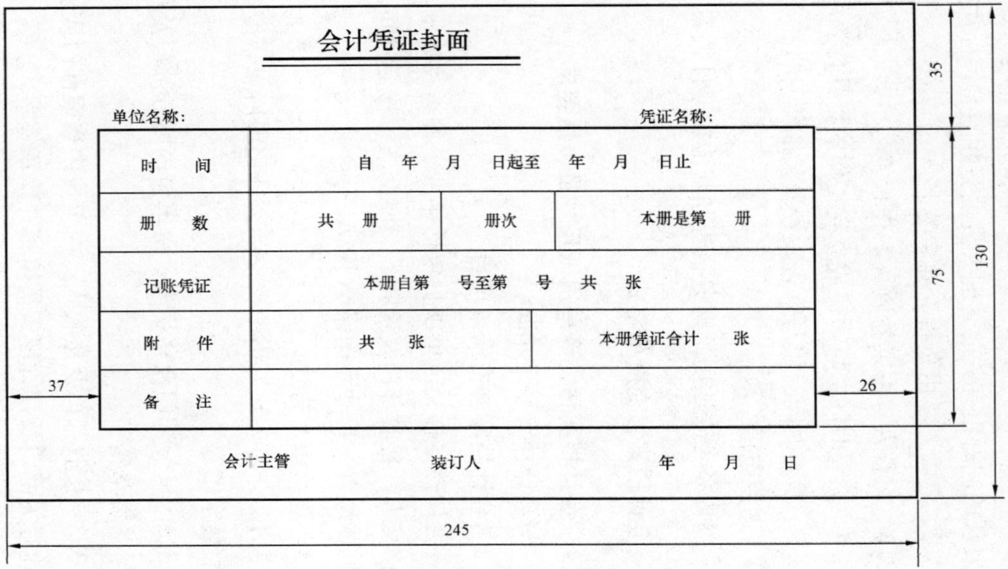

图 A.1（a）　会计凭证封面格式一（单位：mm）

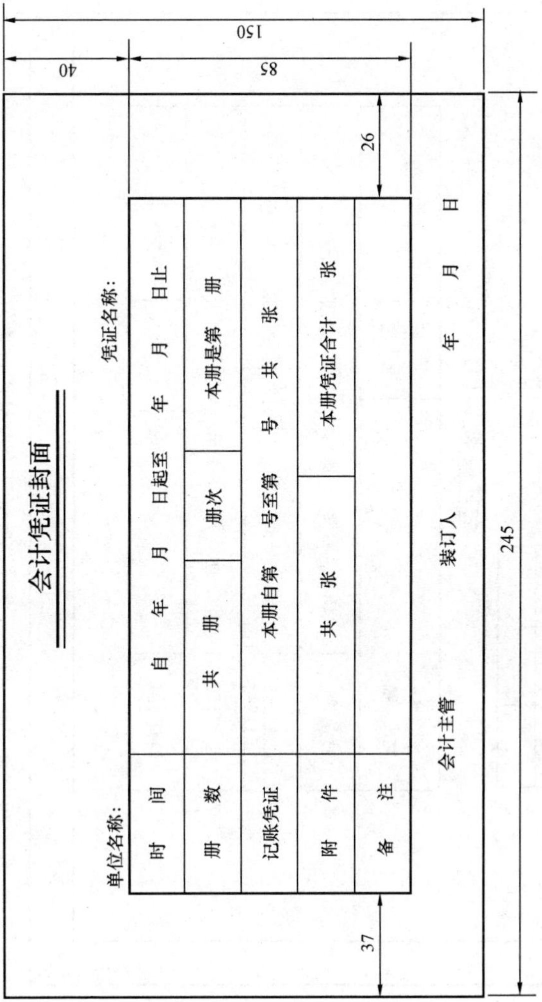

图 A.1（b）　会计凭证封面格式二（单位：mm）

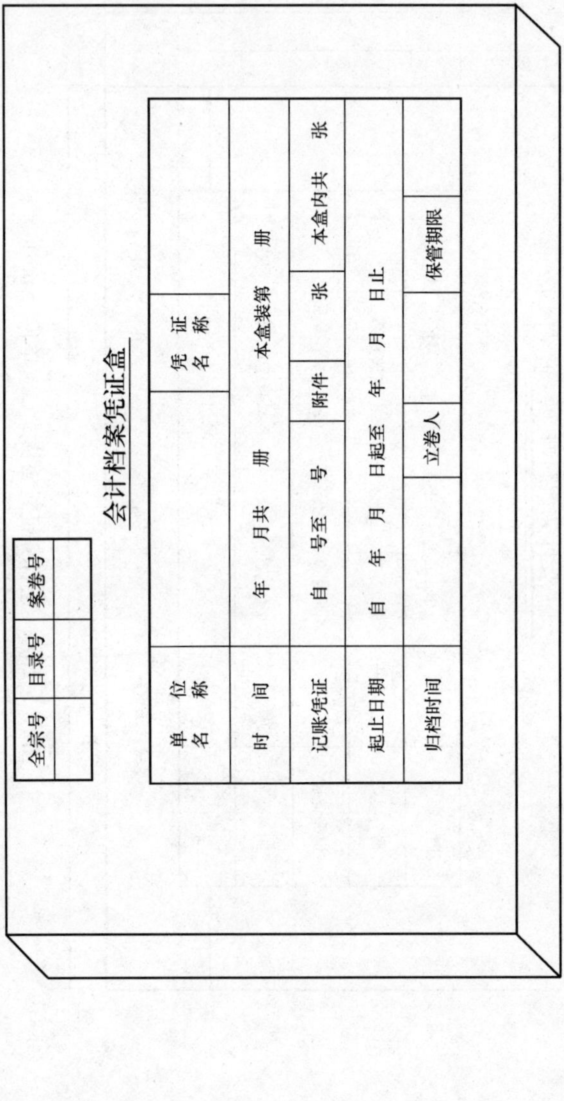

图 A.2（a） 会计档案凭证盒立体图（单位：mm）

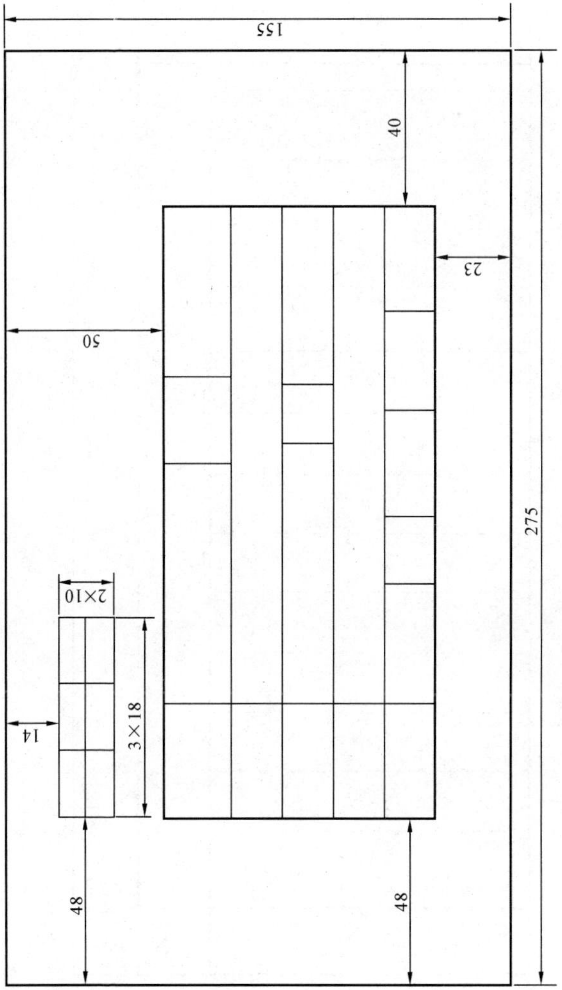

图 A.2（b）　会计档案凭证盒正面格式

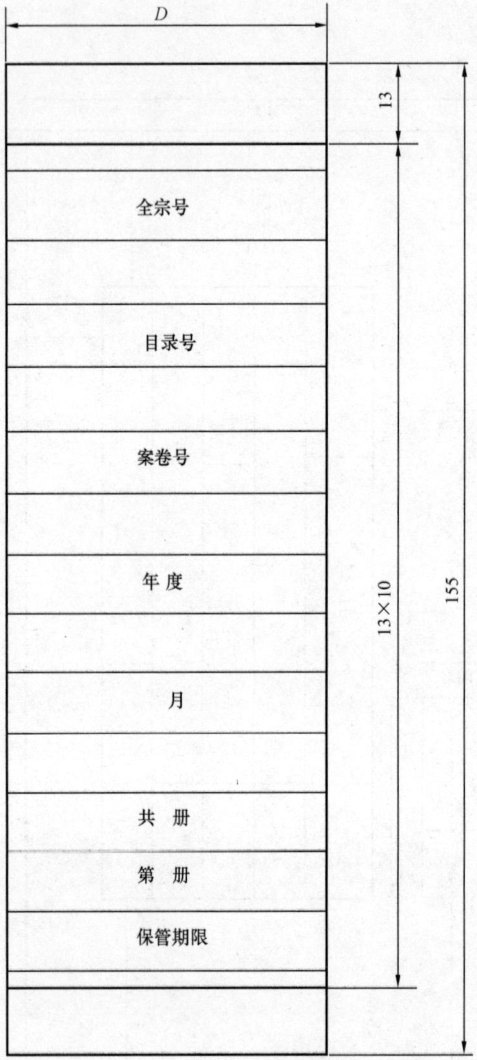

D=30、40、60

图 A.2（c） 会计档案凭证盒脊格式（单位：mm）

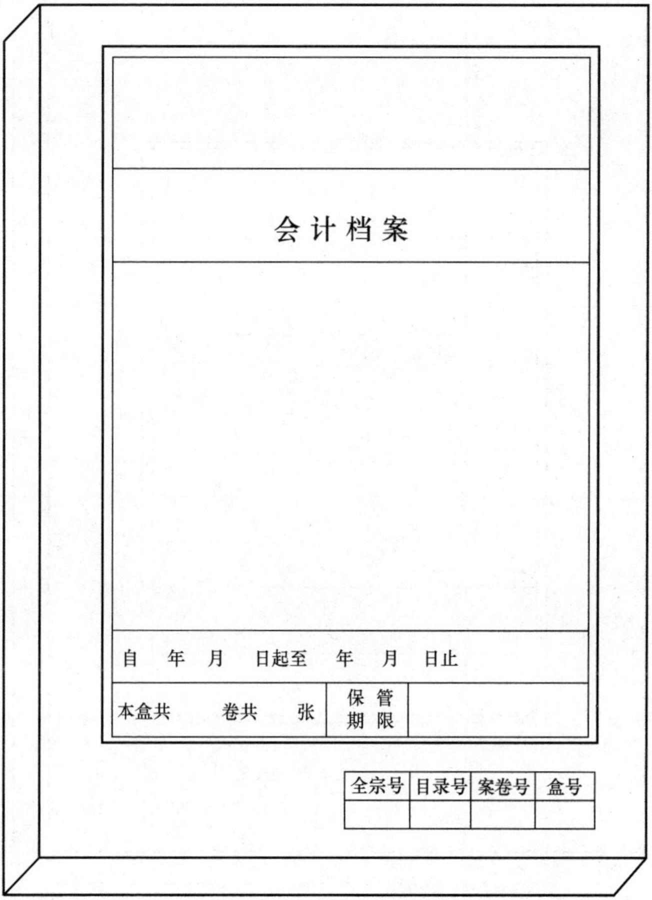

图 A.3（a）　会计档案盒立体图（单位：mm）

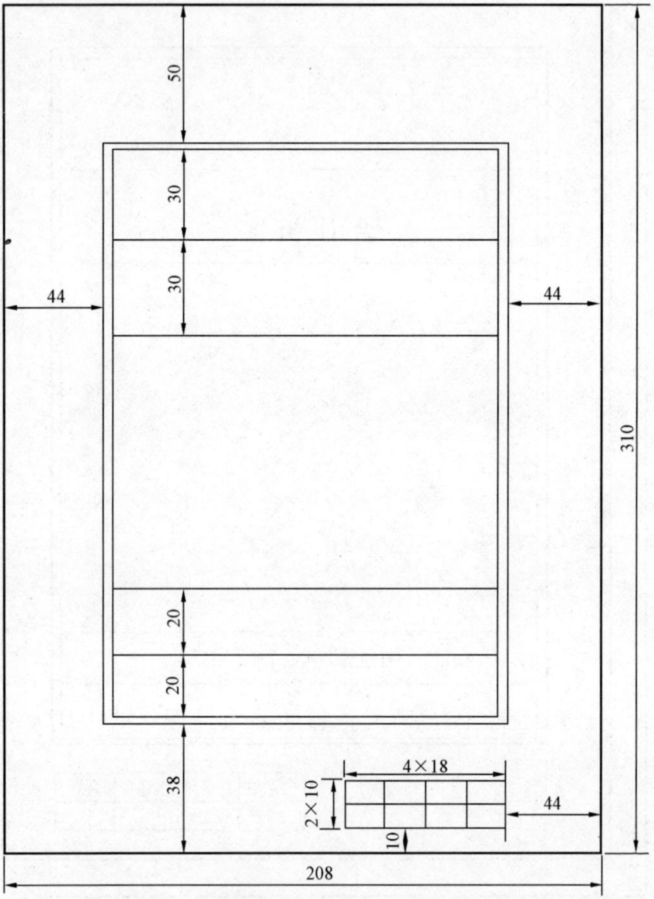

图 A. 3（b） 会计档案盒正面格式一（单位：mm）

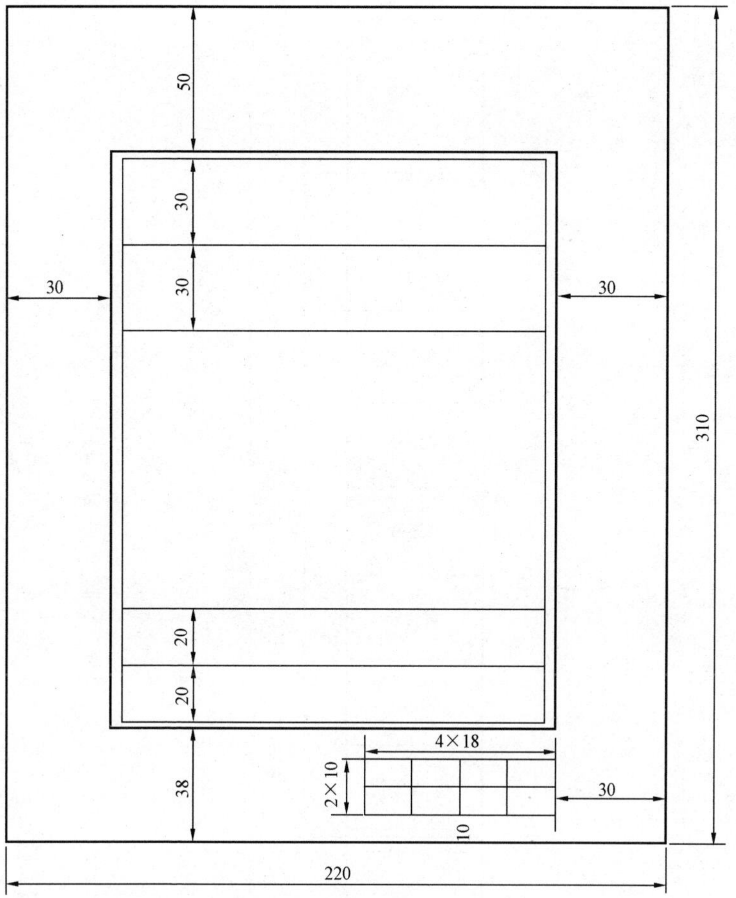

图 A.3（c） 会计档案盒正面格式二（单位：mm）

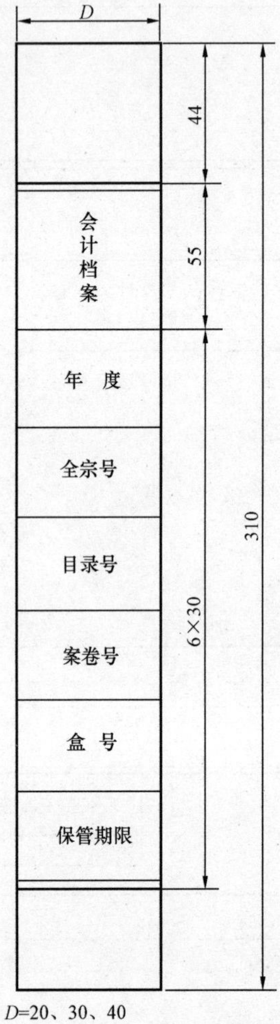

图 A.3（d）　会计档案盒盒脊格式（单位：mm）

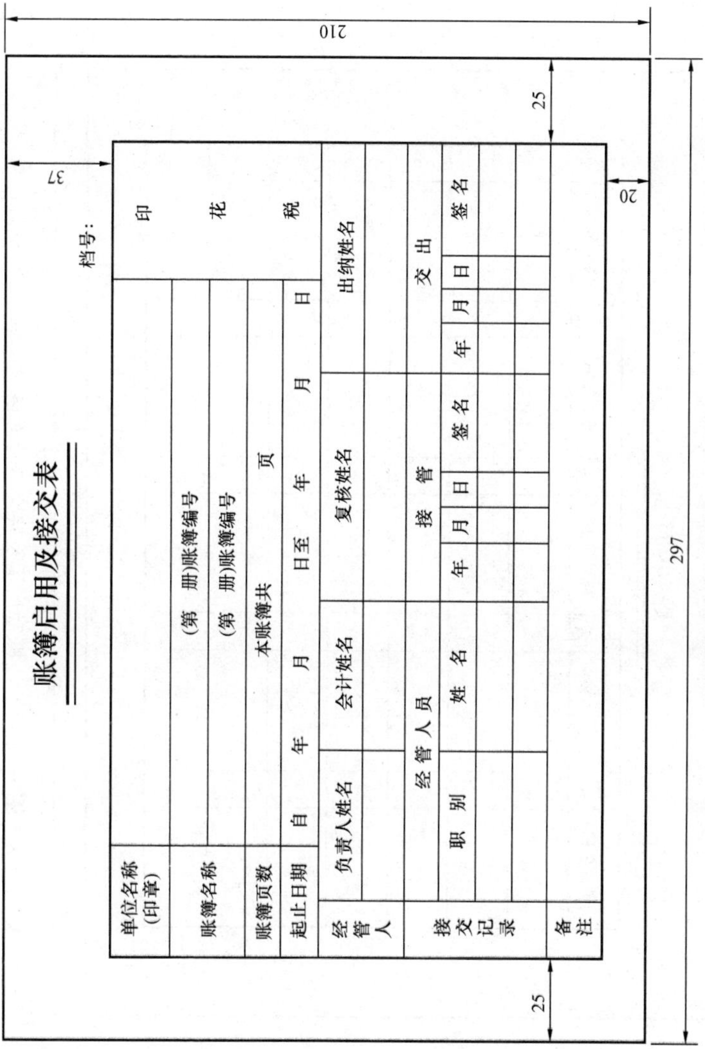

图 A.4（a）　账簿启用及接交表正面格式（单位：mm）

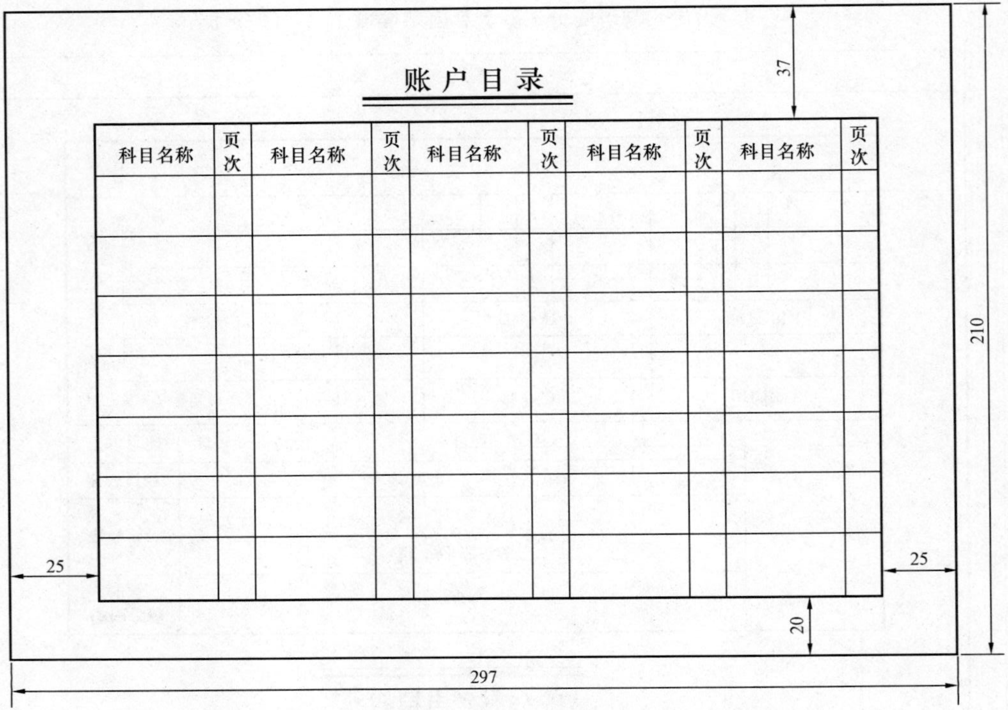

图 A.4（b） 账簿启用及接交表背面格式（单位：mm）

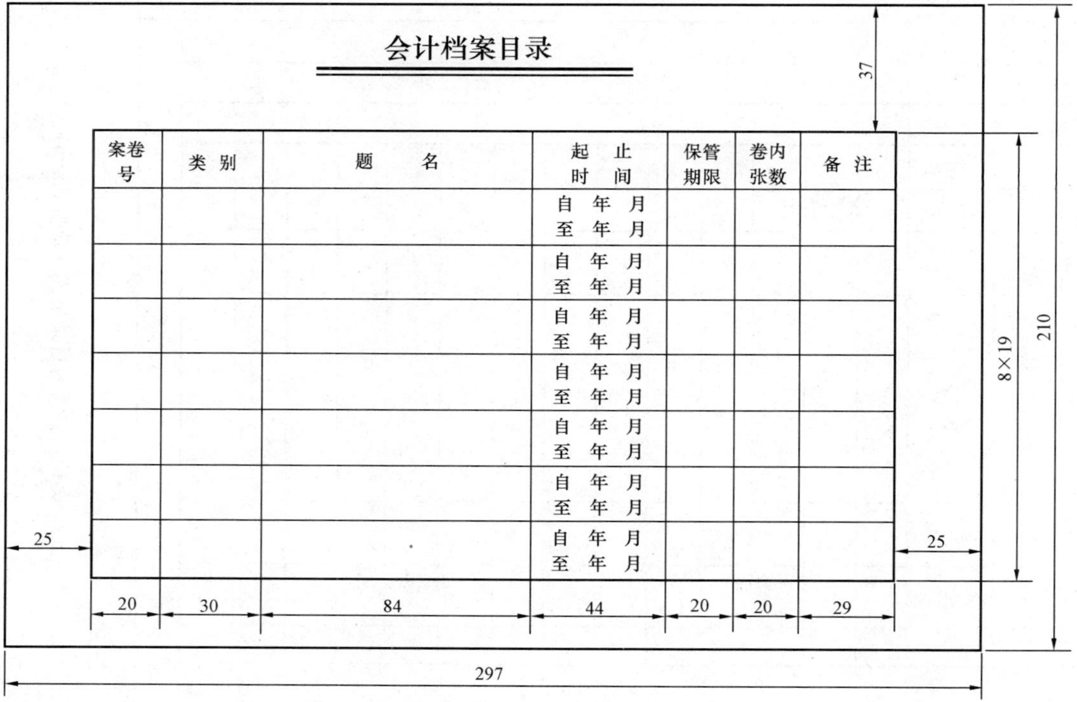

图 A. 5　会计档案案卷目录格式（单位：mm）

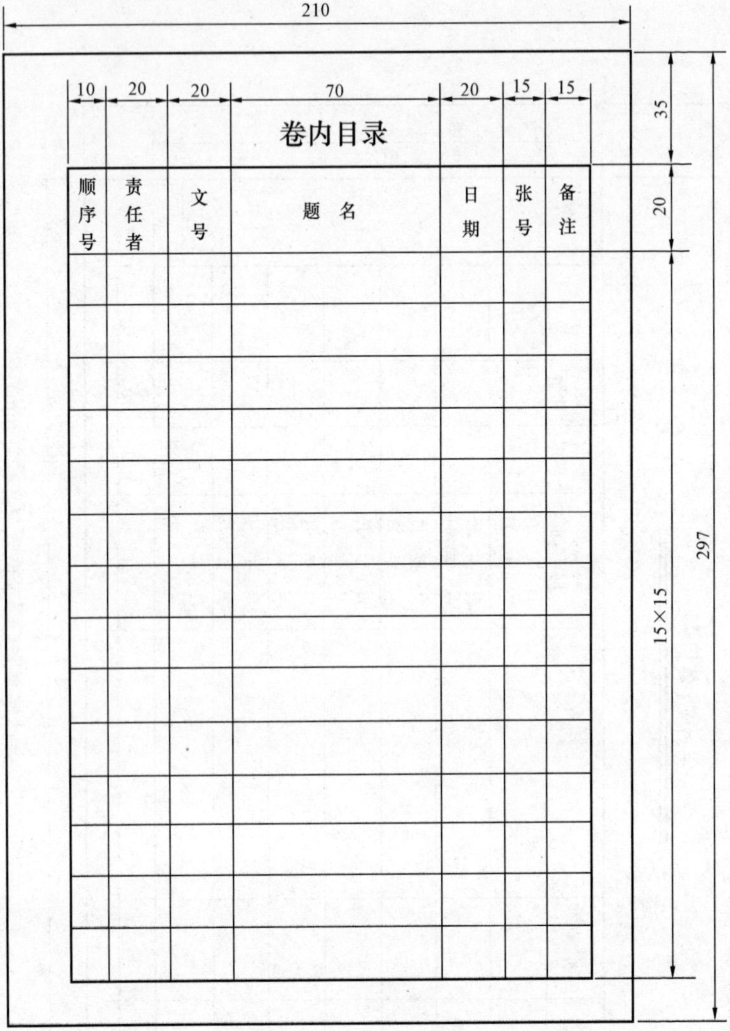

图 A.6　会计档案卷内目录格式（单位：mm）

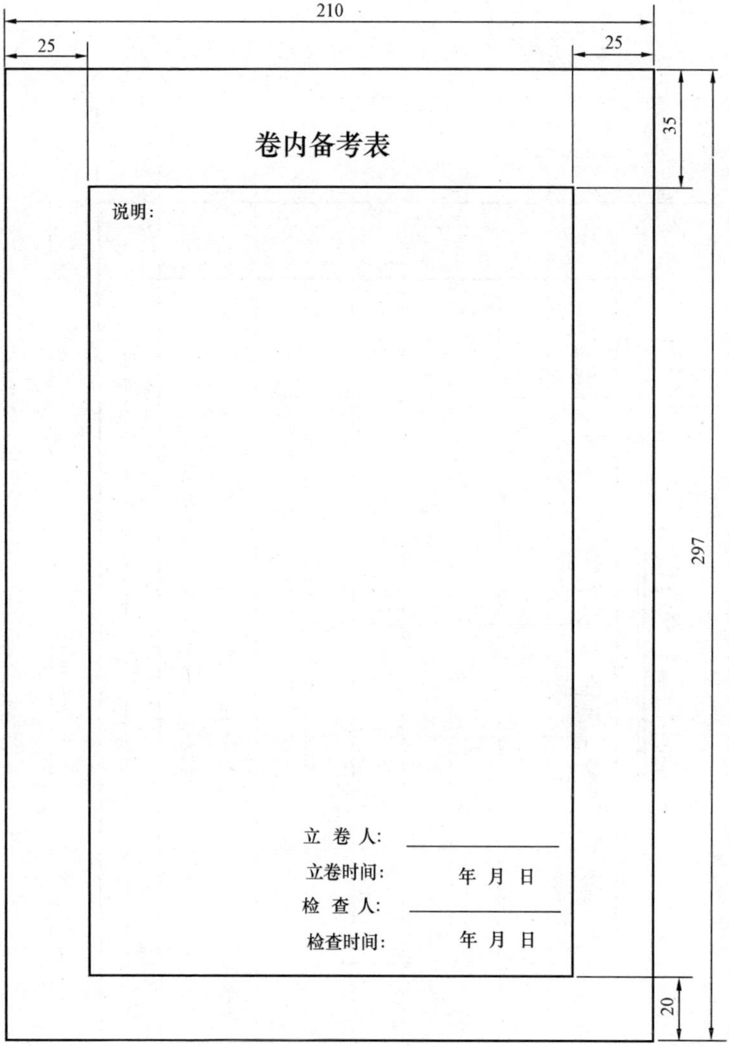

图 A.7　会计档案卷内备考表格式（单位：mm）

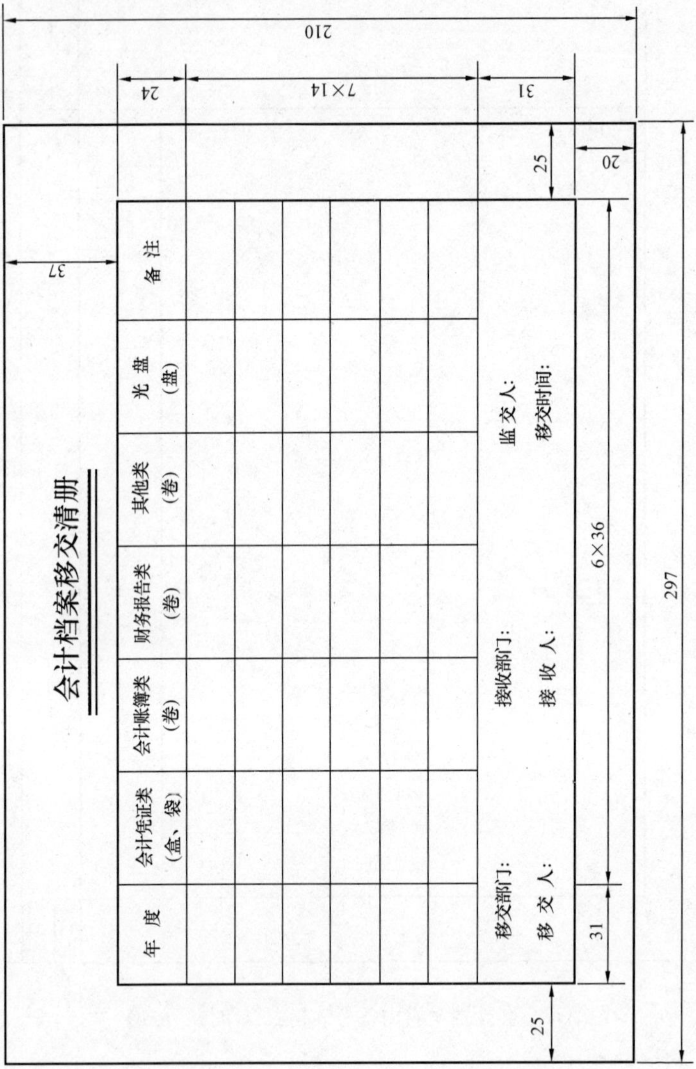

图 A.8　会计档案移交清单格式（单位：mm）

参 考 文 献

［1］ 梁正根主编. 归档文件整理指南. 武汉：湖北人民出版社，2003.
［2］ 姜之茂主编. 档案人员岗位培训教程. 北京：中国档案出版社，2002.
［3］ 冯惠玲主编. 档案管理学. 北京：中国人民大学出版社，2008.
［4］ 全国档案工作标准化技术委员会编. 档案工作标准汇编. 北京：中国档案出版社，2010.

编 后 语

国家“十五”计划提出了“西部大开发”的经济战略发展思想，是国家促进东西部共同发展的双赢举措。“西电东送”工程是西部大开发的标志性工程和骨干工程，是将西北、华北、川流电网联网，实现水火互济、丰枯互补和跨域式补偿调节，使三个大区电网的电力结构得到优化和调整。为确保水电工程的建设质量，近年来，五大电力集团公司在工程质量和管理水平上下大力气，“保质量、抢进度、抓效益、创国优”，通过不懈努力，开展科技攻关，成功地解决了水电工程的一系列世界级技术难题，使一项又一项优质水电工程拔地而起，这一切，凝聚了我国水电建设者和水电专家们智慧和汗水的结晶，与此同时，也使我国水电工程建设跃居世界先进水平。

水电建设项目具有诸多的参建单位，为确保项目档案的完整、系统、准确和及时、规范，使项目文件材料从形成、积累、收集、整理、编目、审核到移交符合规范要求，本书结合水电工程项目档案工作实际，形成了一些新方法，总结经验，并对原有规范中的不足加以了补充，特编著了《水电建设工程项目档案实用手册》一书，旨在提高项目档案管理水平，少走弯路，确保项目档案的完整、系统、准确及档案整编操作的规范，为日后的水电建设工程档案管理工作者提供参考和借鉴。

本书由贵州黔源电力股份有限公司总经理张志强先生作序，国内水电工程专家丁永生先生、国内机电工程专家李之勇先生在本书编写中给予指导和帮助，并对本书进行审核，编委会成员对本书的编撰给予大力支持，在此，一并谨致诚挚的感谢。